古中國
傳動機械解密

Decoding Ancient Chinese Transmission Machines

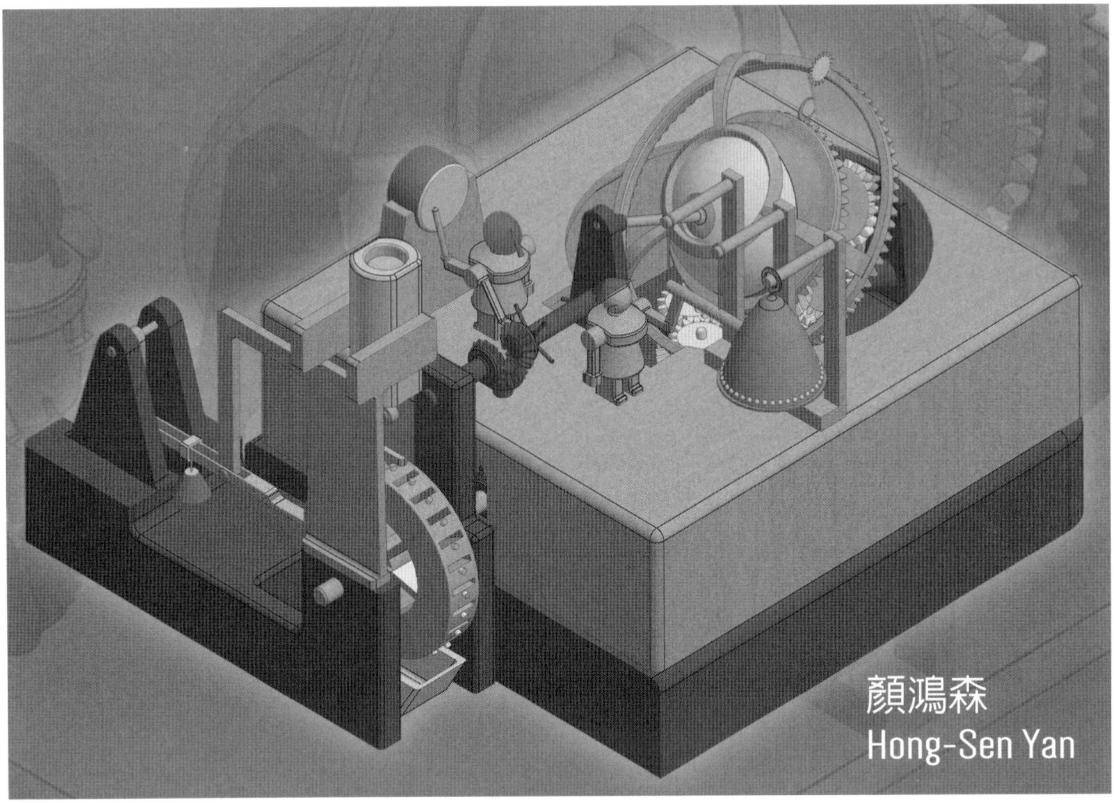

顏鴻森
Hong-Sen Yan

國家圖書館出版品預行編目資料

古中國傳動機械解密 / 顏鴻森著 . -- 1 版 . -- 臺北市 : 臺灣東華書局股份有限公司, 2021.07

284 面 ; 18.5 x23.4 公分

ISBN 978-986-5522-73-5（精裝）

1. 機構學 2. 傳動機器 3. 中國

446.01　　　　　　　　　　　　110012713

古中國傳動機械解密

著　　者	顏鴻森
發 行 人	陳錦煌
出 版 者	臺灣東華書局股份有限公司
	臺北市重慶南路一段一四七號三樓
	電話：(02) 2311-4027
	傳眞：(02) 2311-6615
	郵撥：00064813
	網址：www.tunghua.com.tw
直營門市	臺北市重慶南路一段一四七號一樓
	電話：(02) 2371-9320

2025 24 23 22 21　JF 5 4 3 2 1

ISBN　978-986-5522-73-5

版權所有 ‧ 翻印必究

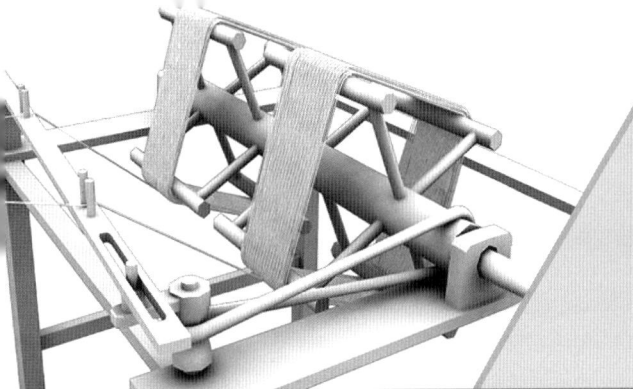

作者簡介
About the Author

　　顏鴻森教授 1951 年生於臺灣彰化市，1980 年獲美國普渡 (Purdue) 大學機械工程博士學位後，即在成功大學任教。教學專長為機構學與機械原理，研究領域為機構創新設計及古機械復原設計，發表 600 多篇專文，著有國內外專書 17 冊 (28 種版本)。2021 年 08 月退休為成功大學名譽講座教授，曾專職中技社機械工程師 (臺北)、成功大學 (副) 教授 / 講座 (臺南)、通用汽車公司資深研究工程師 (Michigan)、紐約州立大學石溪分校副教授 (New York)、科學工藝博物館館長 (高雄)、大葉大學校長 (彰化)、及行政院 (科技) 政務委員 (臺北)，並曾獲多項學術獎勵與榮譽，如美國機械工程師學會 (ASME) Fellow & Mechanisms Conference 最佳論文獎、傑出人才講座、國科會傑出特約研究人員獎、教育部學術獎與國家講座、國際機構與機器科學聯合會 (IFToMM) Honorary Membership、機械工程獎章 (臺北)、及斐陶斐榮譽學會傑出成就獎等。

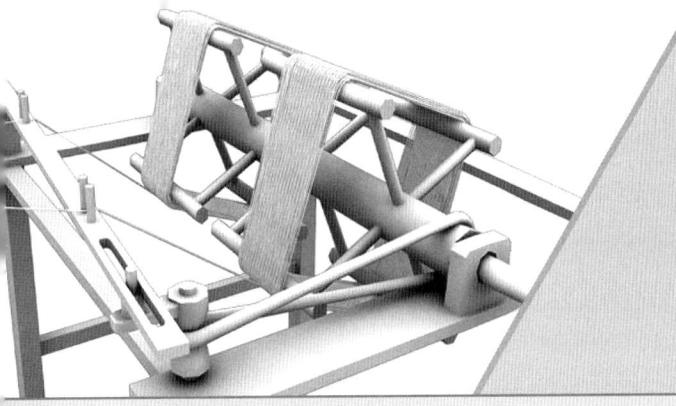

序
Preface

　　我於 1980 年 05 月獲得美國普渡大學博士學位，同年 08 月開始在成功大學機械系任教。教學專長為機構學、創意設計、及機械發明史，主要科研領域為機構創新設計及古機械復原設計。

　　15 世紀前的古中國，在機械領域有著相當的成就，設計出諸多創新的機械。由於古籍記載不全與實物失傳，有不少古機械的原型不可考。此書基於歷史文獻，以及著者自 1990 年來投入中國古機械復原設計的系列研究撰寫而成，乃首冊論述古代具傳動機械 (即機構) 的專著，可為大學校院機械相關科系有關機構學、機械原理、機械史課程的參考與補充教材，亦可為一般讀者瞭解古代重要傳動機械發明的社會背景、工藝技術水平、及創作人物的讀本。

　　全書計 12 章。第 01-03 章為傳動機械概論，以為後續章節論述的依據。第 01 章說明工藝、技術、科學、科技的內涵，工藝技術發展的歷史背景，與機械相關的古籍和近代專著，以及古機械的史料證物分類。第 02 章介紹機構與機器的定義，機件與接頭的特性及表示法，機構的構造與拘束運動，以及失傳、不完整、不確定古機械之傳動機械的解密機理 — 古機械復原設計法。第 03 章則說明機械於古代的意涵及古機械的種類，介紹與機械相關的古籍與發明人物，並列出重要的傳動機械。第 04-12 章以各類傳動機械的人事物為緯，說明各時期的歷史發展、古籍記載、復原設計，分析機構構造明確者，以及復原解密構造不明確者，並以歷史年代為經，呈現其千百年來的發展脈動。據此，第 04 章介紹汲水器械的歷史發展及其傳動機械。第 05 章介紹具有傳動機械的農業器械，包括風扇車、碓、碾、礱、磨、麵羅等。第 06 章介紹紡織機械的歷史發展，說明具傳動機械的創作，包括纖維處理用的木棉攪車、紋車、蟠車、絮車、趕棉車、彈棉裝置、繅車，紡紗用的手搖紡車、緯車、經架、木棉軒床、腳踏紡車、木棉線架、木棉紡車、小紡車、大紡車、水轉大紡車，以及織布用的斜織機與提花機。第 07 章說明水排的歷史發展及其傳動機械，主要為復原解密屬接頭類

v

型不確定機構的臥輪式水排,以及屬於構造不確定機構的立輪式水排。第 08 章介紹具傳動機械之弩(十字弓)的歷史發展,包括春秋標準弩、戰國楚國弩、及三國諸葛弩。第 09 章簡介車的歷史發展,說明指南車的歷史記載與近代復原設計,探討其構造特性,並解密其作動機構。第 10 章介紹記里鼓車的歷史記載與背景,探討其構造特性,解密其作動機構,並介紹古西方與近代的機械式里程計。第 11 章介紹蘇頌水運儀象台天文鐘塔系統,說明其水輪秤漏擒縱器的歷史記錄、組成、及功能,解密其作動機構,並說明其與現代機械鐘錶的關聯性。第 12 章則介紹張衡地動儀的歷史記錄與發展,歸納其構造特性,並解密其作動機構。此外,後記回顧著者與古機械復原設計主題結緣的由來,以及成為科研項目的思路與歷程。

　　此書引用的古籍,皆註明作者與成書年代,以及近代的出版社與發行年分。另,基於篇幅考量,原則上古文不以白話文全文說明。

　　為求內容表達的一致性以及閱讀與瞭解的方便性,有以下幾點說明:

01. 各項傳動機械的發明,若知創作年分,則標示該年分;若不知創作年分,則標示發明人物的生卒年分;若皆不知,則標示該創作的朝代年分。
02. 引用古籍,若知成書年分,則標示該年分;若不知成書年分,則標示作者的生卒年分;若皆不知,則標示成書的朝代年分。
03. 文句中若有日期,則盡量將其置於句首,以方便瞭解事件發生的前後邏輯順序。
04. 年代以公元表示,但為簡化起見省去公元兩字,如"公元前 300 年至公元前 100 年"簡寫為"前 300-前 100 年","公元前 100 年至公元後 200 年"簡寫為"前 100-200 年","公元後 200 年至公元後 500 年"簡寫為"200-500 年"。

　　過去多年來與郭可謙(1923-2020)教授、陸敬嚴教授、查建中教授、張柏春所長的交往、合作,以及林聰益特聘教授、蕭國鴻研究員、黃馨慧教授、林建良副研究員、陳羽薰助理教授、郭庭邑助理、成大同舟計畫博士生林彥樺的協助與投入,對本書的出版助益甚多,特此表達謝意。

　　相信本書可滿足學術研究與授課教學,對古中國傳動機械的需求。最後,尚祈各界讀者賜予指教,俾得於再版時補正以臻完善。

顏鴻森

成功大學講座 / 機械系教授
2021 年 06 月于臺南

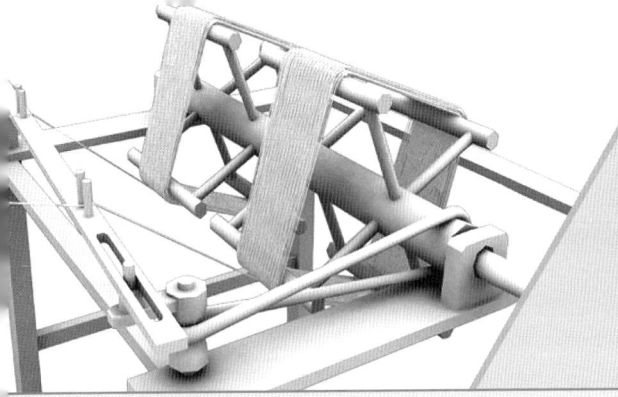

目錄 Contents

作者簡介 About the Author iii
序 Preface v
目錄 Contents vii

01 緒論 Introduction 1

01-1 技術與科學 Technology and Science 1
    01-1.01 工藝與技術 1
    01-1.02 哲學與科學 2
    01-1.03 科學技術 (科技) 2

01-2 歷史背景 Historical Background 4

01-3 相關典籍 Related Classical Books 7

01-4 現代專書 Books in Modern Times 8

01-5 史料證物分類 Classification by Historical Proofs 9
    01-5.01 史料憑據 9
    01-5.02 機械構造 13

01-6 本書範疇 Scope of the Book 14

02 傳動機械 Transmission Machine 15

02-1 機器與機構 Machine and Mechanism 15

02-2	機件 Mechanical Member		16
	02-2.01 運動機件		17
	02-2.02 楨桿		23
	02-2.03 輪子		24
02-3	接頭 Joint		25
	02-3.01 接頭種類		26
	02-3.02 接頭表示法		27
02-4	機構構造 Structure of Mechanism		29
	02-4.01 構造簡圖		30
	02-4.02 運動鏈		33
02-5	拘束運動 Constrained Motion		33
	02-5.01 平面機構		33
	02-5.02 空間機構		36
02-6	解密機理－復原設計法 Reconstruction Design Methodology		36
	02-6.01 構造確定傳動機械		37
	02-6.02 接頭類型不確定傳動機械		37
	02-6.03 構造不確定傳動機械		37

03　古機械 Ancient Machine　　41

03-1	機械的古代意涵 Meaning of Ancient Machines		41
03-2	古機械的種類 Types of Ancient Machines		43
03-3	相關古籍 Related Ancient Books		45
03-4	發明人物 Figures of Inventions		48
03-5	古代傳動機械 Ancient Transmission Machine		53

04　汲水器械 Water Lifting Device　　55

- 04-1　桔槔 Shadoof　　55
- 04-2　轆轤 / 滑車 Pulley　　57
- 04-3　刮車 Scrape Wheel　　62
- 04-4　筒車 Cylinder Wheel　　63
  - 04-4.01　水轉筒車　　63
  - 04-4.02　驢轉筒車　　63
  - 04-4.03　高轉筒車　　64
  - 04-4.04　水轉高車　　65
- 04-5　翻車 / 龍骨水車 Paddle Blade Machine　　66
  - 04-5.01　人力翻車　　68
  - 04-5.02　畜力翻車　　71
  - 04-5.03　水轉翻車　　71
  - 04-5.04　風轉翻車　　74

05　農業機械 Agriculture Machine　　79

- 05-1　風扇車 Winnowing Device　　79
  - 05-1.01　手搖風扇車　　80
  - 05-1.02　腳踏風扇車　　81
- 05-2　碓 Pestle　　81
  - 05-2.01　踏碓　　83
  - 05-2.02　槽碓　　83
  - 05-2.03　水碓　　85
- 05-3　碾 Roller　　86
  - 05-3.01　石碾　　86
  - 05-3.02　水碾　　88

05-4　礱 Mill　89
- 05-4.01　䃍礱　89
- 05-4.02　水礱　89

05-5　磨 Grinder　90
- 05-5.01　䃺　91
- 05-5.02　連磨　91
- 05-5.03　水磨　92
- 05-5.04　連二水磨　94
- 05-5.05　水轉連磨　94

05-6　麵羅 Flour Bolter　95

06　紡織機械 Textile Machine　99

06-1　歷史發展 Historical Development　99

06-2　纖維處理器械 Fiber Processing Device　103
- 06-2.01　木棉攪車　104
- 06-2.02　絞車　104
- 06-2.03　蟠車　105
- 06-2.04　絮車　106
- 06-2.05　趕棉車　106
- 06-2.06　彈棉裝置　108
- 06-2.07　繀車　108

06-3　紡紗機 Spinning Machine　112
- 06-3.01　手搖紡車與緯車　112
- 06-3.02　經架　114
- 06-3.03　木棉軒床　115
- 06-3.04　腳踏紡車　115
- 06-3.05　皮帶傳動紡車　116

06-4	織布機 Weaving Machine	121
	06-4.01　斜織機	121
	06-4.02　提花機	128

07　水排 Water-Driven Wind Box　　135

07-1	歷史發展 Historical Development	135
	07-1.01　皮囊	135
	07-1.02　風箱	136
	07-1.03　水排 (水力鼓風機)	139
07-2	臥輪式水排 Horizontal-wheel Water-driven Wind Box	140
07-3	立輪式水排 Vertical-wheel Water-driven Wind Box	143

08　弩 Crossbow　　149

08-1	弓箭 Bow and Arrow	149
08-2	弩 Crossbow	150
08-3	春秋標準弩 Original Crossbow	151
08-4	戰國楚國弩 Chu State Repeating Crossbow	154
08-5	三國諸葛弩 Zhuge Repeating Crossbow	158
	08-5.01　可動式箭匣	159
	08-5.02　固定式箭匣	161
08-6	後續發展 Latter Development	162

09　指南車 South Pointing Chariot　　163

09-1	車 Wagon	163
09-2	歷史記載 Historical Record	165

09-3	近代發展 Recent Development	167
09-4	傳動機械構造特性 Structural Characteristics of Transmission Machines	170
09-5	復原設計 Reconstruction Designs	171
	09-5.01　定軸輪系	171
	09-5.02　差動輪系	174

10　記里鼓車 Hodometer　　181

10-1	歷史記載 Historical Record	181
10-2	傳動機械構造特性 Structural Characteristics of Transmission Machines	183
10-3	復原設計 Reconstruction Designs	186
	10-3.01　齒輪機構	186
	10-3.02　擊鼓機構	187
	10-3.03　整體機構	190
10-4	古西方里程計 Ancient Western Odometer	190
10-5	近代機械式里程計 Modern Mechanical Odometer	194
	10-5.01　機械式自行車里程計	194
	10-5.02　機械式汽車里程計	196

11　水輪秤漏擒縱器 Su Song's Escapement Regulator　　197

11-1	水運儀象台 Su Song's Clock Tower	198
11-2	水輪秤漏擒縱器 Waterwheel Steelyard-clepsydra Escapement Regulator	200
11-3	傳動機械構造特性 Structural Characteristics of Transmission Machines	204

11-4	復原設計 Reconstruction Designs	205
	11-4.01　秤漏受水壺在樞輪上	205
	11-4.02　秤漏受水壺不在樞輪上	207
11-5	機械鐘錶擒縱調速器 Escapement Regulators of Mechanical Clocks	209

12　候風地動儀 Zhang Heng's Seismoscope　211

12-1	歷史記載與發展 Historical Record and Development	211
	12-1.01　歷史記載	212
	12-1.02　歷史發展	212
12-2	傳動機械構造特性 Structural Characteristics of Transmission Machines	218
	12-2.01　歷史資料	218
	12-2.02　地震波	218
	12-2.03　西方地震儀	219
	12-2.04　構造特性總結	220
12-3	復原設計 Reconstruction Designs	220
	12-3.01　五桿連桿機構	221
	12-3.02　六桿繩索與滑輪機構	222

參考文獻 References	227
古籍 Ancient Books	235
朝代年表 Chronology of Dynasty	241
符號 Symbols	243
後記 Epilogue	245
中文索引 Chinese Index	253
英文索引 English Index	263

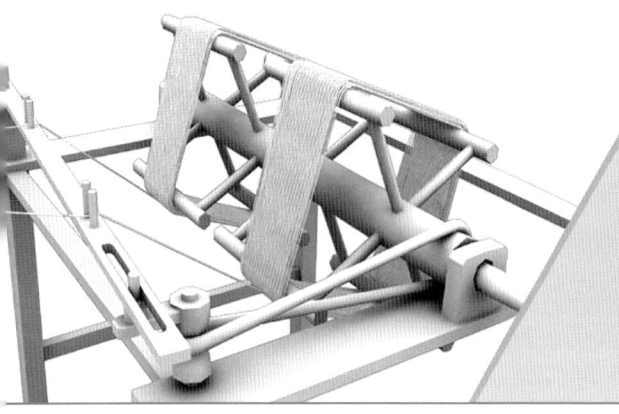

第 01 章

緒論
Introduction

　　中國是文明發達最早的國家之一，有文字可考的歷史近 4000 年。古代科技從秦漢 (前 221-220 年) 以後，歷經盛世唐代 (618-907 年)，於宋代 (960-1279 年)、元代 (1260-1368 年) 初期趨向巔峰，不但在古科學 (數學、天文學、物理學、化學、地學、生物學、醫藥學、農學……) 方面有優異的成就，而且在工藝技術 (農業、紡織、冶金、建築、兵器、機械……) 領域亦有非凡的貢獻，尤其是 15 世紀前的機械創作，處於世界先進的地位。

　　本章說明工藝、技術、科學、及科技 (科學技術) 的內涵，工藝技術發展的歷史背景，與機械相關的古籍和近代專著，古機械的史料證物分類，以及此書的範疇。

01-1　技術與科學 Technology and Science

　　歐洲於 16 世紀的科學革命 (Science revolution)、18 世紀的工業革命 (Industrial revolution) 後，科學、技術、科技、科學技術、科學與技術等名詞，散見於科技類文獻中，以下說明這些名詞的意義與時代背景。

01-1.01　工藝與技術

　　約 1 萬年前的農業革命 (Agriculture revolution) 後，群聚生活的社會，使手工業從農業分離出來，出現了專門善其事、從事生產的工匠。

　　中國首部字典《說文解字》(100-121 年) 對"匠"字的解釋是：「木工也。从匚从斤。斤，所以作器也。」匚指的是放置工具的筐器，斤指的是斧頭，**匠** (Carpenter) 最初指的是從事木工的木匠。另，"工"字在《說文解字》的說法是：「"工"，巧飾也。象人有規榘也。與巫同意。凡工之屬皆从工。」再者，古中國對**工藝** (Craft) 的認

1

知為，從事百工、各種手工業生產之工匠製作器物的能力，而**工匠** (Craftsman) 就是具工藝專長者。

自古以來，人類基於需要，發明了可有效處理事務方法的各種**技術** (Technology)，用以解決問題、改善生活，甚至瞭解自然和宇宙。"技術"一詞在古中國出現甚早，如《史記‧貨殖列傳》(前 91 年) 載：「醫方諸食"技術"之人。」

就古中國機械的發明創作能力而言，屬**工藝技術** (Craft-based technology)，是基於工藝技能所發展出的技術。

01-1.02　哲學與科學

人類思考其世界所產生的觀點，稱為**哲學** (Philosophy)，包括自然哲學、社會哲學、及人生哲學；**自然哲學** (Natural philosophy) 是思考自然界而形成的思想，如自然界與人的關係、人造自然與原生自然的關係、及自然界的運作規律等。

"科學 (Science)"一詞來自拉丁文"Scientia"，乃知識的意思。古希臘 (前 800-前 338 年) 沒有科學這個概念，當代熱愛知識、不訴諸神祇、以理性思維模式探討自然定律的學者稱為**哲學家** (Philosopher)，代表人物為泰利斯 (Thales，約前 624-前 547 年)，是第一位提出"什麼是世界本原"問題的學者，也是西方的科學之父。

歐洲的科學革命於 17 世紀後，"自然哲學"這個詞，轉用為**自然科學** (Natural science)，成為學者研究自然現象與規律之知識的通用名稱。現代的"**科學**"一詞，是自然科學、人文科學、及社會科學的通稱；為方便論述，此書以科學簡稱自然科學。

古中國亦沒有科學這個概念，當然就無代表其內涵的名詞；基本上，科學革命前的自然哲學知識系統，以**古科學** (Ancient science) 稱之，用以和科學革命後的現代科學有所區分。

01-1.03　科學技術 (科技)

15 世紀前，科學與技術幾乎是不直接相關的領域，新技術大多是由未受過教育的先民、工匠，經不斷摸索、嘗試、改進，知其然而不知其所以然的產生。如古中國仰韶文化的尖底陶瓶 (約前 4000 年)，圖 01.01，將空瓶置放在水面時，因重心高不穩定而傾倒，水流進瓶內後使重心逐漸下移，達到一定水位後自動立起；此創作是基於使用經驗、持續改善而來，不是根據浮力與重心的科學原理設計產生。

 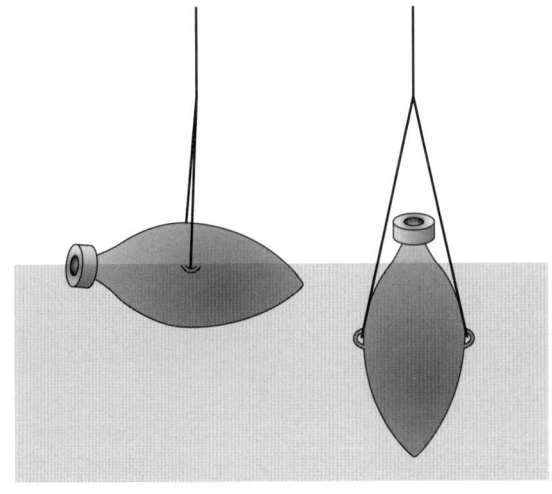

(a) 出土實物　　　　　　　　　　　(b) 汲水原理

圖 01.01　尖底陶瓶 (約前 4000 年)

　　14 世紀中葉歐洲的文藝復興 (Renaissance) 開始，加以 15 世紀末啟動的大航海時期後，統治者和商人相繼投入資源於科學研究，而科學家與工程師總是能隔幾年就有新發現、發明，帶來重大的政治與經濟利益，催化了興起於 16-17 世紀的近代科學，也整合了傳統的工藝技術以及新興的科學理論與實驗方法。這個時期所發展出之近代技術的來源，與當時的科學發展不太有關，可能是沿襲傳統或者是加以改進而得，也可能是以近代科學為基礎發展而來的。當今所言的**科技**，乃是"以近代科學為基礎的技術 (Science-based technology)"，簡稱**科學技術**。

　　再者，科學追求的是發現宇宙的真理，**工程** (Engineering) 則是一種應用科學，主要的目的是利用這些真理 (如物理學、化學、地學、生物學……)、數學、及技術等知識，將自然界的資源創造成各種裝置或程序，來造就人類更美好的未來。有別於傳統的工藝技術，**工程技術** (Engineering technology) 指的是，以現代科學為基礎所發展出、在工程領域的技術。

　　由於科學、技術、科技、科學技術、以及科學與技術等名詞，在近代有關機械史的文獻中屢見不鮮，基於此書論述的主題為西洋古科技未傳入、工業革命前之古中國的機械，上述科學、技術、科技等名詞，分別以古科學、工藝技術、**古科技** (Ancient technology) 稱之。

01-2　歷史背景 Historical Background

　　古中國與古西洋的文明發展，多有近似之處。古希臘 (前 800-前 338 年) 後期的輝煌時代，緊接在古中國的春秋時期 (前 770-前 453 年) 之後，哲學思想活躍；古羅馬的鼎盛時期 (前 4-2 世紀)，與古中國的秦漢朝代 (前 221-220 年) 相當，哲學思想安常守順，但同屬對外擴展的外向文化。古希臘時期誕生了熱愛知識的哲學家，古中國的春秋戰國時期 (東周) 則出現了研究學問的諸子百家。

　　戰國時期 (前 453-前 221 年) 以前的奴隸社會，對於各種工藝技術的發明創作還算重視，如以下古籍所載：

- 《易經・繫辭上》(前 1046-前 771 年) 載：「備物致用，立成器以爲天下利，莫大乎聖人。」
- 《考工記》(前 300-前 100 年) 載：「智者創物，巧者述之、守之，世謂之工。百工之事皆聖人之作也。爍金以爲刃，凝土以爲器，作車以行陸，作舟以行水，皆聖人之所作也。」

但也有對新奇的發明加以輕視、排斥的，如：

- 《道德經》(前 475-前 221 年) 載：「民多利器，國家滋昏。人多伎巧，奇物滋起。」
- 《禮記・王制》(前 475-前 221 年) 載：「凡執技以事上者，祝、史、射、御、醫、卜及百工。凡執技以事上者，不貳事，不移官，出鄉不與士齒。」

　　春秋時期以後的封建社會，除有關農業生產的創作外，統治者對於工藝技術大多持不重視態度，甚至有官員向統治者呈獻創作而得罪的事件，如以下古籍所載：

- 《明史・卷二十五・志第一・天文》(1739 年) 載：「<u>明太祖平元，司天監進水晶刻漏。中設二木偶人，能按時自擊鉦鼓。太祖以其無益而碎之。</u>」

也有針對文人輕視工藝技術而發出的感慨，如：

- 《奇器圖說》(1627 年) 序文載：「客有愛余者顧而言曰……吾子嚮刻西儒耳目資，猶可謂文人學士所不廢也。今茲所錄，特工匠技藝流耳，君子不器，子何敝敝焉於斯？」
- 《天工開物》(1637 年) 序文載：「丐大業文人棄擲案頭，此書於功名進取毫不相關也。」

在比較重視工藝技術的時代，主事者會在著作上記載重要的發明創作，如先秦史官修撰的《世本・作篇》(約前 234-前 228 年) 中，有上古時期各種器物之工藝技術的記載。有些史書，對於發明創作的記載比較詳細，如《宋史・輿服志》與《宋史・律曆志》(1345 年) 中，有天文儀器、指南車 (第 09 章)、記里鼓車 (第 10 章) 的記載。在不重視工藝技術的朝代，許多發明在史書上的記載零散、不多，且文字簡略，難以瞭解該創作。

大多民用工藝技術 (即手工業) 的創作工匠，以實物 (如織機) 為表現，不需要或不會用文字記載。再者，古籍有關工藝技術的記載，大多出自當時或後世不精通該發明的文人之筆，並未真正瞭解創作的技藝內涵，且記載時重視文字的簡練，以致過於簡略、記載失實、或詳於敘述外形而略於說明內部機巧，使後人無法瞭解全貌。此外，也有些記載過分誇大或故事神奇，難以論斷相關創作內容的可靠性。

古籍上的記載，大多沒有標示句子休止與停頓處的句讀，有時難以確定該創作說明文字的解釋，如《考工記》(前 300-前 100 年) 中「……巧者述之守之世謂之工……」句子，是「……巧者述之、守之，世謂之工……」，還是「……巧者述之，守之世謂之工……」，經思索與討論才得以清楚；有些內容，甚至到現代還不十分清楚。

古籍有關發明物件的記載，大多為文字敘述，少有插圖，難以明白該創作的原意。再者，有些插圖的畫法不清楚，甚至不合理，導致誤解的產生，如圖 01.02《農

圖 01.02　桔槔 (類型 II)《農書》

書》(1313 年) 桔槔 (第 04-1 節) 的插圖中,其橫桿與樹木間接頭的類型難以確定。此外,古籍中有不少關於龍骨水車 (第 04-5 節) 的記載,雖然對於一些機械構造關鍵的描述是含糊的,而且其插圖的機械傳動也不甚明確,但是由於相關創作以極少變化的基本形式留傳到近代,可經由留世實物與文獻記載的研究,來瞭解其傳動機械的構造,圖 01.03。

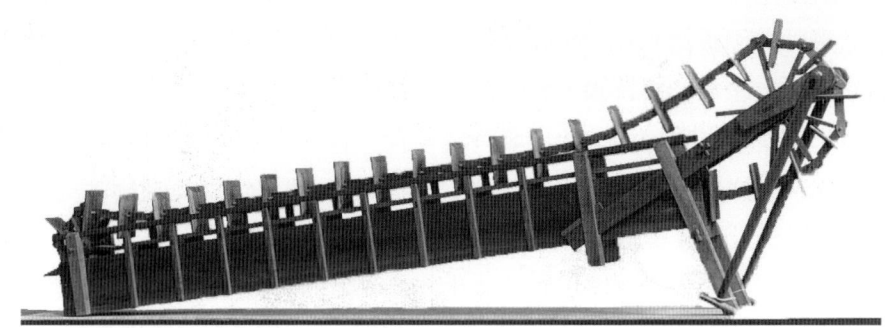

圖 01.03　復原模型－龍骨水車 (類型 I) (國立科學工藝博物館,高雄)

　　各朝代的度量單位常不盡相同,且大多與現代的單位有所出入。如長度一尺,在東漢 (25-220 年) 為 23.04 公分,在宋代 (960-1279 年) 為 30.72 公分;如重量一斤,在東漢為 222.73 公克,在宋代為 596.82 公克;又如容量一升,在東漢為 198.1 毫升,在宋代為 664.1 毫升。若不仔細換算,容易誤解古籍中有關度量單位的定量敘述。

　　古籍中有關機械發明創作的文字記載,不同朝代與地區的用詞、用語常不盡相同,且大多與現代的專業名詞有所出入,導致難以得知創作的內容與功能。如有些農業機械中的曲柄 (Crank),古代稱為掉拐 (第 02-2.01 節);如用以打水的槓桿 (Lever),古代稱為桔槔,而桔槔又有吊桿、拔桿、架斗、橋等稱謂 (第 04-1 節);如名為漏刻 (Clesydra) 的水鐘,歷代有挈壺、漏、銅漏、漏壺、刻漏、銅壺滴漏等不同的名稱;又如《後漢書・張衡列傳》(445 年) 所載,132 年張衡所創作之候風地動儀 (第 12 章) 中的 "都柱",是單擺、還是固定不動的中央柱,未有定論。

　　此外,由德國傳教士鄧玉函 (1576-1630 年) 口譯、王徵 (1571-1644 年) 筆述繪圖的《奇器圖說》(1627 年),是首冊為古中國介紹西洋機械知識的百科全書;其中,不少的機械名詞,是由王徵翻譯時所新創,並為後世所襲用,如重心、槓桿、齒輪等。

01-3　相關典籍 Related Classical Books

　　古代的發明，除留世實物、出土物件考古資料外，亦可從古籍與近代著作中瞭解。

　　15 世紀前的古中國，雖有不少的創作，然歷代當政者以社會科學為主流，對工藝技術成果大多未能有系統的整理、紀錄、及保存。再者，大部分的實物未能留世，有些於後代雖有復原模型，但還是難以瞭解該創作的原貌；此外，許多相關知識散落在各類古籍，不易完整搜集，有的甚至已經遺失。20 世紀前的古籍，數量有 8-10 萬種之多，古科技有關數學、天文、農業、醫學、建築、兵器等的內容較多，機械史料大都零星分散於史書 (正史、別史、雜史、野史)、書史 (經史類書籍)、類書 (古代工具書)、以及其它著作中，並無專著。

　　經史典籍，以及內容有較多天文、農業、兵書、建築等領域的古籍 (成書年代、期間或朝代) 中，記載與機械工藝技術相關內容者，有《詩經》(前 1046-前 771 年，西周初年 - 春秋中葉)、《禮記》(前 475-前 221 年，戰國)、《墨子》(前 475-前 221 年，戰國)、《國語》(前 475-前 221 年，戰國)、《荀子》(前 475-前 221 年，戰國)、《管子》(前 475-220 年，戰國 - 漢代)、《孟子》(前 340-前 250 年)、《考工記》(前 300-前 100 年)、《呂氏春秋》(約前 239 年)、《世本》(約前 234-前 228 年)、《雲夢睡虎地秦簡》(約前 210 年)、《氾勝之書》(前 206-9 年，西漢)、《淮南子》(前 139 年)、《漢書》(36-111 年，新朝 - 東漢)、《吳越春秋》(50-100 年)、《說文解字》(100-121 年)、《三國志》(265-300 年)、《博物志》(280-316 年，西晉)、《抱朴子》(300-343 年)、《西京雜記》(317-420 年，東晉)、《搜神記》(317-420 年，東晉)、《後漢書》(約 445 年)、《齊民要術》(533-544 年)、《通典》(801 年)、《舊唐書》(945 年)、《太平廣記》(978 年)、《武經總要》(1044 年)、《夢溪筆談》(約 1086-1093 年)、《新儀象法要》(1086-1093 年)、《梓人遺制》(1264 年)、《農書》(1313 年)、《宋史》(1343 年)、《元史》(1370 年)、《武備志》(1621 年)、《新制諸器圖說》(1627 年)、《奇器圖說》(1627 年)、《天工開物》(1637 年)、《農政全書》(1639 年)、及《欽定授時通考》(1742 年) 等。

　　前 5 世紀初的戰國 (前 403-前 221 年) 初期，奴隸制度崩潰，封建制度在一些諸侯國相繼建立，人才輩出，思想熱絡，不但出現百家爭鳴的學術氛圍，而且工藝技術發展迅速。《考工記》是春秋 (前 770-前 453 年) 末期齊國的官書，記述百工之事，也有生產規範，堪稱是前 3 世紀之前先秦時期的百科全書。現存的《考工記》乃《周禮・冬官篇》(前 300-前 100 年)，內容廣泛，是對當時手工藝生產情況與製造技術的總結。其中，與機械關係較大者，有輪人、輿人、車舟人、冶氏、矢人、車人等，介紹了車輛、兵器、冶金等的製造方法；也涉及古科學的原理，如車輪的滾動摩擦、斜面運動、慣性現象、拋物體軌跡、水的浮力、材料強度、及器物發聲與形狀的關係等。

漢成帝 (前 51-7 年) 的六藝、諸子、詩賦、兵書、術數、方技等六略中，諸子的墨與雜、兵書的技巧、以及術數的天文中，有些機械史料；晉代 (280-420 年) 的經、書、子、集四類中，子類的墨、雜、兵、天文中，有些機械史料；《皇覽》(220-280 年，三國)、《太平御覽》(984 年)、《永樂大典》(1408 年)、《古今圖書集成》(1726 年) 等工具書中，亦有機械史料。

古中國的先民，為了說明記憶、記錄經驗、留傳知識、著書立說等需要，使用天然或經加工的材料作為記事、書寫的載體。在殷商文字出現後，造紙技術未普及前的先秦，文字載體有獸骨 (甲骨文)、金屬 (金文或銘文)、石刻 (碣碑崖)、竹簡木牘、絲帛等。由於記載、攜帶、及使用的不便，刻寫於其上的文章經典皆精要艱深，後人不易理解。

01-4 現代專書 Books in Modern Times

20 世紀以後，才有關於古機械發明創作的專書出版。1935 年，劉仙洲 (1890-1975 年) [01] 發表《中國機械工程史料》[02] 一書，首次對古中國機械史料進行整理與歸納，並於 1962 年發表《中國機械工程發明史：第一編》[03] 一書 (圖 01.04)，1963 年發表《中國古代農業機械發明史》[04] 一書。另，英國生物化學家李約瑟 (Joseph Needham，1900-1995 年)，於 1954 年發表 Science and Civilisation in China 巨著，其中文版《中國之科學與文明》的機械卷於 1965 年出版 [05]。

1980 年代開始，與古中國機械史相關的專著相繼問世，有 1983 年萬迪棣的《中國機械科技之發展》[06]，1985 年郭可謙、陸敬嚴的《中國機械史講座 / 中國機械發展史》[07]，1989 年王振鐸的《科技考古論叢》[08]，2000 年陸敬嚴、華覺明的《中國科學技術史‧機械卷》[09]，2003 年陸敬嚴的《中國機械史》[10]，2009 年張柏春的《走進殿堂的中國古代科技史‧下‧機械技術》[11]，2011 年黃開亮、郭可謙的《中國機械史圖誌卷》[12]，以及 2012 年陸敬嚴的《中國古代機械文明史》[13] 等，對有志一窺中國古機械殿堂者，有莫大的助益。此外，2007 年顏鴻森的 Reconstruction Designs of Lost

圖 01.04　封面－《中國機械工程發明史：第一編》[03]

Ancient Chinese Machinery《古中國失傳機械的復原設計》[14]，以及 2014 年顏鴻森、蕭國鴻的 Mechanisms in Ancient Chinese Books with Illustrations《古中國書籍具插圖之機構》[15] (圖 01.05)，提出了創新的方法論 [16]，針對失傳、構造不確定的古機械，進行系統化的解密復原設計。

01-5　史料證物分類 Classification by Historical Proofs

對於古代發明創作的認識，可由留世實物、出土物件、歷史文獻三方面著手。從博物館、大學與研究機構、甚至蒐藏家的典藏物件與出版著作中，可一睹實體的真貌、可瞭解其功能與工藝技術。再者，有些石刻、壁畫、字畫等，也能反映當代物件的樣貌與工藝水平。

古機械有多種分類方式，為闡述傳動機械的作動機理，此書依史料證物分類，包括史料憑據與機械構造。

01-5.01　史料憑據

古機械可依史料證物概分為有憑有據、無憑有據、及有憑無據三大類 [14]。史料包括歷史文獻、留世實物、及考古資料，"憑"是指非實物的史料，"據"則為留世實物或出土物件。

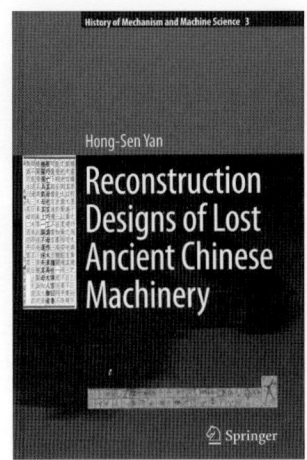

(a₁) 原版 (英文)　　　　　　　　　　(a₂) 中文版 (簡體字)

(a)《古中國失傳機械的復原設計》[14]

(b₁) 原版 (英文)　　　(b₂) 中文版 (繁體字)　　　(b₃) 中文版 (簡體字)

(b)《古中國書籍具插圖之機構》[15]

圖 01.05　封面－古機械復原設計法專書

有憑有據 (Documented and proven) 者，是文獻上有記載、亦有實物留世者，如被中香爐 (約 180 年，第 03-4 節)、掛鎖 (約 100 年，第 02-2.01 節)、風車 (約 800 年，第 04-5.04 節)、荷花缸鐘 (18 世紀，圖 01.06) [17-18] 等。**無憑有據** (Undocumented and proven) 者，是文獻上雖無記載、但有物件出土者，如尖底陶瓶 (約前 4000 年，圖

 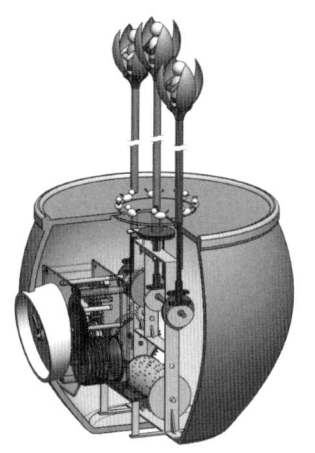

(a) 留世實物 (故宮，北京)　　　　　(b) 傳動機械電腦建模與動畫模擬 [陳羽薰]

圖 01.06　有憑有據的荷花缸鐘 (類型 I) [17-18]

01.01)、楚國弩 (約前 400 年，第 08-4 節)、秦皇陵銅車馬 (約前 210 年)，又如古希臘的天文儀器安提基瑟拉機構 (Antikythera mechanism，約前 100 年)，於 1902 年出土了 82 個不完整的銅件，圖 01.07 為一種近代復原設計 [19-20]。**有憑無據** (Documented and unproven) 者，是文獻上雖有記載、但無實物留世者，也就是所謂的失傳或傳說者，如木車馬 (約前 480 年，圖 01.08) [14, 21]、候風地動儀 (132 年，第 12 章)。

 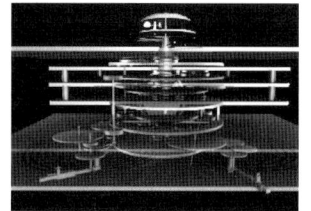

(a) 復原模型　　　　　　　　　　(b) 動畫模擬

圖 01.07　無憑有據的古希臘安提基瑟拉機構 (類型 II) [19-20，林建良]

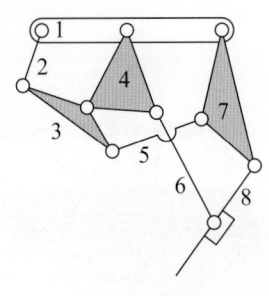

(a) 足步機構　　　　　　　　　(b) 復原模型

圖 01.08　有憑無據的木車馬 (類型 III) [14, 21]

非實物史料的"憑"，又可分為以下兩小類：

有文獻有插圖

有文獻、有插圖者，如諸葛弩 (約 220 年，第 08-5 節)、蘇頌水輪秤漏擒縱器 (1088 年，第 11 章) 等。

有文獻無插圖

有文獻、無插圖者，如黃帝指南車 (約前 2500 年，第 09 章)、諸葛亮木牛流馬 (約 230 年)、詹希元五輪沙漏 (約 1370 年) 等。

再者，古籍對於某些發明創作的記載，分歧不小。有些文獻內容，疑信參半、未具學術公信力，如木牛流馬。此外，有些失傳的發明創作，有後代的復原模型，如指南車、五輪沙漏 (圖 01.09) [18, 22]、水運渾天 (圖 01.10) [23] 等。

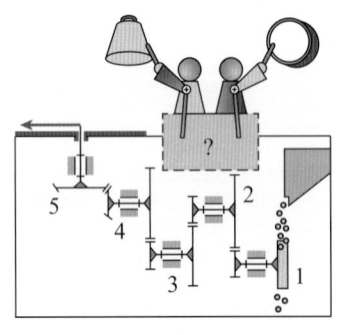

(a) 傳動機械示意圖　　　　　　(b) 電腦建模

圖 01.09　復原設計—五輪沙漏 (類型 III) [18, 22，陳羽薰]

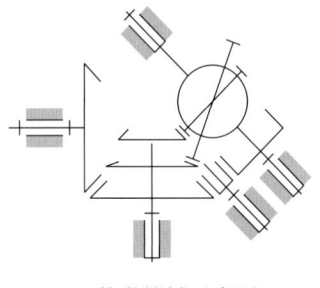
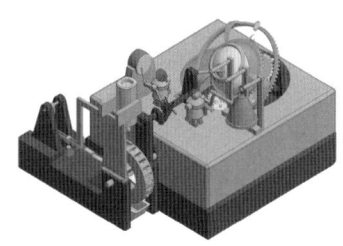

(a) 傳動機械示意圖　　　　　　　　(b) 電腦建模

圖 01.10　復原設計－水運渾天 (類型 III) [23，黃正輝]

01-5.02　機械構造

傳動機械的機構構造 (第 02-4 節)，簡稱**機械構造** (Structure of machine)，是機件與接頭的種類和數目，以及機件與接頭之間的鄰接與附隨關係 [24-25]。古代的傳動機械，亦可依史料證物的構造，分為構造確定 (類型 I)、接頭類型不確定 (類型 II)、構造不確定 (類型 III) 等三種類型 [15]，如下所述：

構造確定 (類型 I)

有些留世實物、出土物件、或文獻的敘述文字與繪製插圖，其傳動機械之桿件與接頭的類型和數量清楚者，屬構造明確類型，如荷花缸鐘 (18 世紀)，圖 01.06。

接頭類型不確定 (類型 II)

有些有憑無據古機械的插圖，其機構之桿件的數量與類型明確，但彼此間的鄰接與附隨關係有無法判定或模稜兩可的狀況，且文字的敘述亦無法確切說明接頭類型者，歸為此類，如東漢的臥輪式水排 (第 07-2 節)。

構造不確定 (類型 III)

有些留世實物與出土物件不完整，歷史文獻又無記載或說明不清楚者，歸屬此類。如古希臘的安提基瑟拉機構 (圖 01.07)，可依照埃及曆法指示日期與展示日、月、及五大行星在黃道上的週期性運動，可調節換算陰陽曆法，亦可預測日月蝕的發生時間；由於出土物件的損壞，已知的內部傳動機械並不能完全與其外部功能相互對應，如曆法子系統、月亮子系統、太陽子系統、及行星子系統。有些有憑無據古機械的記載簡略、且無插圖，其機構亦歸於此類，如《論衡》(80 年) 中有關魯班木車馬的記載。有些有憑無據古機械的插圖僅描繪創作的外形、未有內部傳動機械的機巧，如張衡的候風地動儀 (第 12 章)；或是有省略部分機件的情形，雖配合文字敘述，亦無法確定機件與接頭的數量和類型，如諸葛弩 (第 08-5 節)、蘇頌的水輪秤漏擒縱器 (第 11 章) 等，亦歸於此類。

此外，有些古籍有不同的版本，插圖的繪製不一，導致同一機械創作有不同的構造類型。

01-6　本書範疇 Scope of the Book

此書的目的，是論述中國古機械的發明創作中，具有產生必要相對運動的機構 (第 02-1 節) 者，其特性在於運動的傳遞與轉換，包括運動的種類和方向以及位移、速度、加速度的大小，如飛機起落架的收放 (連桿機構)、內燃機閥門的開閉 (凸輪機構)、古代指南車 (第 09 章) 的定向 (齒輪機構)，以為機器傳力作功與轉換能量之用。古中國的機械發明中，若為不具傳動機械本質者，則不加以論述，如仰韶文化的尖底陶瓶、秦皇陵的銅車馬、漢武帝農業官員趙過 (前 140-87 年) 所創作的播種機械三腳耬等。

對於構造確定 (類型 I) 的傳動機械，不須解密。對於接頭類型不確定 (類型 II) 的傳動機械，可依據拘束運動 (Constrained motion) 機理 (第 02-5 節)，解密其構造。對於機件與接頭數量和類型皆不確定之構造不確定 (類型 III) 的傳動機械，則是根據古機械復原設計法機理 (第 02-6 節) [14-15]，解密其構造。

古中國 (Ancient China) 主要是指，從奴隸社會的夏代 (約前 2070-前 1600 年)，到 1760 年代工業革命、蒸汽機用於產業前的中國，用以和 18-19 世紀的近代中國及 20 世紀後的現代中國有所區分，以方便此書內容論述。再者，此書所稱的**古籍** (Ancient book) 是指 20 世紀前的專著。

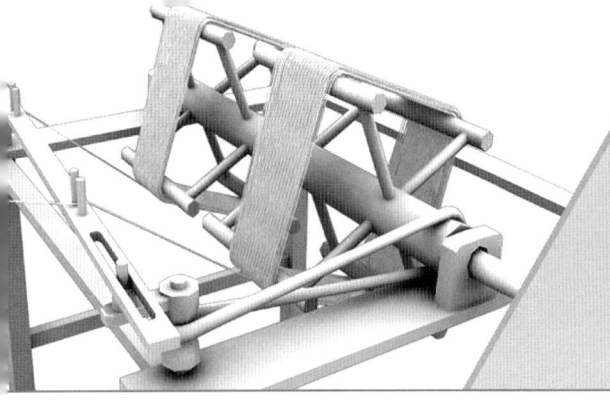

第 02 章

傳動機械
Transmission Machine

　　機構是由機件與接頭依特定的方式組合而成,用以產生機械必要的運動。機器包含機構、動力源、及控制裝置,用以產生有效的輸出功。**機械** (Machinery) 乃有關機械發明創作的通稱,主要為機器,亦包括不具機構的儀器 (如日晷)、熱裝置 (如走馬燈)、流體器械 (如漏刻) 等。**傳動機械** (Transmission machine) 是具機構的機器。

　　本章介紹機構與機器的定義,機件與接頭的特性及表示法,機構的構造與拘束運動,以及失傳、不完整、不確定古機械之傳動機械的解密機理－古機械復原設計法。

02-1　機器與機構 Machine and Mechanism

　　天底下的人造物,都是由某種機械加工製造產出,如紡織廠的織布機、製糖廠的榨蔗機、晶圓製造廠的蝕刻機等。**工具機** (Machine tool) 是製造機械零件的機器,亦稱為**工作母機**,如鈑金廠的沖床、加工引擎的綜合加工機、製造滾珠螺桿的研磨機等皆是。

　　早期的機械發明,主要是以經驗累積的工藝技術為主。16-17 世紀的科學革命,奠基了近代科學,尤其是<u>牛頓</u> (Isaac Newton,1643-1727 年) 的萬有引力 (重力) 定律 (Newton's law of universal gravitation),成為近代力學的基礎;加上 18 世紀的工業革命及 19 世紀熱力學理論的發展,催化了機械工學的萌芽,如應用力學、熱力學、機械原理等。19 世紀的電磁理論與電力技術革命,誕生了以電流為能源的電動機 (馬達) (Motor),成就了機械產業的迅速發達。20 世紀中葉後計算機與資通訊科技的發展,成為 1970 年代自動化機械計算機控制系統不可或缺的關鍵,如數控工具機的控制器。進入 21 世紀後,隨著網際網路 (Internet) 的應用、大數據 (Big data) 的分析、人工智慧 (Artificial intelligence,AI) 的演算等科技的突破,機械逐漸朝向智慧化的脈動前進,如工具機、車輛、機器人等。

　　18世紀工業革命後的機器，基本上是由原動機、傳動裝置、工作機、及控制系統組成，其發展與當代的科技水平 (可用材料與機件、設計方法、製造技術) 以及社會背景有密切的關聯性。**原動機** (Prime mover) 即動力源，將不適於直接作工的輸入能源 (如熱能、電能、磁能、光能等) 轉換為產生直線或旋轉運動、適於直接作工的機械動能。工業革命前，驅動機器的原動力為肌力 (人類、動物)、風力 (風車)、水力 (水輪)、熱力 (煤炭、天然氣)，其後發展出以石油、天然氣、太陽能、核能為能源的熱機 (蒸汽機、內燃機、渦輪機、核能動力系統)、及電動機，先後成為近代、現代機械不可或缺的原動機。**傳動裝置** (Transmission device) 銜接原動機與工作機，藉由機構的傳動，包括運動的傳遞與轉換 (如將迴轉運動改變為往復運動、往復運動改變為迴轉傳動、迴轉運動改變為複合運動、連續運動改變為間歇運動等)、力量的傳遞 (改變力量的大小) 與作功、及能量的轉換，將原動機的輸入傳遞至工作機。**工作機** (Working machine) 即為機器的負載端，將傳動裝置所輸入的運動、力、及動能，轉換成符合使用目的的各種功能，如工具機、起重機、發電機、壓縮機、鼓風機等。

　　將機件以特定的接頭與方式組合，使其中一個或數個機件的運動，依照這個組合所形成的限制，強迫其它機件產生預期的確切運動，這個組合稱為**機構** (Mechanism)。**機器** (Machine) 則是按照一定的工作目的，由一個或數個機構組合而成，賦予輸入能量與適當的控制系統，來產生有效的機械功或轉換機械能，以為吾人所用者。每個機構與機器都有個稱為**機架** (Frame) 結機件，用來導引某些機件的運動、傳遞力量、承受負荷。機器需要適當的控制裝置，如人力控制、液壓控制、氣壓控制、電機控制、電子控制、計算機控制、網路控制等，以有效的產生所需要的運動與作功。圖 02.01 表示了機構與機器的組成及它們之間的關係 [25]。

02-2　機件 Mechanical Member

　　機件 (Mechanical member) 為組成機構與機器的基本要件，是一種具有阻抗性的物體，可以是剛性件、撓性件、或壓縮件。機件的類型很多，以下介紹能產生相對運動功能的機件，亦包括槓桿與輪子。

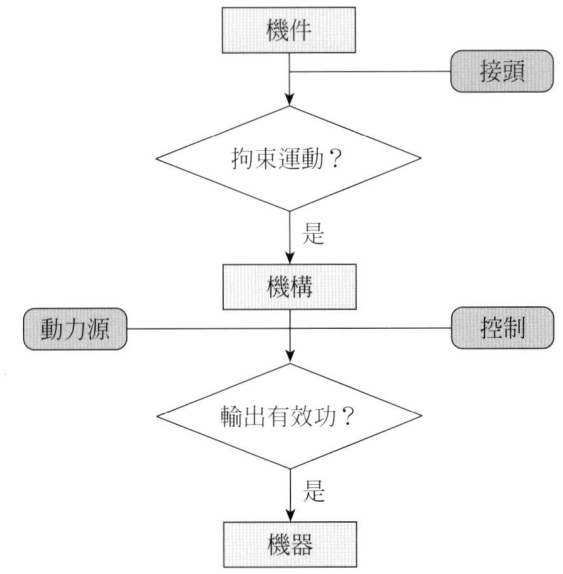

圖 02.01　機構與機器的組成 [25]

02-2.01　運動機件

運動機件 (Kinematic member) 包括連桿 / 曲柄、滑件 / 活塞、滾子、凸輪、齒輪、螺桿、細線 / 繩索 / 皮帶、鏈條、彈簧等，以下說明之。

連桿 / 曲柄

連接桿簡稱**連桿** (Link，K_L) 是一種具有接頭的剛性機件，用以傳遞運動與力量。廣義言之，所有的運動剛性機件都可通稱為連桿。

連桿在古中國的出現，始於舊石器時代的砲，是一種利用旋轉接頭連接的兩根連桿、用於狩獵的簡單機械，周代 (前 1122-前 256 年) 逐漸發展為構造較複雜的連桿機構，尤其是織機。圖 02.02 是用以繪出平行線的作畫工具、構造確定 (類型 I) 的界尺，由等長的上下兩根直尺連桿及另外等長的左右兩根搖桿鉸接而成；下直尺方向確定後，改變搖桿與下直尺所夾的角度，上直尺就可劃出與下直尺平行的直線。

歷史文獻中少見"連桿"一詞，反倒常見"槓桿"(第 02-2.02 節)；以現今的觀點而言，此書將古籍中用以傳遞運動的槓桿稱為"連桿"，將用於簡單機械產生省力作用者稱為"槓桿"。

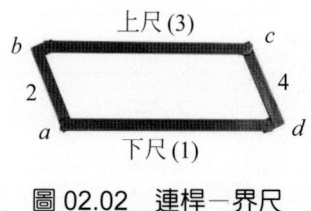

圖 02.02　連桿－界尺

曲柄 (Crank) 是可繞著固定軸做 360 度連續迴轉的連桿，古籍中常以 **"掉拐"** 稱之。前 1 世紀，古中國的農業、紡織、及冶金機械中，即有曲柄連桿機構的應用，如手搖風扇車 (第 05-1.01 節) 的輸入機件即為曲柄。

滑件 / 活塞

滑件 (Slider，K_P) 是一種作直線或曲線移動的連桿，用以和鄰接機件作相對的滑動接觸。

活塞 (Piston) 是在管道或槽道內作往復運動、壓縮與擴張氣體或液體，用以產生推力的滑件，在古中國的應用主要為鼓風器、噴射器、汲水器械等，尤其是鼓風冶金風箱中由外力推動的活塞 (第 07-1.03 節)，就是一種作直線移動的滑件。

滾子

滾子 (Roller，K_O) 是一種用於和鄰接機件作相對滾動接觸的連桿，如行李箱輪子。古中國的輪子、車輪 (第 02-2.03 節)，亦是滾子的一種。

凸輪

凸輪 (Cam，K_A) 是一種不規則形狀的連桿，一般作為主動機件，用以傳遞特定的運動給**從動件** (Follower，K_{Af})。

凸輪在古中國有不少的應用。弩機 (第 08-3 節) 巧妙設計機件的幾何形狀，完成勾住與釋放弓弦的目的，是具代表性的凸輪機構，最早可追溯到前 6 世紀。用來打擊穀物的連機水碓 (第 05-2.03 節)、記錄行車里程數的記里鼓車 (第 10 章)、機械式天文鐘的水運儀象台 (第 11 章) 等發明中，皆有使用凸輪產生所需特定運動的設計。然，古文獻中"凸輪"的名稱很不一致，有的叫**"拔子"**、有的叫**"關捩拔子"**、有的叫**"拔牙"**、有的叫**"拔版"**、更有叫**"滾槍"**的。

齒輪

齒輪 (Gear，K_G) 也是一種連桿，依靠輪齒齒形的連續嚙合，將一個軸的旋轉運動以固定的轉速比，確切傳遞至另一個軸作旋轉運動；或者轉變為直線運動，來傳遞輸入與輸出件的運動與動力。

　　古中國木製齒輪的使用很早，但因年代久遠腐壞而無法保存下來；金屬齒輪應發明於戰國到西漢 (約前 453-20 年) 年間。傳遞動力的齒輪，主要用於農業機械；研磨穀物與汲水的器械，大多為木製齒輪，形狀如大車輪外圈裝上數根木銷。傳遞運動的齒輪，出現於較精細的器械中，如天文儀器、指南車、記里鼓車等，尺寸大的為木製、小的用青銅或鐵製作。張衡 (78-139 年) 所創作渾象的傳動比準確，應是基於齒輪系統的設計。古籍中關於齒輪傳動系統的最早記載，出現於 725 年唐代梁令瓚製造水運渾儀的敘述，《武備志》(1621 年) 則記載了齒條與小齒輪條傳動系統；在這些記載中，是由相關的字詞來表示齒輪元件。"齒輪"這個名詞，直到清代 (1644-1911 年) 的文獻中才正式出現，如《清朝續文獻通考・卷二百三十三・兵三十二》(1912 年) 載：「……船上鐵軸鐵骨，俱能打造，暫搭鑄鐵之廠，則大而銙柱，小而"齒輪"，俱可成功。地窖煙爐，亦尚適用茲據……。」再者，古籍中提到有關齒輪傳動的敘述，使用的名詞不一，如：

- 《釋名》(190-210 年) 載：「"輔車"，其骨強所以輔持口也。或曰"牙車"，牙所載也。或曰領；領，含也，口含物之車也。或曰頰車，亦所以載物也。或曰鸓車，鸓鼠之食積於頰，人食似之，故取名也。凡繫於車，皆取在下載上物也。」其中的輔車、牙車，乃人齒的俗稱。
- 《宋史・卷八十・律曆志》(1345 年) 載：「……其下為"機輪"四十有三鉤鍵交錯相持 (次第運轉) 不假人力……。」
- 《明史・卷二十五・天文志》(1739 年) 載：「明初詹希元以水漏至嚴寒水凍輒不能行，故以沙代水……其五輪惡三十"齒"……。」

　　由此可以看出，古中國"齒輪"的名稱亦很不一，有**齒、輔車、牙車、機輪、牙輪**等稱呼。

螺桿

　　螺桿 (Screw，K_H) 用於傳遞平穩等速的運動與動力，可以視為將旋轉運動轉變為直線運動的線性驅動器。明代 (1368-1644 年) 以前的歷史文獻，並無螺桿之發明與應用的記載，亦沒有相關的出土證物。古代兒童玩具中的竹蜻蜓，是螺旋原理的應用，然非傳動機械。另，用來打水的龍尾車 / 阿基米德螺旋 (Archimedean screw)，也是螺旋與螺桿的應用，雖為傳動機械，然是 17 世紀歐洲傳教士帶來的產物。

細線 / 繩索 / 皮帶 (繩帶)

細線 (Thread，K_T)、**繩索** (Rope，K_T)、及**皮帶** (Belt，K_T) 皆是具有張力的機件，用於傳遞運動與力量，其撓性來自材料的變形，並依靠與**帶輪**、**滑輪** (Pulley，K_U) 之間的摩擦力來作動。

古中國廣泛使用細線、繩索、及皮帶 (通稱**繩帶**) 於各種機械中，如紡織機、穀物加工器械、鑿井裝置、磨床、鼓風冶金的水排 (第 07 章) 等；其中，腳踏紡車 (第 06-3.04 節) 是典型的撓性傳動機械，結合皮帶與細線的傳動，同時完成數組紗線捲繞於錠子的工作。繩索在機械傳動上的演進與先民的紡織技術關係密切，由編結工藝發展而來的原始紡織技術，在新石器時代晚期已普及；最初的紡紗方法是搓撚纖維，再一段段接續，後來出現紡墜，用來加撚與合股，進而發展為紡車，成為成熟的紡織機械。約前 13 世紀的商代，繩帶開始作為運輸之用。再者，繩帶亦用於省力傳動裝置，如《農書》(1313 年) 載：「復有畜力輓行大輪軸，以"皮弦"或"大繩"繞輪兩周，復交於礱之上級。輪轉則"繩"轉，"繩"轉一周則輪轉十五周，比用人工，既速且省。」又如《天工開物》(1637 年) 中以繩帶傳動的驢礱 (第 05-4.01 節)，圖 02.03。

圖 02.03　繩傳動－驢礱《天工開物》

鏈條

鏈條 (Chain，K_C) 也是一種張力機件，用於傳遞運動與力量，由彼此間允許相對運動的小剛性元件鏈結而成，並藉由**鏈輪** (Sprocket，K_K) 來傳遞運動與力量。當兩軸間的距離較遠，採用齒輪傳動不經濟、使用皮帶傳動又嫌短，且欲藉由確切傳動以傳輸功率時，大多採用鏈條傳動。

古中國於夏商朝代 (約前 2070-1046 年)，即使用鏈條來銜住馬匹 (馬銜)、連結壺與蓋、及作為容器 (鄒) 的提梁，然並無傳動功能，如《商周彝器通考》(1941 年) 插圖中在鱗聞瓠壺上繫壺蓋的鏈條，圖 02.04(a)。具傳動功能的鏈傳動，有翻車、拔車、高轉筒車、水車、天梯等。約 1 世紀的東漢，具運送功能的木板鏈，出現於汲水用的腳踏翻車 (第 04-5.01 節)，圖 04.12(a)。10-11 世紀的北宋，傳力用的金屬鏈條出現於張思訓 (947-1017 年) 的天文鐘及蘇頌的水運儀象台 (天梯，第 11 章)，用來傳遞主動軸與渾天儀的齒輪系統，圖 02.04(b)。

(a) 鱗聞瓠壺《商周彝器通考》　　(b) 天梯《新儀象法要》

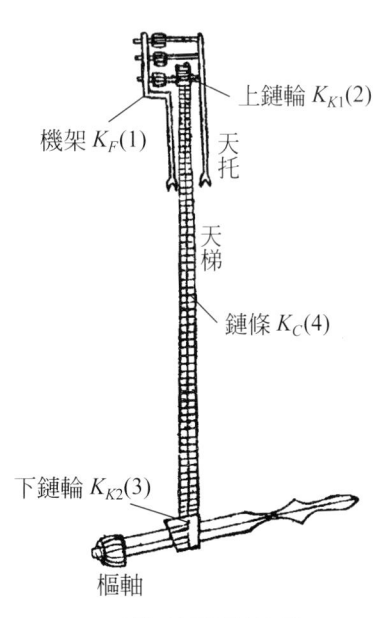

圖 02.04　鏈條

彈簧

彈簧 (Spring，K_{Sp})，是一種撓性機件，用來貯存能量、施力、及提供彈性連結，有螺旋彈簧 (Coil spring) 與葉片彈簧 (Leaf spring) 兩種基本類型。

古中國的彈簧為葉片彈簧，材質有青銅、鑄鐵、木材、竹子等。金屬彈簧的使用始於夏商周的銅器時代，但在石器時代已廣泛使用具彈性特質的木製弓與軍用弩 (第 08 章)。古代的弩弓，由數片不同性質的木材組成，藉此產生較佳的彈力，增加箭的射程，最晚出現於約前 4 世紀的周代晚期。約 7 世紀的唐代初期，葉片彈簧已普遍使用於車輛上，用以降低行駛中的震動。再者，竹子的彈力亦廣泛應用於紡織機械中，如織布用的斜織機 (第 06-4.01 節) 與提花機 (第 06-4.02 節)，以及彈鬆棉花的彈棉裝置 (第 06-2.06 節)。此外，古中國的**簧片掛鎖** (Splitted spring padlock)，藉由金屬簧片的彈力及與鑰匙頭構形的相互配合，產生開鎖與閉鎖的功能，圖 02.05 [26]。

　　有關"彈簧"一詞的使用，約出現於明代 (1368-1644 年)，如以下古籍所載：

(a) 四開鎖與動畫模擬

(b) 簧片構形

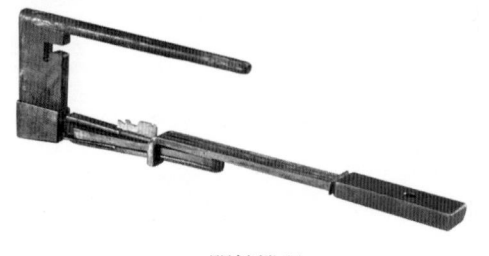

(c) 開鎖機理

圖 02.05　簧片掛鎖 [26]

- 《西遊記‧第五十二回》(約 16 世紀中葉) 載:「使個解鎖法……那鎖雙"鐄"俱就脫落。」
- 《水滸傳‧第四十八回》(約明代初年) 載:「敢是鎖"簧"銹了,因此開不得。」
- 《老殘遊記‧第八回》(1903-1904 年):「平一路滾著,那薄冰一路破著,好像從有"彈鐄"的褥子上滾下來似的。」

02-2.02 槓桿

槓桿 (Lever) 是可繞著固定軸 (支軸) 或固定點 (支點) 轉動的剛性機件。平衡時,作用於輸入件之力 (施力) 與由輸出件所獲得之力 (抗力) 對支點的力矩大小相等,此即**槓桿原理** (Principle of lever),圖 02.06。基本上,槓桿是用來達成省力效果的連桿。

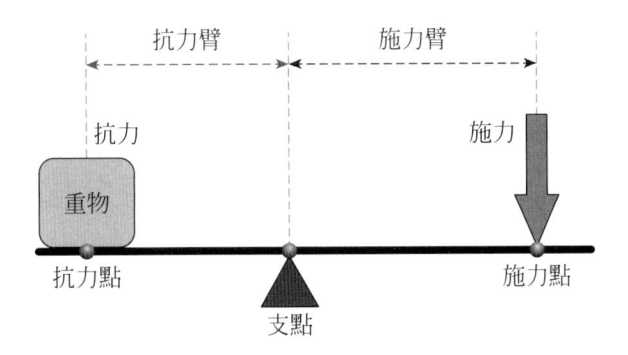

圖 02.06 槓桿原理

槓桿是人類最早發明、最簡單的省力器械之一。當石器時代的原始人企圖以棍棒撬動石頭時,是以較小的施力來移動較重的抗力物體,就知其然而不知其所以然的在運用槓桿原理。古希臘的阿基米德 (Archimedes,前 287-前 212 年) 說過:「只要給我一個支點,一根夠長的槓桿,我也可以推動地球。」就是這個道理。

槓桿在古中國的使用,有的是直接加以利用,有的則是與它種簡單器械結合利用,有不少的史料證物。原始社會的人們,用棍棒與野獸博鬥,就是直接使用槓桿;以繩索將木柄與石質工具 (如石刃、石斧) 或骨質工具 (如骨耜) 綑綁在一起,是槓桿與尖劈結合的運用。此外,在石器與骨器上鑿孔裝上木柄,就表明當時已知道使用槓桿。

槓桿原理在古中國的應用很多,如桔槔 (第 04-1 節)、權衡、轆轤 (第 04-2 節)、腳踏碓 (第 05-2.01 節)、水碓 (第 05-2.03 節)、拋石機、剪刀、鍘刀、手鉗等,以及紡

織機械 (第 07 章) 的腳踏機構等，不勝枚舉。日常生活中用到的開瓶器、秤子、拔釘錘、鉗子、胡桃鉗、鑷子，甚至用球桿擊打高爾夫球、掀開汽車引擎蓋等，也都是槓桿原理的應用；而剪刀、指甲剪、老虎鉗等，則是槓桿原理與尖劈原理的結合運用。

02-2.03　輪子

輪子或**車輪** (Wheel) 是滾子的一種，可傳遞運動，亦可承載負荷。

從文字學來講，車與輪可視為同義詞相互訓釋。《說文解字》(100-121 年) 載：「"**車**"，輿輪之總名。"**輪**"：有輻曰**輪**，無輻曰**軨**。」《考工記》(前 300-前 100 年) 載：「察車自"輪"始。」說明車起源於其主要的組件 — 輪子。

古中國以輪為特徵的機械都稱為**車**，其甲骨文之一如圖 02.07 所示。《農書》與《天工開物》中的紡車與汲水器械的筒車、翻車、刮車等，都稱為車，就是這個道理。《宋史·岳飛傳》(1345 年) 載：「麼 (ㄠ) 負固不服，方浮舟湖中，以"輪"激水，其行如飛，旁置撞竿，官舟迎之輒碎。飛伐君山木爲巨筏，塞諸港水義，又以腐木亂草浮上流而下，擇水淺處，遣善罵者挑之，且行且罵。賊怒來追，則草木壅積，"舟輪"礙不行。」楊麼 (1108-1135 年) 所製作的有輪戰船叫作"舟輪"，也是這個道理。這種約定俗成的稱謂一直延續到近代，例如將蒸汽機船稱為輪船、將輪機房稱為車間等都是。

圖 02.07　車 (甲骨文)

軸承 (Bearing) 是承托機械轉軸或滑塊的機件，主要有滾動軸承 (Rolling bearing) 與滑動軸承 (Sliding bearing) 兩類。

古中國有關滑動軸承之金屬軸瓦的應用很早。兵書《吳子》(前 475-前 221 年) 載：「"**膏鐧**"有餘，則車輕人。」文中的**膏**為潤滑油，**鐧**為車輛軸頭上安裝車輪處的金屬軸瓦，用以保護軸頭，減少摩擦；這句話的意思是，車子用金屬軸瓦與潤滑油才能跑得輕快。不晚於春秋時期 (前 722-前 481 年)，車軸頭還裝上稱為**車䡇**的**止推軸承** (Trust bearing)。1276 年，郭守敬 (1231-1316 年) 創作了稱為**圓軸**的**滾柱軸承**

(Rolling bearing)；另，15 世紀末，此創作的構想出現在達文西 (Leonardo da Vinci，1452-1519 年) 的手稿中。

02-3 接頭 Joint

為使機件有所作用，機件間必須以拘束的方式加以連接。兩根不同機件相接觸、做相對運動的部分，形成**接頭** (Kinematic pair, joint)。

以下說明接頭的功能與特性，並介紹各種接頭的圖畫表示法，表 02-1 [15, 27-28]。

表 02-1　接頭表示法 [15, 27-28]

接頭類型	機構圖示	簡圖符號	表示法一	表示法二
旋轉接頭			J_R	J_{Rx}
滑行接頭			J_P	J^{Px}
圓柱接頭			J_C	J^{Px}_{Rx}
迴繞接頭			J_W	--
滾動接頭			J_O	--
凸輪接頭			J_A	--
齒輪接頭			J_G	--
球面接頭			J_S	J_{Rxyz}

表 02-1　接頭表示法 [15, 27-28] (續)

接頭類型	機構圖示	簡圖符號	表示法一	表示法二
銷槽接頭			J_J	平面：J_{Rx}^{Py} 空間：J_{Rxz}^{Py} 或 J_{Rxz}^{Pxy}
竹接頭			--	J_{BB}
線接頭			--	J_t
固定旋轉接頭	--		--	--

02-3.01　接頭種類

機構中的基本接頭，包括旋轉接頭、滑行接頭、滾動接頭、凸輪接頭、齒輪接頭、螺旋接頭、圓柱接頭、球面接頭、迴繞接頭、及銷槽接頭，以下說明之。

旋轉接頭

旋轉接頭 (Revolute joint，J_R) 兩根鄰接機件間的相對運動，是對於旋轉軸的轉動，具有 1 個自由度 (第 02-5 節)，即僅須 1 個獨立坐標即可描述機件間的相對位置。

滑行接頭

滑行接頭 (Prismatic joint，J_P) 兩根鄰接機件間的相對運動是沿軸向的滑動，具有 1 個自由度。

滾動接頭

滾動接頭 (Rolling joint，J_O) 兩根鄰接機件間的相對運動，是不帶滑動的純滾動，具有 1 個自由度。

凸輪接頭

凸輪接頭 (Cam joint，J_A) 兩根鄰接機件間的相對運動，是滾動與滑動的組合，具有 2 個自由度。

齒輪接頭

齒輪接頭 (Gear joint，J_G) 兩根鄰接機件間的相對運動，是滾動與滑動的組合，具有 2 個自由度。

螺旋接頭

螺旋接頭 (Screw joint，J_H) 兩根鄰接機件間的相對運動，是螺旋運動，具有 1 個自由度，例如螺桿與螺栓的相對運動。古中國並無螺旋接頭的史料。

圓柱接頭

圓柱接頭 (Cylindrical joint，J_C) 兩根鄰接機件間的相對運動，是對於旋轉軸的轉動及平行於此軸之移動的組合，具有 2 個自由度。古中國亦無圓柱接頭的史料。

球面接頭

球面接頭 (Spherical joint，J_S) 兩根鄰接機件間的相對運動，是對於球心的轉動，具有 3 個自由度。

迴繞接頭

迴繞接頭 (Wrapping joint，J_W) 兩根鄰接機件間並無相對運動，但其中一根機件 (帶輪/滑輪/鏈輪) 繞其中心轉動。

銷槽接頭

銷槽接頭 (Pin joint，J_J) 兩根鄰接機件間的相對運動如同凸輪接頭，是滾動與滑動的組合，具有 2 個以上的自由度，可以是平面運動或空間運動。

02-3.02　接頭表示法

古文獻中傳動機械的接頭可分為三類：第一類為接頭可明確判定其類型者，如凸輪接頭、齒輪接頭、迴繞接頭等；第二類為接頭類型不明確、有多種可能者；第三類為可確定類型的接頭，但此接頭不常用於現代傳動機械中，如銷槽接頭、線接頭、竹接頭等。為有系統的解密古中國傳動機械的構造，以下介紹接頭表示法 [15, 27-28]。

一個完全沒有固定的機件具有 6 個自由度，3 個自由度為沿著三個互相垂直軸的平移，另外 3 個自由度為圍繞此三軸的旋轉，可表示為 $J_{R_{xyz}}^{P_{xyz}}$；上標 P_{xyz} 表示此機件可沿 x、y、z 等三軸方向滑動，下標 R_{xyz} 則表示沿此三軸方向的旋轉。例如，一個接頭表示為 J_{Rx}，意指兩根鄰接機件間的相對運動，是對於 x 軸的轉動，圖 02.08(a)；表示為 J^{Px}，代表兩根鄰接機件間的相對運動是沿 x 軸的滑動，圖 02.08(b)。同理，若接頭表示為 J_{Rx}^{Px}，則兩根鄰接機件間的相對運動，不僅有 x 軸向的滑動，也有 x 軸向的轉動，圖 02.08(c)。再者，當一根機件與另一根機件連接並形成一個接頭時，原本的機件因受拘束會減少 1 個或 1 個以上的自由度。

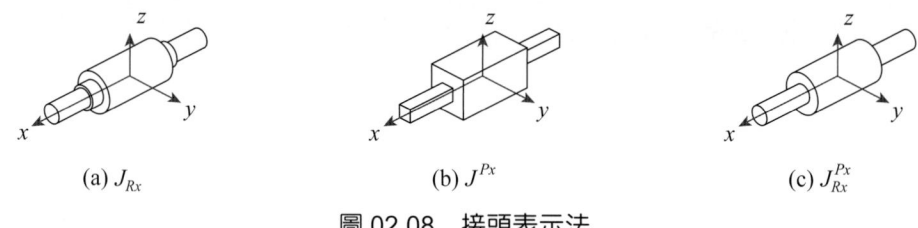

(a) J_{Rx}　　(b) J^{Px}　　(c) J_{Rx}^{Px}

圖 02.08　接頭表示法

圖 02.09(a) 為《天工開物》中桔橰的插圖，是一個具 2 桿 1 接頭的連桿機構。由於插圖的繪製不明確，連桿 (K_L) 以不確定接頭與機架 (K_F) 連接 (類型 II)。考慮連桿運動的類型與方向，此不確定接頭有以下三種可能的類型：

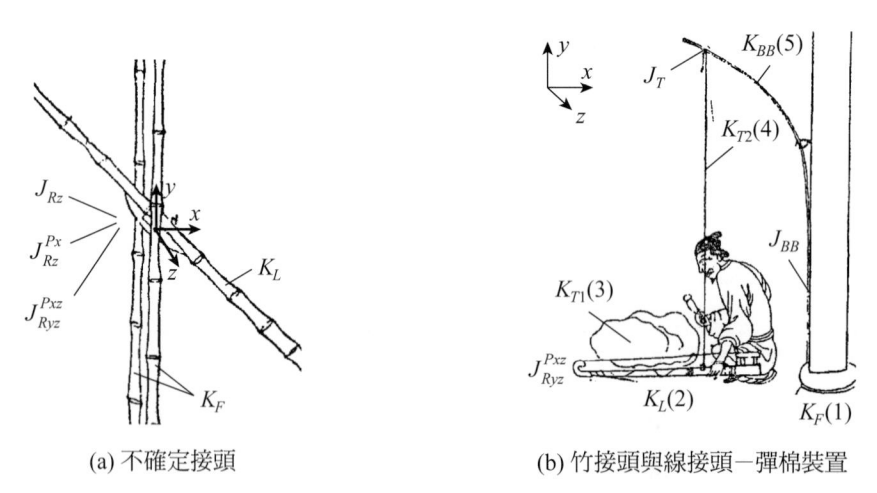

(a) 不確定接頭　　(b) 竹接頭與線接頭－彈棉裝置

圖 02.09　古籍插圖的特殊接頭《天工開物》

01. 連桿只能相對於機架繞 z 軸旋轉，表示為 J_{Rz}。
02. 連桿除了繞 z 軸旋轉外，還沿 x 軸滑動，表示為 J_{Rz}^{Px}。
03. 連桿除了繞 y 與 z 軸旋轉外，還沿 x 與 z 軸滑動，表示為 J_{Ryz}^{Pxz}。

其中，x 和 y 軸分別定義為圖中的水平與垂直方向，z 軸則根據右手定則產生。

竹接頭

　　竹子與細線常出現在紡織機械與農業機械的古籍插圖中。圖 02.09(b) 為《天工開物》中以竹子 (K_{BB}) 和機架 (K_F) 及細線 (K_T) 連接的彈棉裝置 (第 06-2.06 節)，竹子的一端固定在機架上，另一端直接繫緊細線。由於竹子具有彈性，可以在使用後回到原來的位置，使彈鬆棉花的工作更有效率，附隨於機架與竹子的接頭定義為**竹接頭** (Bamboo joint，J_{BB})。對於平面機構中的竹接頭，其運動特性與旋轉接頭相同；對於空間機構中的竹接頭，其運動特性則與球面接頭相同。

線接頭

　　以細線繫緊於一根機件而形成接頭的方式，也常出現在古機械中，附隨於細線與機件的接頭定義為**線接頭** (Thread joint，J_T)，圖 02.09(b) (第 06-2.06 節)。對於平面機構中的線接頭，其運動特性與旋轉接頭相同；對於空間機構中的線接頭，其運動特性則與球接頭相同。

02-4　機構構造 Structure of Mechanism

　　分析傳動機械的首要步驟，為判認其**機構構造** (Structure of mechanism)，簡稱**構造**，即機構中機件與接頭的種類和數目，以及機件和接頭之間的鄰接關係。以圖 02.03(a) 的驢礱為例，此為繩索傳動機構，包含機架與固定不動的下磨 (1，K_F)、輸入轉輪 (2，K_{U1})、輸出轉輪與上磨 (3，K_{U2})、繩索 (4，K_T) 等 4 根機件。由獸力帶動輸入輪軸與轉輪 (2)，以繩索迴繞於輸入轉輪，繩索的另一端則迴繞於磨的上半部；輸入轉輪以旋轉接頭 (J_{Ry}) 和機架連接，繩索以迴繞接頭 (J_W) 和輸入轉輪及輸出轉輪 (即上磨) 連接，磨則以旋轉接頭 (J_{Ry}) 和機架連接。

　　有些機件與接頭很特殊，難以直接觀察出它們的類型，必須深入瞭解其運動功能後，才能做出正確的判認。

02-4.01 構造簡圖

分析傳動機械的構造時,如果使用實體或其組合圖來進行,會因實體或圖面的複雜性,使分析工作難以有效的進行,因此常使用簡圖符號來說明機件間的鄰接關係,根據這種目的所繪製的圖形稱為**構造簡圖** (Structural sketch)。

圖 02.10(a) 為《農政全書》(1639 年) 中驢轉筒車 (第 04-4.03 節) 的插圖,此傳動機械為齒輪傳動機構,具有 3 根機件 (1、2、3) 與 3 個接頭 (a、b、c)。由獸力驅動水平齒輪 (2,K_{G1}) 與垂直齒輪 (3,K_{G2}),使水輪 (3,K_{G2}) 汲水而上,垂直齒輪與水輪無相對運動,可視為同一機件;另有一機件為機架 (1,K_F)。水平齒輪 (2,K_{G1}) 以旋轉接頭 (a,J_{Ry}) 和機架連接,並以齒輪接頭 (b,J_G) 和垂直齒輪 (3,K_{G2}) 連接;垂直齒輪及水輪 (3,K_{G2}) 則以旋轉接頭 (c,J_{Rx}) 和機架連接。此傳動機械屬構造明確 (類型 I) 者,圖 02.10(b) 為其構造簡圖。

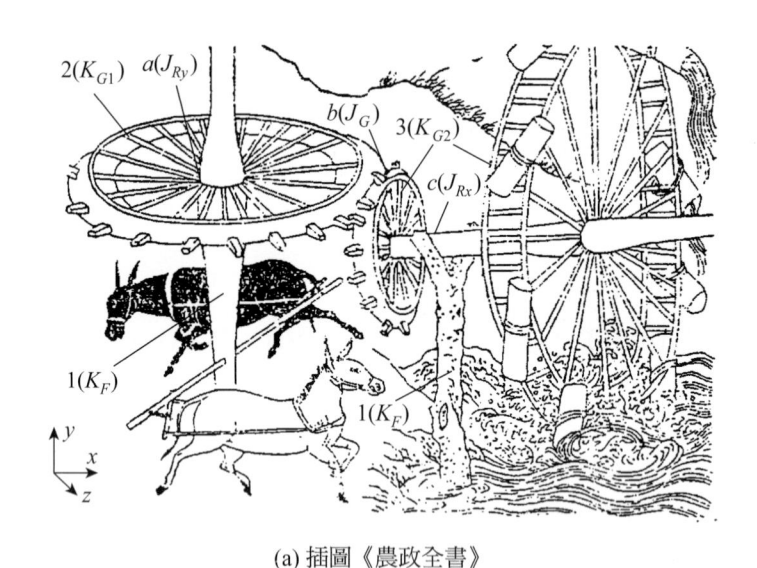

(a) 插圖《農政全書》

(b) 構造簡圖

(c) 運動鏈

圖 02.10　機構簡圖－驢轉筒車

圖 02.11(a) 為《天工開物》中連機水碓 (第 05-2.03 節) 的插圖，為簡單凸輪機構，亦具有 3 根機件 (1、2、3) 與 3 個接頭 (a、b、c)。水輪固接於裝有 3 個撥板的長軸，水流帶動水輪 (2，K_W) 轉動，並經由與水輪 (2，K_W) 為一體之長軸 (2，K_{Wa}) 上的撥板 (2，K_{Ac}) 起凸輪作用，帶動輸出的碓擊桿 (3，K_{Af}) 作功；其中，長軸以旋轉接頭 (a，J_R) 與機架 (1，K_F) 連接，撥板以凸輪接頭 (c，J_A) 與碓擊桿的一端連接，而碓擊桿則以另一旋轉接頭 (b，J_R) 和機架連接。此傳動機械屬構造明確 (類型 I) 者，圖 02.11(b) 為其構造簡圖。

(a) 插圖《天工開物》

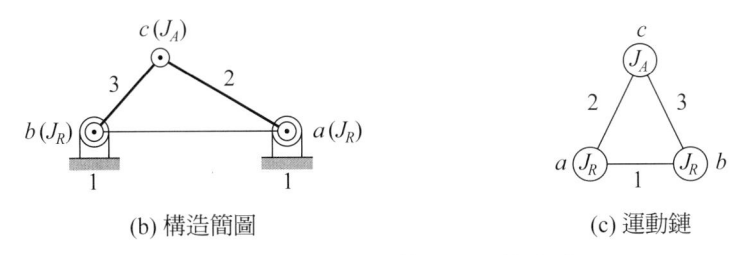

(b) 構造簡圖　　　　　　　　(c) 運動鏈

圖 02.11　機構簡圖－連機水碓

　　圖 02.12(a) 為《農書》中一種礱 (第 05-4 節) 的插圖，用於脫除穀物外殼。其組成是在基座上設置具有曲柄的磨盤，並使曲柄連接一水平橫桿，此橫桿以兩條繩索懸

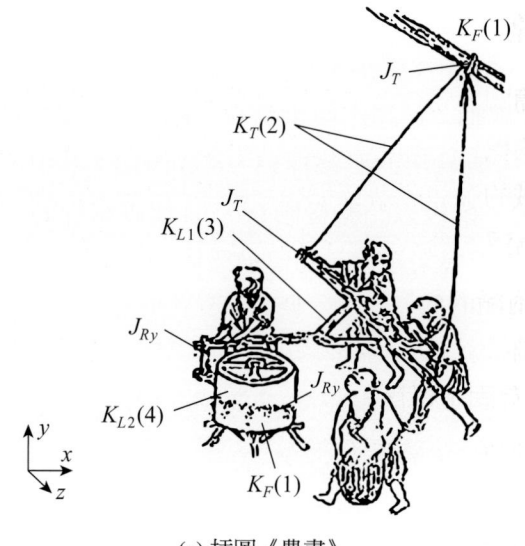

(a) 插圖《農書》

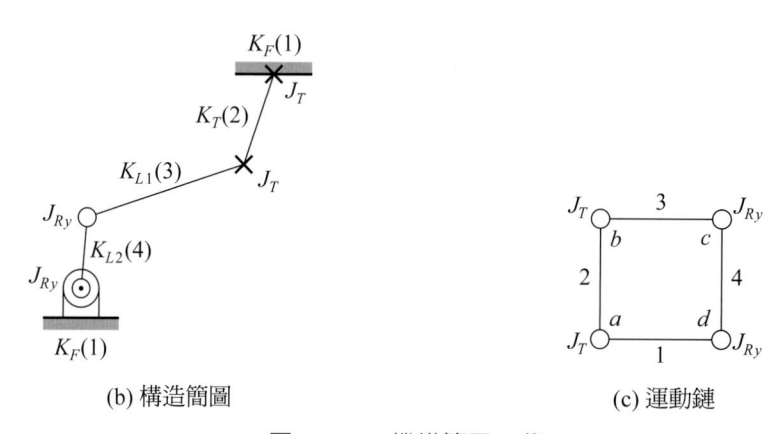

(b) 構造簡圖

(c) 運動鏈

圖 02.12　機構簡圖－礱

掛，支撐其重量以便使用者操作。礱以人力為動力，操作者以手推動水平橫桿，使磨盤在基座上轉動，達到研磨穀物的目的。由於兩條繩索提供人力產生有效的輸入而且是對稱的，因此進行構造分析時，此傳動機械具有 4 根機件 (機架 K_F，1；繩索 K_T，2；水平橫桿與連接桿 K_{L1}，3；曲柄磨盤 K_{L2}，4) 與 4 個接頭，包含 2 個線接頭 (a、b，J_T) 與 2 個旋轉接頭 (c、d，J_{Ry})。繩索以線接頭 (J_T) 和機架與水平橫桿連接，曲柄磨盤以旋轉接頭 (J_{Ry}) 和機架與水平橫桿連接。此傳動機械亦屬構造明確 (類型 I) 者，圖 02.12(b) 為其構造簡圖。

02-4.02　運動鏈

傳動機械的構造簡圖，是用圖形符號來說明機件間的鄰接關係，以便分析工作的有效進行。對於不同的機件，有不同的表示方法；對於不同的接頭，亦有不同的表示方式。在解密傳動機械的復原設計過程中，為系統化的進行構造分析與合成，常將構造簡圖更進一步簡化為**運動鏈** (Kinematic chain)，其步驟如下：

01. 將一根與 j 個接頭附隨的機件，以一個 j 邊形表示之。
02. 將一個與 n 根機件附隨的任何種類接頭，以一個小圓表示之。
03. 將機架放開，即沒有固定桿存在。

一個具有 n 根機件與 j 個接頭的運動鏈，以 (n, j) 運動鏈表示之。圖 02.10(c) 為圖 02.10(b) 驢轉筒車所對應的 (3, 3) 運動鏈；圖 02.11(c) 為圖 02.11(b) 連機水碓所對應的 (3, 3) 運動鏈。再者，圖 02.12(c) 則為圖 02.12(b) 礱所對應的 (4, 4) 運動鏈。

02-5　拘束運動 Constrained Motion

傳動機械 (即機構) 的**自由度數目** (F)，簡稱**自由度** (Degree of freedom)，是決定要滿足一個有用之工程目的所需的獨立輸入數目。基本上，若傳動機械的自由度數目為正，且具有相同數目的獨立輸入，則稱此傳動機械具有**拘束運動** (Constrained motion)，是指當傳動機械輸入機件上的任意點以指定方式運動時，該傳動機械上所有點的運動均產生唯一的確定運動 [15]。

02-5.01　平面機構

機件運動時，若其上每一點與某一特定平面的距離恆為一定，則這個傳動機械稱為**平面機構** (Planar mechanism)，每根機件具有 3 個自由度，其中 2 個自由度為沿兩互相垂直軸的平移，另 1 個自由度為繞任意點的旋轉。一個具有 N_L 根機件與 N_{Ji} 個 i 型接頭之平面機構的自由度 (F_p) 為：

$$F_p = 3(N_L - 1) - \Sigma N_{Ji} C_{pi} \tag{02-1}$$

其中，C_{pi} 是平面機構中 i 型接頭的**拘束度** (Degrees of constraint)，即 i 型接頭形成時機件因受拘束所減少的自由度。

各種接頭的拘束度數目，如表 02-2 所列。

表 02-2　接頭自由度與拘束度

接頭類型	自由度	C_{pi}	C_{si}	接頭類型	自由度	C_{pi}	C_{si}
旋轉接頭	1	2	5	齒輪接頭	2	1	4
滑行接頭	1	2	5	球面接頭	3	--	3
圓柱接頭	2	1	4	銷槽接頭	平面：2	1	--
					空間：3 或 4	--	3 或 2
迴繞接頭	1	2	5	竹接頭	平面：1	2	--
					空間：3	--	3
滾動接頭	1	2	--	線接頭	平面：1	2	--
凸輪接頭	2	1	4		空間：3	--	3

範例 02.1

試求圖 02.03 所示艣礐的自由度。

此為平面機構，具有 4 根機件、2 個旋轉接頭、及 2 個迴繞接頭；因此，$N_L = 4$，$C_{pRy} = 2$，$N_{JRy} = 2$，$C_{pW} = 2$，$N_{JW} = 2$。根據式 (02-1)，此傳動機械的自由度 F_p 為：

$$F_p = 3(N_L - 1) - (N_{JRy} C_{pRy}) - (N_{JW} C_{pW})$$
$$= (3)(4 - 1) - (2)(2) - (2)(2)$$
$$= 9 - 8$$
$$= 1$$

因此，這個傳動機械的運動是拘束的。

範例 02.2

試求圖 02.10(a) 所示艣轉筒車的自由度。

此為平面機構，具有 3 根機件 (1、2、3) 與 3 個接頭，包含 2 個旋轉接頭 (a、c) 與 1 個齒輪接頭 (b)；因此，$N_L = 3$，$C_{pRy} = 2$，$N_{JRy} = 1$，$C_{pRx} = 2$，$N_{JRx} = 1$，$C_{pG} = 1$，$N_{JG} = 1$。根據式 (02-1)，此傳動機械的自由度 (F_p) 為：

$$F_p = 3(NL - 1) - (N_{JRy}C_{pRy} + N_{JRx}C_{pRx} + N_{JG}C_{pG})$$
$$= (3)(3 - 1) - [(1)(2) + (1)(2) + (1)(1)]$$
$$= 6 - 5$$
$$= 1$$

因此，這個傳動機械的運動是拘束的。

範例 02.3

圖 02.13 為《武備志》(1621 年) 中的弩機，用於勾住拉緊的弓弦，射手輕壓輸入桿 (2) 帶動觸發桿 (3) 釋放弓弦，機架 (1)(圖中未繪出)。試求此傳動機械的自由度。

此為平面機構，具有 4 根機件 (1、2、3、4) 與 5 個接頭，包含 3 個旋轉接頭 $(J_{Rz}；a、b、e)$

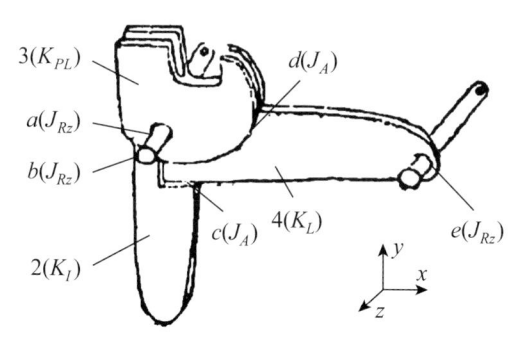

圖 02.13　弩機《武備志》

與 2 個凸輪接頭 $(J_A；c、d)$；因此，$N_L = 4$，$C_{pRz} = 2$，$N_{JRz} = 3$，$C_{pA} = 1$，$N_{JA} = 2$。根據式 (02-1)，此傳動機械的自由度 (F_p) 為：

$$F_p = 3(N_L - 1) - (N_{JRz}C_{pRz} + N_{JA}C_{pA})$$
$$= (3)(4 - 1) - [(3)(2) + (2)(1)]$$
$$= 9 - 8$$
$$= 1$$

因此，這個傳動機械的運動也是拘束的。

02-5.02　空間機構

機件運動時，若其上有一點的運動路徑為空間曲線，則這個傳動機械稱為**空間機構** (Spatial mechanism)，每根機件具有 6 個自由度，其中 3 個自由度為沿著 3 個互相垂直軸的平移，另外 3 個自由度為繞此 3 軸的旋轉。一個具有 N_L 根機件及 N_{Ji} 個 i 型接頭之空間機構的自由度 (F_s) 為：

$$F_s = 6(N_L - 1) - \Sigma N_{Ji} C_{si} \tag{02-2}$$

其中，C_{si} 是空間機構中 i 型接頭的**拘束度**，其數目亦如表 02-2 所列。

範例 02.4

圖 02.12 為《農書》中去除穀物外殼的礱，試求其自由度。

由於兩條繩索提供人力產生有效的輸入是對稱的，可視此礱為具有 4 根機件與 4 個接頭的空間機構，機件為機架 (K_F，1)、繩索 (K_T，2)、水平桿與連接桿 (K_{L1}，3)、及曲柄與磨石 (K_{L2}，4)，接頭包含 2 個線接頭 (J_T；a、b) 與 2 個旋轉接頭 (J_{Ry}；c、d)；因此，$N_L = 4$，$C_{sT} = 3$，$N_{JT} = 2$，$C_{sRy} = 5$，$N_{JRy} = 2$。根據式 (02-2)，此傳動機械的自由度 (F_s) 為：

$$\begin{aligned}
F_s &= 6(N_L - 1) - (N_{JT}C_{sT} + N_{JRy}C_{sRy}) \\
&= (6)(4 - 1) - [(2)(3) + (2)(5)] \\
&= 18 - 16 \\
&= 2
\end{aligned}$$

由於桿 2 繞著通過線接頭 a 與 b 中心軸的自轉是一個多餘的自由度，並不影響系統的輸入、輸出關係，因此這個傳動機械的運動是拘束的。

02-6　解密機理—復原設計法
Reconstruction Design Methodology

機構是由數根機件以特定的接頭組合而成，並藉由機件間的相對運動來傳遞拘束運動。以構造的觀點而言，古機械的機構，即傳動機械，可依史料證物分為不須解密的構造確定機構 (類型 I)，以及需要解密的接頭類型不確定機構 (類型 II) 與構造不確定機構 (類型 III)(第 01-5 節)。

02-6.01　構造確定傳動機械

對於有據、構造明確傳動機械(類型 I)，可基於史料證物直接進行構造分析，繪製構造簡圖，不需解密。

02-6.02　接頭類型不確定傳動機械

對於接頭類型不確定的傳動機械(類型 II)，在能達到相同功能的前提之下，考慮當代的工藝技術水平以及不確定接頭的運動類型與方向，在列出所有可能的接頭類型後，可基於拘束運動機理，式 (02-1) 與式 (02-2)，解密可行接頭的類型來獲得傳動機械構造，並繪製構造簡圖。

02-6.03　構造不確定傳動機械

對於構造不確定之傳動機械(類型 III) 的解密，則根據 **"古機械復原設計法"** (Methodology for reconstruction designs of ancient machines) [14, 15]，將研究零散史料所得到的特定知識及所引出的發散構想，收斂轉化為現代機構設計的構造特性與設計限制，據此合成出完整的一般化鏈與特殊化鏈圖譜，並應用機械演化與變異原理，來解密產生所有符合史料記載與當代工藝技術水平的復原設計，包括繪製構造簡圖、設計示意圖、三維模型、電腦建模，以及製作動畫模擬與復原模型，其程序如圖 02.14 所示，以下說明之。

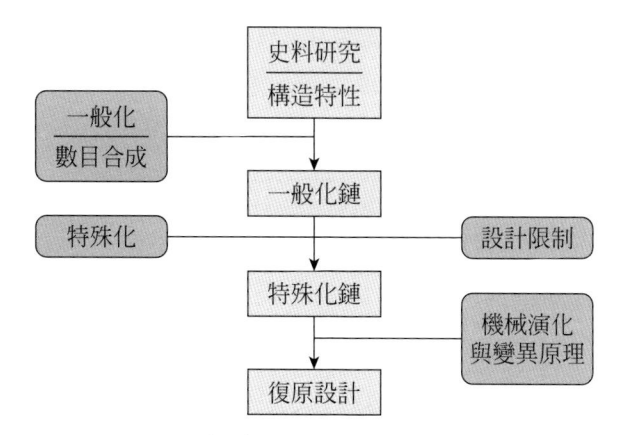

圖 02.14　解密機理－古機械復原設計法

步驟一：構造特性與設計限制

　　解密復原設計的步驟一，是基於史料證物的研究以及當代工藝技術的水平來認識問題，再以現代機械原理與技術，重新定義古機械，並歸納出傳動機械的構造特性與設計限制，將古機械復原設計問題轉化為機械原理問題後，以現代工程設計科技與方法來解決問題。為了釐清復原工作的基本問題，如古機械原理、構造、材料、以及製作工藝，需參照各方面的史料，互相補充與校正，進行合成研究。再者，還需針對古代機械的術語涵義以及在不同朝代與地區的發展，進行分析、歸納、及比較研究，認識其演化脈絡，以定義問題。

　　構造特性 (Structural characteristics) 包含傳動機械的獨立輸入數目、機件與接頭的可能數目和類型及其鄰接與附隨關係，以及自由度的數目。設計限制 (Design constraint) 可由其構造特性與工藝技術條件訂定，並可依設計者的判斷加以彈性變更。

步驟二：一般化鏈

　　解密復原設計的步驟二，是根據所歸納出的構造特性，運用數目合成演算法，獲得具有相同機件與接頭數目的一般化鏈圖譜。

　　圖 02.10(c) 為圖 02.10(b) 驢轉筒車所對應的 (3, 3) 運動鏈，圖 02.11(c) 為圖 02.11(b) 連機水碓所對應的 (3, 3) 運動鏈；值得注意的是，這二種完全不同的傳動機械，具有相同的運動鏈。

　　傳動機械的**一般化** (Generalization) 是將所有不同類型的機件轉化為一般化連桿、所有不同類型的接頭轉化為一般化接頭。**一般化鏈** (Generalized chain) 則是由一般化接頭連接一般化機件所組成。**一般化接頭** (Generalized joint) 是一個通用的接頭，可以是旋轉接頭、滑行接頭、球面接頭、或者其它種類的接頭。**一般化連桿** (Generalized link) 則是具有一般化接頭的機件。

　　具 n 根機件與 j 個接頭的一般化鏈，稱之為 (n, j) 一般化鏈。有關 (n, j) 一般化鏈圖譜之合成的研究，即到底有幾個不同構造的一般化鏈具 n 根機件與 j 個接頭，稱為**數目合成** (Number synthesis)。

步驟三：特殊化鏈

　　解密復原設計的步驟三，是根據特殊化程序，指定所需之機件與接頭的類型至步驟二所產出的一般化鏈圖譜，獲得合乎由構造特性所歸納出之設計限制的特殊化鏈圖譜。

復原設計方法的核心概念在於特殊化，是一般化的逆程序。根據所歸納出的設計限制，在既有一般化鏈圖譜中，指定機件與接頭類型的過程，稱為**特殊化** (Specialization)。一般化鏈在根據設計限制進行特殊化之後，即成為**特殊化鏈** (Specialized chain)。

步驟四：復原設計

　　解密復原設計的最後步驟，是利用機械演化與變異原理產生等效的機構轉換，將步驟三中所產生的特殊化鏈圖譜，具體化為與其對應的構造簡圖，獲得所有滿足構造特性之**復原設計** (Reconstruction design) 的圖譜。

　　"古機械復原設計法"是運用"現代機構創新設計法" (Methodology for the creative designs of modern mechanisms) [29]，將已經考證的事實併入復原設計中，建立當代的科技理論與工藝技術水平。對於無法確認的部分，則視為可變參數，用以推演出所有可能之傳動機械的構造。據此，構造不確定(類型III)之傳動機械的構造解密，有多樣的可行設計是必然的，此可視為同一時期可行的傳動機械，或視為機械使用發展的結果。

　　邏輯上，原始創作的內部傳動機械，是復原設計圖譜的其中一個。在尚未發現新的具體證據之前，此方法提供一個合理且可行的機理，來解密失傳、復原傳動機械構造不明確的古機械。

第 03 章

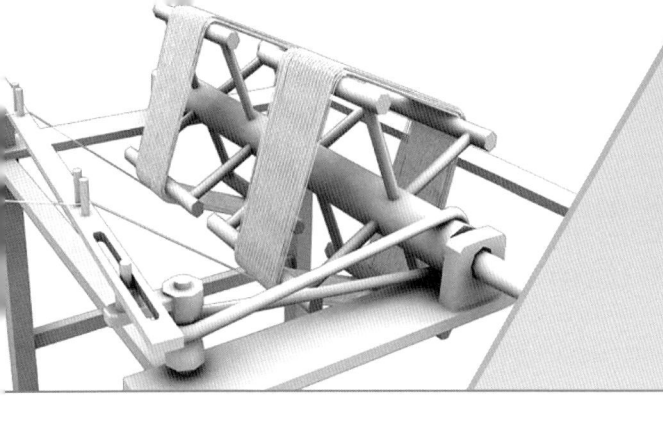

古機械
Ancient Machine

　　人類基於需要，自古以來即發明創造出各種機械來達成特定的目的。

　　本章說明機械於古中國的意涵及古機械的種類，介紹與傳動機械相關的重要古籍與發明人物，並列出具傳動機械的創作。

03-1　機械的古代意涵 Meaning of Ancient Machines

　　古中國的先民，於新石器時代 (約 4 萬 -1 萬年前) 晚期已掌握絲織的工藝技術。"機 (ji)"是個象形文字，像一架木製斜織機，上邊吊著兩束絲；金文中的"機"字，可以和商周時代 (前 1600- 前 256 年) 的絲織機互譯。再者，"機"字在《說文解字》(100-121 年) 的原訓為織機。

　　由於古代的織機是由多根連桿組成，所以由連桿機件組成的發明創作都稱為"機"，如織機、布機、臥機、碓機、牙機、弩機等。此外，由"機"字假借為用的詞，有機會、機要、機兆、機關、機遇、機智、機巧、機敏、機變、機靈、機警等，有時也說機詐、機權等；雖褒貶不一，但都有靈活、巧妙的共同點。

　　古中國的"機械"一詞，最早出現在《莊子・外篇・天地第十一》(前 350-250 年)：「子貢 (前 520- 前 446 年) 南遊於楚，反於晉，過漢陰，見一丈人方將為圃畦。鑿隧而入井，抱甕而出灌，搰搰然用力甚多而見功寡。子貢曰，有"械"於此，一日浸百畦，"用力甚寡而見功多"，夫子不欲乎？為圃者仰而視之曰：奈何？曰：鑿木為"機"，後重前輕，挈水若抽，數如泆湯，其名為槔。為圃者忿然作色而笑曰：吾聞之吾師，有"機械"者必有機事，有機事者必有機心。機心存於胸中，則純白不備，純白不備，則神生不定；神生不定者，道之所不載也。吾非不知，羞而不為也。子貢瞞然慚，俯而不對。」此文的前半部分是說，至聖先師孔子 (前 551- 前 479 年) 的弟子

41

子貢到南方的楚國遊歷，返回晉國途中經過漢水南沿時，看見一位老丈人正在澆灌菜園。他開了一條地道下到井中，用瓦罐盛水，再抱出來澆菜，來來往往用力甚多而功效甚少。子貢向他介紹了桔槔 (第 04-1 節，圖 04.01) 及其功能，並說它可以每天澆灌上百個菜畦，用力很少而效率高，可以試試。當時，子貢對"**機械**"的解釋為"能使人用力寡而見功多的器械"。

從此記載看來，子貢的好心反而遭受一頓奚落。這位種菜的長者變了臉色，譏笑著說：「我的老師說過這樣的話，有了機械類的東西必會出現機巧類的事，有了機巧類的事必會出現機變類的心思。機變的心思存留在心中，那麼未受世俗沾染之純潔空明的心境就不完備；純潔空明的心境不完備，那麼精神就不會專一安定；精神不能專一安定的人，大道也就不會充實他的心田。我不是不知道你所說的辦法，只不過感到羞辱而不願那樣做呀。」漢陰丈人的這套論點，說得子貢滿面羞愧、低頭啞口無言。後來，子貢就此事向他的老師請教，孔子說道：「彼假修渾沌氏之術者也：識其一，不知其二；治其內，而不治其外。」思維主觀片面。

《莊子‧外篇》的這段記載，不但為後世留下了古中國有關機械的最早定義，亦是工藝技術史上保守者反對、斥責、批評革新者與發明者之典型事例的重要史料。再者，這也是成語"抱甕灌園"的由來。

《韓非子‧難二第十二》(前 475-前 221 年) 載：「舟車"機械"之利，用力少，致功大，則入多。」亦說明機械的功能為省力之用。

古中國文獻中的"機械"一詞，有著不同的涵義，有時僅指某種特定的機械，如：

- 《尚書》(前 772-前 476 年) 中，「先王昧爽丕顯，坐以待旦。旁求俊彥，啓迪後人，無越厥命以自覆。慎乃儉德，惟懷永圖。若虞"機"張，往省括于度則釋。欽厥止，率乃祖攸行，惟朕以懌，萬世有辭。」的"機"，是與軸配合的轉動件。
- 《管子‧形勢解》(前 475-前 220 年) 中，「奚仲 (約前 22-21 世紀) 之為車器也，方圓曲直，皆中規矩鈎繩，故"機"旋相得，用之牢利，成器堅固。」的"機"，是車上的器械。
- 《史記‧酈生陸賈列傳》(前 91 年) 中，「工女下"機"」的"機"，是織布機的機杼。
- 《戰國策‧宋衛策》(前 350-前 6 年) 中，「公輸般 (前 507-前 444 年) 為楚設"機"，將以攻宋。」的"機"，是指進攻器械或雲梯。

- 《說文解字》(100-121 年) 中,「主發謂之"機"」的"機",指的是弩機 (第 08 章)。
- 〈木蘭辭〉(386-534 年,北魏) 中,「不聞"機"杼聲,唯聞女歎息。」的"機",亦是織布機。
- 《南齊書‧卷五十二‧列傳第三十三‧文學》(537 年) 中,「有外形而無"機"巧」,指的是 5 世紀南宋平定關中後,得到一種指南車,空有外形,但沒有具機巧的傳動機械。

綜上所述,自古以來機械的特徵是省力的機巧發明,因此常將機械稱為奇器,並且認為創作奇器的先民為古代的發明家。

另,古希臘 (前 800-前 338 年) 有各式各樣的發明,機械創作是其中之一,"**機械** (Machine)" 這個詞也是。拉丁語 "Deus ex machina" 乃翻譯自希臘語,其意是 "來自機械的神 (God from the machine)"。古希臘的劇場,巧妙的利用連桿、滑輪、繩索等簡單機器組成的省力裝置,來轉換道具與布景,機械的原意即源自這些舞台裝置。此外,前 1 世紀古羅馬建築師維多維斯 (Vitruvius,約前 80-前 25 年) 對**機械**的定義是 "Machinery is a system made of wood and composed of interconnected parts, and has great strength to push objects",即機械是一個具有強大推動物體力量的系統,由木材製造,並由具有相互關聯體系的機件組成 [03]。

03-2　古機械的種類 Types of Ancient Machines

任何古文明,機械的發明與進展,都是先由幾種簡單的工具開始,如石刀、石斧等,用以省力或便於用力,來達成直接用手做不到的工作。接著,將不同的工具結合成簡單的器械,如剪刀是由尖劈與槓桿組成的。其後,隨著需求的增加,逐漸發展成系統化的機器、機械,如古希臘的安提基瑟拉機構 (Antikythera mechanism,約前 100 年)、東漢的臥輪式水排 (31 年)(第 07-2 節)、北宋的水運儀象台與其水輪秤漏擒縱器 (1088 年)(第 12 章)、以及歐洲的機械擺鐘 (1656 年) 等。

18 世紀工業革命前,古中國的機械可按其發展過程與使用年代,分為遠古機械時期 (原始社會,約 250 萬年前的舊石器時代～前 4000-5000 年前的新石器時代)、中古機械時期 (奴隸社會,4000-5000 年前的新石器時代-2000 多年前的春秋時期)、及近古機械時期 (封建社會,約 2000 多年前的戰國時期-14 世紀的元末明初時期) [30]。

古中國的機械,又可依其功能概分為傳動機件、省力裝置、工具器械、汲水器械、農業機械、紡織機械、礦冶機械、印刷器械、車、船、飛行器、流體器械、軍事器械、天文與計時儀器、其它器械等，如以下所列。

傳動機件

如連桿／槓桿／曲柄、滑件／活塞、滾子(輪子、車輪)、凸輪、齒輪、繩帶、鏈條(天梯)、彈簧、軸承(軸瓦、車軎、圓軸)等。

省力裝置

如尖劈、斜面、螺旋、槓桿(權衡)、滑輪(轆轤、滑車、絞車)等。

工具器械

如鑽孔工具、製陶轉輪等、車床等。

汲水器械

如尖底陶瓶、桔槔、滑輪(轆轤)、虹吸(渴烏)、戽斗、井車、刮車、筒車、翻車／龍骨水車等。

農業機械

如耕地器械(犁、耙、礪)、播種機(三腳耬)、插秧機、收割器械、風扇車、搗槌器械(碓、槌)、碾(石碾、輥碾、水輾)、研磨器械(礱、磨)、麪羅等。

紡織機械

如踞織機、紡紗機(紡車、緯車、經架、軖床)、織布機(斜織機、提花機)等。

礦冶機械

如鑽探機械、磨玉機械、橐(皮囊)、木扇、風箱、水排(水力鼓風機)等。

印刷器械

如活字板韻輪(圖 03.01)、旋轉書架等。

車

如兩輪車、四輪車、獨輪車、儀仗車、雜技車、銅車馬、指南車、木車馬、記里鼓車、木牛流馬等。

船

如車船、腳踏車船、搖槳輪船、激水輪船、裝甲船舶、戰船等。

(a) 插圖《農書》　　　　　(b) 構造簡圖

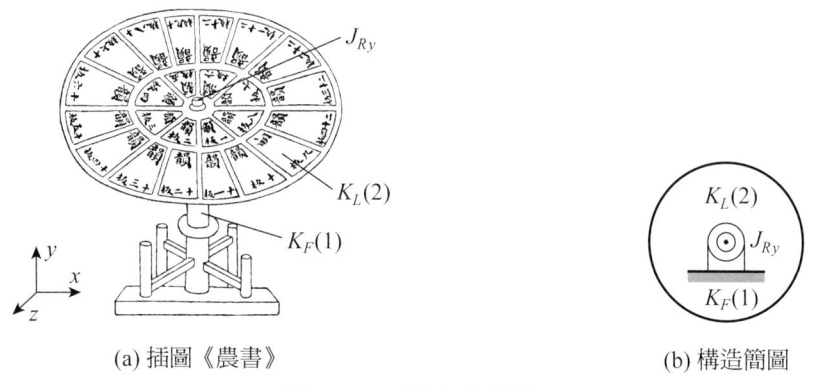

圖 03.01　活字板韻輪

飛行器

如風箏、飛行器 (木鵲、奇肱飛車)、竹蜻蜓 (飛車)、降落傘、熱氣球等。

流體器械

如旋轉風扇、走馬燈、風車等。

軍事器械

如弓箭、弩、砲、拋射 (石) 機、煙火噴射器、火箭、筒管式鎗砲、城垣攻防器械、戰車等。

天文與計時儀器

如測影表 (測影器)、圭影板、石砌儀器、日晷儀、羅盤儀、窺管、燃燒鐘、漏壺、渾天儀、機械日曆 (蓂莢)、水力渾天儀、水力天文鐘 (水運儀象台)、簡儀、砂漏計時器 (五輪砂漏)、大明殿燈漏、機械鐘錶 (荷花缸鐘) 等。

其它器械

如鼓器、鎖具、地震儀 (候風地動儀)、被中香爐、可摺疊傘、自動機械人等。

03-3　相關古籍 Related Ancient Books

機械史料零星分散於歷史文獻中，少有專著。以下簡介內容論述與古中國傳動機械具關聯性的古籍，除《考工記》(第 01-3 節) 外，主要有《墨子・墨經》、《三國志》、《古今注》、《後漢書》、《武經總要》、《新儀象法要》、《農書》、《宋史》、《武備志》、

《天工開物》、《農政全書》、《欽定授時通考》等，以下分別簡述之。

《墨子‧墨經》

戰國初期的宋國墨子 (約前 468-前 376 年)，是位著名的思想家、政治家、古科技家、及軍事家，亦是墨家學派創始人。《墨子》(前 490-前 221 年) 是先秦墨家學派的總匯，《墨經》是《墨子》的一部分，全文約 5000 多字、180 條內容，主要為數學、力學、及光學，力學包括槓桿、滑輪、浮力、輪軸、斜面等問題。與傳動機械相關的有汲水器械 (第 04 章) 與水排 (第 07 章)。

《三國志》

西晉陳壽 (233-297 年) 撰的《三國志》，是記載三國時期 (220-280 年) 歷史的斷代史，包括《魏志》30 卷、《蜀志》15 卷、《吳志》20 卷。與傳動機械相關的有汲水器械 (第 04 章)、水排 (第 07 章)、弩 (第 08 章)、及指南車 (第 09 章)。

《古今注》

西晉 (265-316 年) 崔豹撰的《古今注》，說明古代與當時的各類事物，分為上、中、下 3 卷。與傳動機械相關的為卷上的〈輿服一〉，有指南車 (第 09 章) 與記里鼓車 (第 10 章)。

《後漢書》

南北朝劉宋范曄撰的《後漢書》(約 445 年)，是紀傳體史書，記載東漢 (25-220 年) 的歷史，有 10 紀、80 列傳、及 8 志。與傳動機械相關的有汲水器械 (第 04 章)、農業機械 (第 05 章)、水排 (第 07 章)、及候風地動儀 (第 12 章)。

《武經總要》

北宋曾公亮撰的《武經總要》(1044 年)，是官修軍事著作，記載了不少製造武器的工藝技術，分為前、後兩集，共 43 卷。與傳動機械相關的有水排 (第 07 章)。

《新儀象法要》

北宋蘇頌撰的《新儀象法要》(1086-1093 年)，是為其創作之水運儀象台 (第 11 章) 撰寫的說明書。書首的進儀象狀篇，說明造水運儀象台的緣起、經過，以及與前代類似儀器相比的特點。本文以插圖為主，計 63 幅，並附有文字說明水運儀象台的總體與各部構造。卷上介紹渾儀，有 17 幅插圖；卷中介紹渾象，除 5 種構造圖外，另有星圖 2 種 5 幅、四時昏曉中星圖 9 種；卷下則為水運儀象台總體、台內原動與傳動機械、報時機構等，有 23 幅插圖，並附別本作法 4 幅插圖。其中，有段唯一不帶插圖的文字"儀象運水法"，說明利用水力帶動整個儀象台運轉的過程。這些插圖是中國現存最古的機械圖紙，採用透視與示意的畫法，並標注名稱來描繪機件。

《農書》

元代王禎撰的《農書》於仁宗皇慶二年 (1313 年) 刻印發行，針對當時的農業工作，進行大規模的系統化整理，是一部總結當時農業生產經驗與技術的巨著，全書有 37 集，共 370 目，分為農桑通訣、百穀譜、農器圖譜等三個部分。與傳動機械相關的有汲水器械 (第 04 章)、農業機械 (第 05 章)、紡織機械 (第 06 章)、及水排 (第 07 章)。

《宋史》

元代丞相脫脫和阿魯圖先後主持修撰的《宋史》，於 1345 年刻印發行，全書本紀 47 卷、志 162 卷、表 32 卷、列傳 255 卷，共 496 卷，是古中國二十四史中最龐大的一部史書。其《宋史・輿服志》與《宋史・律曆志》中，有關於指南車 (第 09 章)、記里鼓車 (第 10 章)、及天文儀器 (第 11 章) 的記載。

《武備志》

明代茅元儀 (1594-1640 年) 撰的《武備志》，於天啟元年 (1621 年) 刻印發行，是古中國規模最大、篇幅最多、內容最全面之古典兵學的百科全書。內容分為兵訣評、戰略考、陣練制、軍資乘、占度載等五類，共 240 卷，200 多萬字，並有 738 幅插圖。與傳動機械相關的有弓弩 (第 08 章)。

《天工開物》

明代宋應星撰的《天工開物》，於崇禎十年 (1637 年) 刻印發行，是古中國百科全書式的工藝技術著作，記載明代中葉前古中國 130 多項生產技術，並附有 100 多幅插圖，描繪說明各種器械的名稱、形狀、及製作工序，全書分上、中、下 3 卷，共 18 章，圖 03.02。與傳動機械相關的有汲水器械 (第 04 章)、農業機械 (第 05 章)、紡織機械 (第 06 章)、及水排 (第 07 章)。

《農政全書》

明代徐光啟撰的《農政全書》，於崇禎十二年 (1639 年) 出版發行，總結古中國至明代的農業生產經驗與技術，引用文獻逾 200 種，亦加入數項西方的機械發明。內容分為農政措施與農業技術二個部分，共有 12 目、60 卷，細目包含農本 3 卷、田制 2

(a) 封面　　　　　　　　　　　(b) 原序

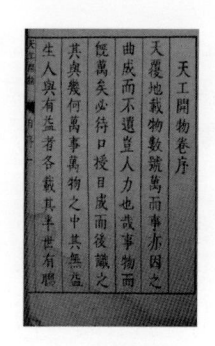

圖 03.02　封面與原序－《天工開物》

卷、農事 6 卷、水利 9 卷、農器 4 卷、樹藝 6 卷、蠶桑 4 卷、蠶桑廣類 2 卷、種植 4 卷、牧養 1 卷、製造 1 卷、以及荒政 18 卷。與傳動機械相關的有汲水器械 (第 04 章) 與農業機械 (第 05 章)。

《欽定授時通考》

　　由大學士鄂爾泰、張廷玉等 40 餘人奉命編纂的《欽定授時通考》，成書於清代乾隆七年 (1742 年)，蒐集古代有關農事的文獻 400 餘種，彙整前人的農書著作，並附有插圖 500 餘幅，內容以農作物生產為主，林、木、漁等業為副。全書共 78 卷，分為天時、土宜、穀種、功作、勸課、蓄聚、農餘、蠶桑等八門。與傳動機械相關的有農業機械 (第 05 章)。

03-4　發明人物 Figures of Inventions

　　人物 (Figure) 是歷史的核心，是指在歷史上有貢獻、有影響者。沒有人物，就沒有事情的發展，也就沒有物件的產出。

　　古中國有關機械發明的重要人物不少，其創作與傳動機械主題關聯性大的人物有魯班、丁緩、張衡、諸葛亮、馬鈞、蘇頌等人，以下分別介紹之。

魯班 (前 507-前 444 年)

　　魯班姓公輸名般，因是魯國人，亦稱魯班，以木匠為職，專事建屋與家具製造。雖未見留有著述，亦無傳略，但許多古籍都記有他的功績，民間傳說中也有不少關於他的故事。

魯班的主要創作中與傳動機械相關者有磨、木車馬、封墓機關、鎖具等；亦發明將穀物加工成粉的磨 (第 05-5 節)，廣用於各地居民的生活中。

《論衡‧儒增》(80 年) 載：「魯班巧，亡其母也。言巧工為母作"木車馬"，木人御者，機關備具，載母其上，一驅不還，遂失其母。」可見此機械創作十分巧妙，然其構造機理無法由古籍文獻中得知，圖 01.08 為一現代復原設計 [14, 21]。

《禮記‧檀弓下》(前 475-前 221 年) 載：「季康子之母死，公輸若方小。斂，般請以機封，將從之。」乃魯班作機關封墓的記載，這可能是用於殺傷盜墓賊的自動機械，然其構造機理無法得知。

早期有些鎖具的設計，內無機關，而是將其外觀做成凶惡的動物形狀，藉以嚇阻小偷，是一種象徵性的嚇人鎖具，效果差；傳說是魯班在鎖的內部以簧片做上機關，使他人難以開啟。圖 03.03(a) 為一具漢代的青銅鎖，圖 03.03(b) 為《三才圖會》(1607 年) 的廣鎖，皆為撐簧鎖 [26]。

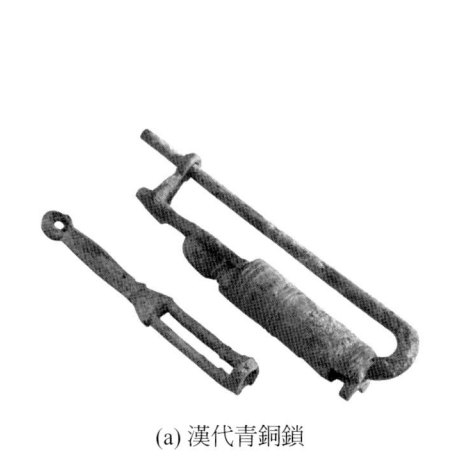

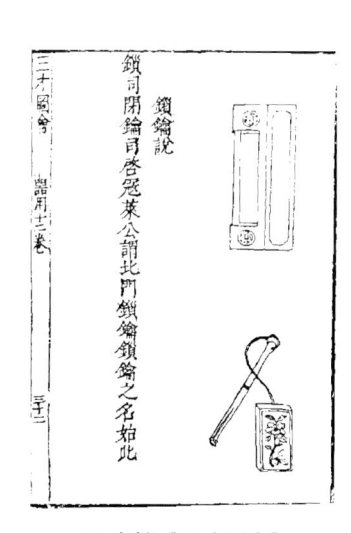

(a) 漢代青銅鎖　　　　　　(b) 廣鎖《三才圖會》

圖 03.03　撐簧鎖 [26]

丁緩 (生卒年不詳)

丁緩乃西漢 (前 206-8 年) 末年長安的巧匠，生卒年代不詳。

《西京雜紀‧卷一》(317-420 年) 載：「長安巧工丁緩者，為"常滿燈"七龍五鳳，雜以芙蓉蓮藕之奇，又作"臥褥香爐"，一名"被中香爐"，本出房風，其法後絕，至緩始更為之。為機環運轉四周，而爐體常平，可置之被褥，故以為名。又作"九層博山香爐"，鏤爲奇禽怪獸，窮諸靈異，皆自然運動。」然，對丁緩的發明創作記載簡略，其它古籍更未見相關的隻字片語。再者，除被中香爐外都失傳。

丁緩的**被中香爐** (Bedsheet censer) 構造精巧，在爐體內點燃薰香，將香爐置於被中取暖，又稱香薰球、臥褥香爐。它鏤空的球形外殼與位於中心的半球形爐體之間，有二或三層可靈活轉動、互相垂直的同心圓環，爐體可繞活環的軸線轉動，無論球體香爐如何轉動，位於中心位置的半球爐體始終保持水平狀態，圖 03.04。由《西京雜記》可知，丁緩不是最初發明被中香爐者，房風為何許人雖已不可考，但知最晚於西漢已有被中香爐(銀薰球)。此外，陝西西安唐代 (618-907 年) 遺址，出土了製作精美的被中香爐實物。

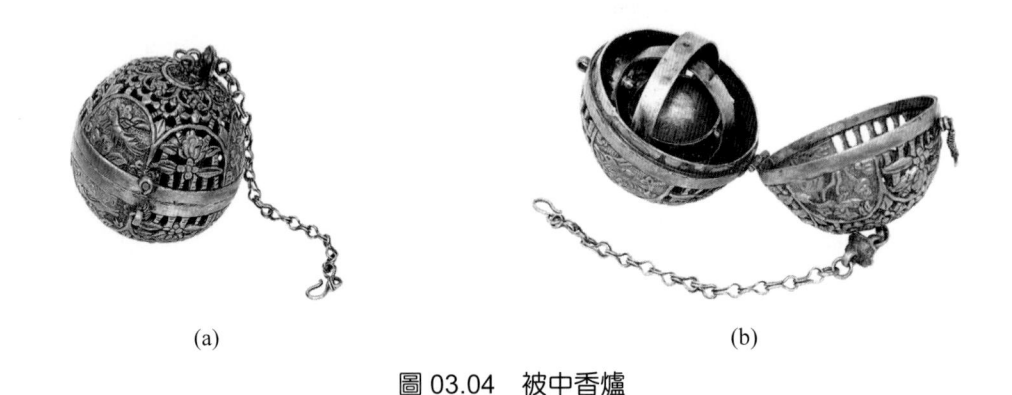

(a)　　　　　　　　　　　(b)

圖 03.04　被中香爐

被中香爐的構造和原理，與現代航空、航海廣泛應用的常平架裝置陀螺儀 (Gyroscope) 類似。另，西方有關陀螺儀的設計概念，15 世紀才出現在達文西的手稿中，且 16 世紀歐洲才出現常平支架裝置。

張衡 (78-139 年)

張衡，字子平，河南南陽人，東漢章帝建初三年 (78 年) 生於南陽郡西鄂縣 (河南南陽) 的官宦之家，順帝永和四年 (139 年) 卒於洛陽，享年 62 歲。是東漢 (25-220 年) 時期的博學之士，不只是位天文學家，也是位傑出的製圖師、數學家、詩人、畫家、及發明家，相當於羅馬共和國希臘化後、羅馬帝國前期時代的哲學家。他創作出許多精巧的機械裝置，包括候風地動儀 (第 12 章)、水運渾象、瑞輪蓂莢、獨木飛雕等，其中又以候風地動儀最為著名。

張衡於 17-23 歲期間，先後前往西漢 (前 206-8 年) 都城長安、東漢都城洛陽遊學。23 歲時應南陽郡太守鮑德的邀請，回鄉擔任管理文書工作的主簿，並輔佐鮑德治理政務。31-34 歲期間，在家鄉全心鑽研學問，精讀揚雄 (前 53-18 年) 的《太玄經》(前 33-18 年)，這是一部研究宇宙現象的哲學著作，也談到天文、曆算、及渾天說的理論。34 歲應召入京，官拜郎中。37 歲任尚書侍郎。38 歲轉任太史令，主持觀測天象、編訂曆法、調理鐘律等事務。40 歲創作出渾儀。41 歲完成天文學名著《靈憲》，內容包含天地的生成、宇宙的演化、行星運動理論、準確的恆星觀測資料、用科學的方式解釋月蝕成因等。42 歲完成《算罔論》一書，是部集大成的算術通論，可惜已經失傳。此外，張衡用 "漸進分數" 法，算出圓周率為 10 的平方根之值在 3.1466-3.1622 之間。44 歲調任公車司馬令，負責保衛皇帝的宮殿，通達內外奏章，接受全國官吏與人民的獻貢物品，並接待各地調京人員等工作。49 歲再任太史令，撰文〈應間〉回應統治階級的冷遇以及傳統勢力的嘲笑。55 歲製作可以偵測地震發生方位的地震儀器 — 候風地動儀。56 歲任侍中，擔任皇帝身邊的參謀。59 歲任河間相。61 歲任尚書。62 歲 (139 年) 任尚書期間去逝。

再者，張衡亦善於寫詩、賦、文、銘、贊、誥、誄、書、疏等各類韻散文辭，尤其他寫的詩 (四愁詩、同聲歌、歌、怨篇等)、賦 (溫泉賦、二京賦、南都賦、思玄賦、歸田賦、髑髏賦、塚賦、舞賦、羽獵賦、定情賦、鴻賦等)，在古中國文學史上有著獨特的地位與價值。張衡亦為漢代十二名畫家之一。此外，他還繪有地形圖，不但標畫出全國主要山川的地理位置，也展現出各地區的地理風俗。

諸葛亮 (181-234 年)

諸葛亮，字孔明，東漢末期徐州琅琊陽都人，為蜀漢的政治家、軍事家、發明家、散文家，有不少的創作，與傳動機械相關的主要為諸葛弩與木牛流馬。《三國志・蜀書五・諸葛亮傳》(265-300 年) 載：「亮性長於巧思，損益 "連弩"、"木牛流馬"，皆出其意；推演兵法，作八陣圖，咸得其要云。」諸葛亮為了方便在山地棧道運輸，發明了 "木牛流馬"，其行走機器的構造，歷代文獻紀錄有異，學者一般認定為獨輪車或四輪車，未有確實答案，圖 03.05 [14, 31]。他亦發明可以連續發射十箭的 "連弩"，又稱 "元戎"、"諸葛弩" (第 08 章)。

馬鈞 (生卒年不詳)

馬鈞，字德衡，三國 (200-265 年) 時期魏國扶風 (陝西興平) 人，是位發明巧匠，擅長機械創作。製作出失傳的指南車 (第 09 章)；改良漢代 (前 206-220 年) 的織綾機，使織出的花紋具立體感，能與蜀錦相媲美；亦改良漢末畢嵐 (?-189 年) 的龍骨車，發明龍骨水車 (第 04-5 節) 來灌溉較高位的農田。此外，馬鈞也改良 "諸葛連弩"，

(a) 獨輪車《天工開物》　　　　　　　(b) 四足動物 [王湔]

圖 03.05　木牛流馬 [14, 31]

並製作出精巧的"水轉百戲"，其機器人作動複雜，可唱歌與跳舞。

蘇頌 (1020-1101 年)

蘇頌，字子容，北宋泉州同安 (福建同安) 人，生於宋真宗天禧四年 (1020 年)，卒於宋徽宗建中靖國元年 (1101 年)，享年 82 歲。

蘇頌出身於官宦家庭。其父蘇紳 (999-1046 年) 為天禧三年 (1019 年) 進士，後為宋仁宗的文學侍臣。蘇頌從小就受到父親的良好教育與嚴格訓練，養成勤奮好學的習慣。宋仁宗慶曆二年 (1042 年)，23 歲的蘇頌中進士，開始步入仕途。先在地方任官，轉調京城任中央官職後，又幾度到外地任官。於宋哲宗元佑元年 (1086 年) 被召回京城，歷任刑部尚書、吏部尚書兼侍讀、翰林學士承旨、尚書左丞等職位。元佑七年至八年 (1092-1093 年)，擔任 9 個月的右僕射兼中書侍郎 (宰相職)，之後請求致仕。結果免去宰相職，再到地方任官。宋哲宗紹聖四年 (1097 年)，78 歲的蘇頌終於辭去官職，在京口 (現江蘇鎮江) 居住，直至去世。後贈司空，追封魏國公，賜號正簡。

蘇頌任集賢校理兼任校正醫書官期間，根據全國各地所產藥物的圖譜，主持編撰《本草圖經》，於宋仁宗嘉佑六年 (1061 年) 完成。由於原提供的說明文字詳略不一，用語鄙俚，蘇頌加以歸納、整理、分類、編目、及潤飾文字，並進行考證。全書共 20 卷、目錄 1 卷，不僅反映當時全國各地藥物普查的結果，也記錄外國藥物進口的情況，並且保存不少宋代 (960-1279 年) 以前歷代文獻中的藥物與醫方記載，加以蘇頌考證甄別，使該書成為古中國本草學中一部圖文並茂的集大成著作。後代的本草著作，多以此書作為參考。

1088 年，蘇頌和韓公廉建造天文鐘塔水運儀象台，高度約 12 公尺，全部構造分成三層。上層的渾儀，是一個以水力驅動的巨大銅製天文觀測校時裝置；中層的渾象，置於鐘塔內，是一個演示天球運動的天球儀，並提供渾儀觀測時的參考；下層則是報時系統與動力系統。水運儀象台的機械系統，是當時最傑出的機械發明創作，包括水輪動力裝置、二級提水裝置、二級浮箭漏裝置、定時秤漏裝置、水輪槓桿擒縱機構 (第 11 章)、凸輪撥擊報時裝置等。再者，蘇頌為其所創作的水運儀象台，撰寫了說明書《新儀象法要》(1086-1093 年)。

古中國的機械發明家若為民間工藝巧匠，皆未見留有著述，亦無傳略，後人經由古籍記載、民間故事傳說，得知其成，如魯班和丁緩。若為政府所用、出身於官宦家庭的官員，則留有著述、傳略，其創作為基於任務、戰爭與國家大用所需的器械，如張衡和蘇頌。古中國的文人官員是通曉自然、人文、及社會科學的，相當於古西方的哲學家、文藝復興的達文西，如張衡知識淵博、造詣精深，不但是位偉大的發明家、工程師、科學家，也是位才華橫溢的文學家與藝術家，可說是古中國的達文西。此外，也有武將文武雙全，如西晉將領杜預 (222-285 年)，不但精通戰略、天文、曆法、教育、農業、水利、機械等，亦創作出連機碓與連磨。

03-5　古代傳動機械 Ancient Transmission Machine

依史料證物，古中國的機械中，具有傳動功能者如下：

構造確定 (類型 I) 者

荷花缸鐘 (第 01-5.01 節)、界尺 (第 02-2.01 節)、活字板韻輪 (第 03-2 節)、被中香爐 (第 03-4 節)、轆轤與滑車 (第 04-2 節)、刮車 (第 04-3 節)、筒車 (第 04-4 節)、水轉筒車 (第 04-4.01 節)、驢轉筒車 (第 04-4.02 節)、高轉筒車 (第 04-4.03 節)、水轉高車 (第 04-4.04 節)、翻車／龍骨水車 (第 04-5 章)、手動翻車 (第 04-5.01 節)、腳踏翻車 (第 04-5.01 節)、牛轉翻車 (第 04-5.02 節)、水轉翻車 (第 04-5.03 節)、臥軸式風轉翻車 (第 04-5.04 節)、立軸式風轉翻車 (第 04-5.04 節)、手搖風扇車 (第 05-1.01 節)、水碓 (第 05-2.03 節)、礱 (第 05-4 節)、驢礱 (第 05-4.01 節)、水礱 (第 05-4.02 節)、磨 (第 05-5.01 節)、連磨 (第 05-5.02 節)、水磨 (第 05-5.03 節)、連二水磨 (第 05-5.04 節)、水轉

連磨 (第 05-5.05 節)、木棉攪車 (第 06-2.01 節)、緶車 (第 06-2.02 節)、蟠車 (第 06-2.03 節)、絮車 (第 06-2.04 節)、趕棉車 (第 06-2.05 節)、彈棉裝置 (第 06-2.06 節)、手搖紡車 (第 06-3.01 節)、緯車 (第 06-3.01 節)、經架 (第 06-3.02 節)、木棉軠床 (第 06-3.01 節)、及活塞風箱 (第 07-1.03 節) 等。

接頭類型不確定 (類型 II)、有後代復原模型者

桔槔 (第 04-1 節)、踏碓 (第 05-2.01 節)、槽碓 (第 05-2.02 節)、石碾 (第 05-3.01 節)、水碾 (第 05-3.02 節)、水擊麪羅 (第 05-6 節)、及臥輪式水排 (第 07-2 節) 等。

構造不確定 (類型 III)、有後代復原模型者

安提基瑟拉機構 (第 01-5.01 節)、木車馬 (第 01-5.01 節)、五輪沙漏 (第 01-5.01 節)、木牛流馬 (第 03-4 節)、腳踏風扇車 (第 05-1.02 節)、繀車 (第 06-2.07 節)、腳踏紡車 (第 06-3.04 節)、水轉大紡車 (第 06-3.05 節)、斜織機 (第 06-4.01 節)、提花機 (第 06-4.02 節)、立輪式水排 (第 07-3 節)、弩 (第 08 章)、指南車 (第 09 章)、記里鼓車 (第 10 章)、水輪秤漏擒縱器 (第 11 章)、及候風地動儀 (第 12 章) 等。

以下各章依序說明汲水器械 (第 04 章)、農業機械 (第 05 章)、紡織機械 (第 06 章)、水排 (第 07 章)、弩 (第 08 章)、指南車 (第 09 章)、記里鼓車 (第 10 章)、水輪秤漏擒縱器 (第 11 章)、及候風地動儀 (第 12 章) 等傳動機械的構造解密。

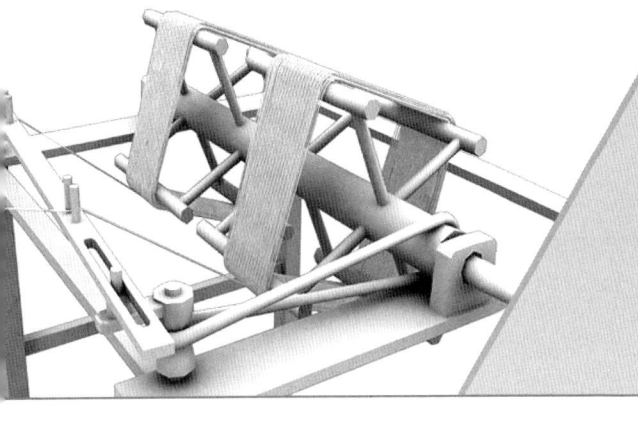

第 04 章

汲水器械
Water Lifting Device

汲水器械 (Water lifting device) 是將水從低處送至高處的裝置。古中國的先民基於生活與農業需求，發明出各式各樣的汲水器械；其中，具傳動機械者有桔槔、轆轤與滑車、刮車、筒車、翻車等。動力源從早期的人力與畜力，逐漸發展為水力與風力。自古以來，這些創作廣泛使用，不但歷史文獻有記載，而且有不少實物留世，因而大多為有憑有據、構造確定 (類型 I) 的傳動機械，少部分為無實物留世、接頭類型不確定 (類型 II) 的傳動機械。

本章介紹汲水器械的歷史發展及其傳動機械，分析構造確定者，以及復原解密構造不確定者 [15]。

04-1 桔槔 Shadoof

桔槔 (Shadoof) 用於從水井或河裡汲水，其稱謂又有**吊桿**、**拔桿**、**架斗**、**橋**等，是古中國最早使用、應用槓桿原理的汲水器械，用來揚水或灌溉，相傳是商代的開國宰相伊尹 (前 1648-前 1549 年) 所發明。

圖 04.01(a) 為《天工開物》(1637 年) 中桔槔的插圖。在井邊的大樹上或地上立個架子為機架，其上有根橫桿，橫桿的一端與一根直立連接桿連接，另一端則綁塊石頭 (墜石) 以平衡重量，直桿的另一端勾住水桶垂入井中。使用時，將直桿下壓，使水桶入井裝水，由於橫桿的一端縛有重石，水滿後稍用力即可令水桶升起。

桔槔有不少古籍記載，除《莊子‧外篇天地第十一》(第 03-1 節) 外，較早的有：

- 《莊子‧外篇天運第四》(前 350-250 年)

  「顏淵 (前 521-前 491 年) 問師金曰：子獨不見"桔槔"者乎？引之則俯，舍之則仰。」

(a) 插圖《天工開物》

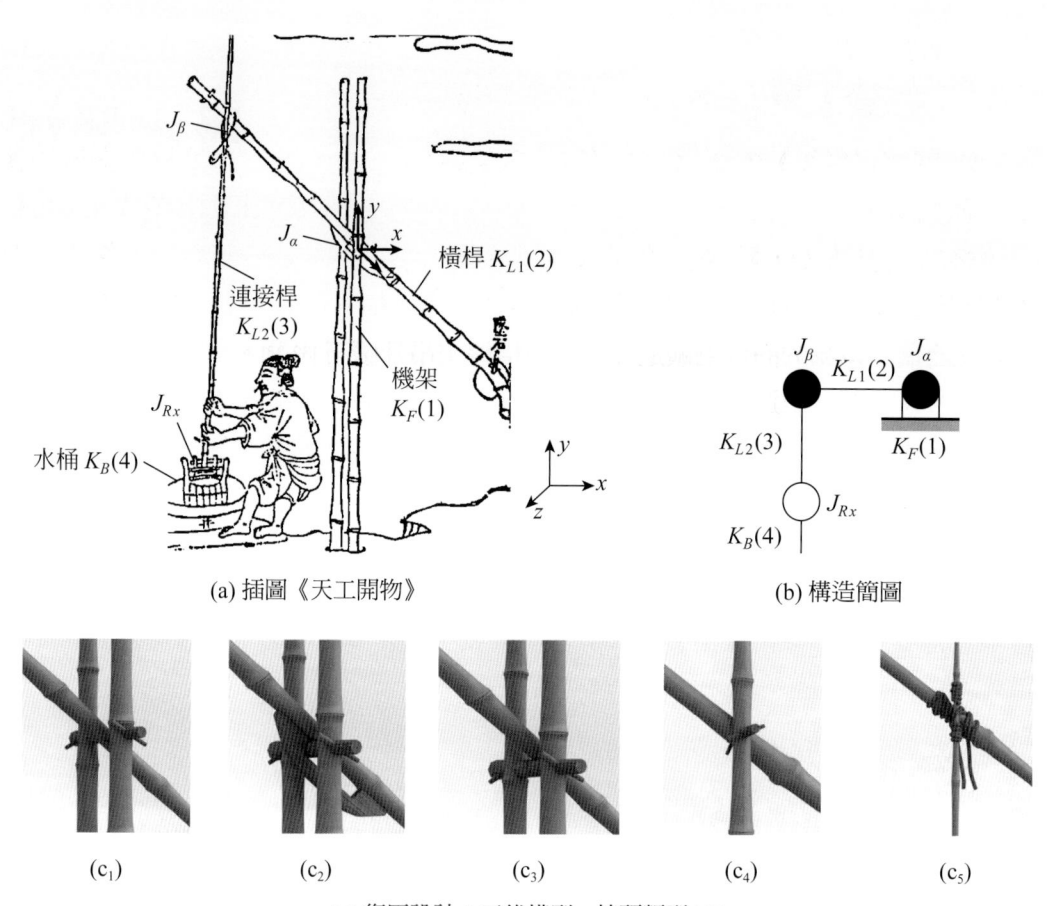

(b) 構造簡圖

(c₁)　　(c₂)　　(c₃)　　(c₄)　　(c₅)

(c) 復原設計：三維模型─接頭類型 [15]

(d) 電腦建模 [15]

圖 04.01　桔槔

- 《農書》(1313 年)

　「湯旱，<u>伊尹教民田頭鑿井以溉田</u>，今之"桔槔"是也。」

　　此外，《齊民要術》(533-544 年) 與《農政全書》(1639 年) 中，都將桔槔當作一種重要的灌溉器械。

　　桔槔的史料證物，除歷史文獻外，漢代 (前 206-220 年) 武梁祠的壁畫以及清代《耕織圖》(1696 年) 中，都有桔槔的圖樣。再者，桔槔除打水外，也用於其它場合，如江西瑞昌銅嶺的商代銅礦遺址中，用桔槔來吊升礦石 [32-33]。

　　基於古籍的文字敘述與插圖，圖 04.01(a) 所示的桔槔，其機架 (1，K_F)、橫桿 (2，K_{L1})、連接桿 (3，K_{L2})、水桶 (4，K_B) 等 4 根機件的類型雖然明確，但是無法判定橫桿與機架的接頭 (J_α) 以及橫桿與連接桿的接頭 (J_β) 之類型，屬於接頭類型不確定 (類型 II) 的傳動機械，圖 04.01(b) 為構造簡圖。

　　此不確定接頭有 5 種可能類型皆能達成汲水的功能。考慮橫桿運動的類型與方向，接頭 J_α 的類型有如下 3 種可能：

01. 橫桿繞著機架旋轉，此接頭以符號 J_{Rz} 表示，圖 04.01(c_1)。
02. 橫桿除了繞著機架 z 軸旋轉外，還可以沿著 x 軸滑動，此接頭以符號 J_{Rz}^{Px} 表示，圖 04.01(c_2)。
03. 橫桿除了繞著機架 y 與 z 軸旋轉外，還可以沿著 x 與 z 軸滑動，此接頭以符號 J_{Ryz}^{Pxz} 表示，圖 04.01(c_3)。

再者，考慮連接桿運動的類型與方向，不確定接頭 J_β 的類型有如下 2 種可能：

01. 連接桿相對於橫桿，沿 z 軸向旋轉，此接頭以符號 J_{Rz} 表示，圖 04.01(c_4)。
02. 連接桿相對於橫桿，除沿 z 軸向旋轉外，還沿 x 軸向旋轉，此接頭以符號 J_{Rxz} 表示，圖 04.01(c_5)。

　　圖 04.01(d) 為圖 01.01(a) 桔槔插圖的電腦建模，兩個不確定接頭分別為圖 04.01(c_2) 和 (c_5) 的類型。

　　另，古埃及於前 1550 年左右，出現了西方最早的桔槔。

04-2　轆轤 / 滑車 Pulley

　　用以揚水或灌溉的桔槔，受橫桿前端直立連接桿的長度限制，適於淺井的汲水。

若井較深，不能用桔槔，就要採用別的汲水器械，起源於約前 12 世紀商末周初的**轆轤** (Pulley block) 是其中之一，其作動方式如下。

在井口搭一木架為機架，其上架根橫軸，軸上安裝合為一體的曲柄手把與束腰滑輪，並由纏繞束腰滑輪的繩索吊掛汲水桶。使用時，以人力轉動手把，藉由繩索的捲繞收放，使水桶升降來達到汲水的目的。由於滑輪改變了力的作用方向，比直接從井中提水省力很多。

圖 04.02(a) 為《天工開物》中轆轤的插圖，是 4 桿 3 接頭構造確定 (類型 I) 的傳動機械，包含機架 (1，K_F)、具曲柄手把的束腰滑輪 (2，K_U)、繩索 (3，K_T)、及汲水桶 (4，K_B)；橫軸以旋轉接頭 (J_{Rx}) 和機架連接，繩索以迴繞接頭 (J_W) 及線接頭 (J_T) 分別和橫軸與汲水桶連接。圖 04.02(b) 為構造簡圖，圖 04.02(c) 為電腦建模。

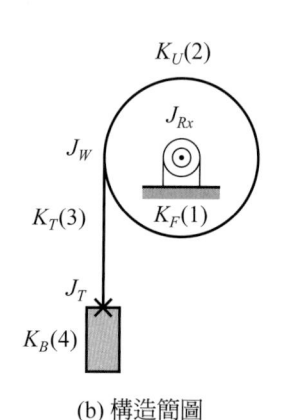

(a) 插圖《天工開物》

(b) 構造簡圖

(c) 電腦建模 [15]

圖 04.02　單轆轤

此種轆轤稱為**單轆轤** (Single pulley block)，其力學原理與槓桿一樣，曲柄的旋轉半徑為施力臂，轆轤的半徑為抗力臂，輪軸的中心為支點，由於曲柄的旋轉半徑大於轆轤的半徑，可以小力發大力，產生機械利益，達省力的目的。

隨著使用需求的演變，單轆轤又發展成雙轆轤、絞車、及較差滑車。此外，西方稱為**滑輪** (Pulley) 的省力器械，古中國稱為**滑車** (Pulley)，有時轆轤、滑車、絞車統稱為轆轤。**雙轆轤** (Dual-way pulley block) 又稱為**花轆轤**或**複式轆轤**，是在同一個轆轤上，將兩條繩索以反方向纏繞，繩索下端各繫上一個汲水器；滿水的汲水器向上提時，空的汲水器就下放。與單轆轤比較，雙轆轤在任一方向轉動都在作功；再者，下放的空汲水器與繩索的重量，可減輕所需的施力，並節省提水的時間。**絞車** (Winch) 是轆轤的變相發展，其施力的曲柄較長、且數目較多。**較差滑車** (Differential pulley) 西洋人稱為**中國絞車** (Chinese windlass)，是由兩段不同直徑的圓軸複合而成，懸掛重物動滑輪繩索的一端纏繞較大直徑圓軸，另一端纏繞較小直徑圓軸，兩邊上升與下降距離之差的一半，大體等於起重物上升的距離。若圓軸直徑之差很小，則滑輪每轉一圈起重物上升的距離很小，產生以小力提重物的效果。

轆轤的構造簡單，使用方便，可以舉起重物，亦可改變作用力方向，在古中國的發明很早，應用也相當普遍，古籍中的重要記載有：

- 《物原・器原第十七》(羅頎；1368-1644 年，明代)

    「史佚始作"轆轤"。」

    史佚是周武王 (前?-前1043年) 時代的太史，若此記載可靠，則前11世紀左右就發明了轆轤。

- 《墨經・卷十・經下》(前490-前221年)

    「"挈"，有力也，引無力也。不正所挈之止於施也，"繩制"挈之也，若以錐刺之。"挈"，長重者下，短輕者上，上者愈得，下下者愈亡。繩直權重相若，則正矣。"收"，上者愈喪，下者愈得，上者權中盡，則遂。」

    古籍中最早討論滑輪的力學原理是《墨經》。稱向上提舉重物的力為"挈"，自由往下降落的力為"收"，整個滑輪裝置為"**繩制**"。文中敘述，以繩制舉重，挈的力與收的力方向相反，但同時作用在共同點上。提挈重物要用力，收則不費力；若用繩制提重物，就可省力。在繩制一邊，繩較長、物較重，物體就越來越往下降；在其另一邊，繩較短、物較輕，物體就越來越被提舉向上。如果繩子垂直，且兩端的重物相等，則繩制就平衡不動；若繩制不平衡，則提舉的物體必在斜面上。

- 《晉書・載記第七・石季龍下》(648 年)

  「邯鄲城西石子堈上有趙簡子墓，至是季龍令發之。初得炭深丈餘，次得木板厚一尺。稱板厚八尺乃及泉，其水清泠非常。作"絞車"以牛皮囊汲之，月餘而水不盡，不可發而止。」

- 《武經總要・前集・制度十二》(1044 年)

  「"絞車"，合大木為床，前建二義手，柱上為"絞車"，下施四卑輪，皆極壯大，力可挽二千斤。」

- 《農書・卷十八》(1313 年)

  「井上立架置軸，貫以長轂，其頂嵌以曲木；人乃用手掉轉，纏綆於轂，引取汲器。或用雙綆而順逆交轉，所懸之器，虛者下，盈者上，更相上下，次第不輟，見功甚速。」由此可知，古中國至少在 1313 年以前就發明了雙轆轤。

此外，遼寧省三道濠西漢 (前 202-8 年) 墓壁畫中已有轆轤提水圖，指出轆轤的使用至遲不晚於西漢。

圖 04.03(a) 為《天工開物》中井鹽採鹵過程的插圖，使用繩索與滑輪牽引的傳動方式鑿井。繩索一端繫上鑿井工具，另一端繞過井架上的小輪及地面的導輪，環繞在大輪上。經由牛隻轉動大輪，拉動繩索，反覆上提與放下鑿井工具，來達成鑿井工作。由於導輪的作用為調整繩索的方向，並不影響整體機構的傳動，分析時可以不用考慮。據此，此設計可簡化為 4 桿 4 接頭機構，包含機架 (1，K_F)、大繩輪 (2，K_{U1})、小繩輪 (3，K_{U2})、繩索 (4，K_T) 等 4 根機件；大輪以旋轉接頭 (J_{Ry}) 和機架連接，繩索

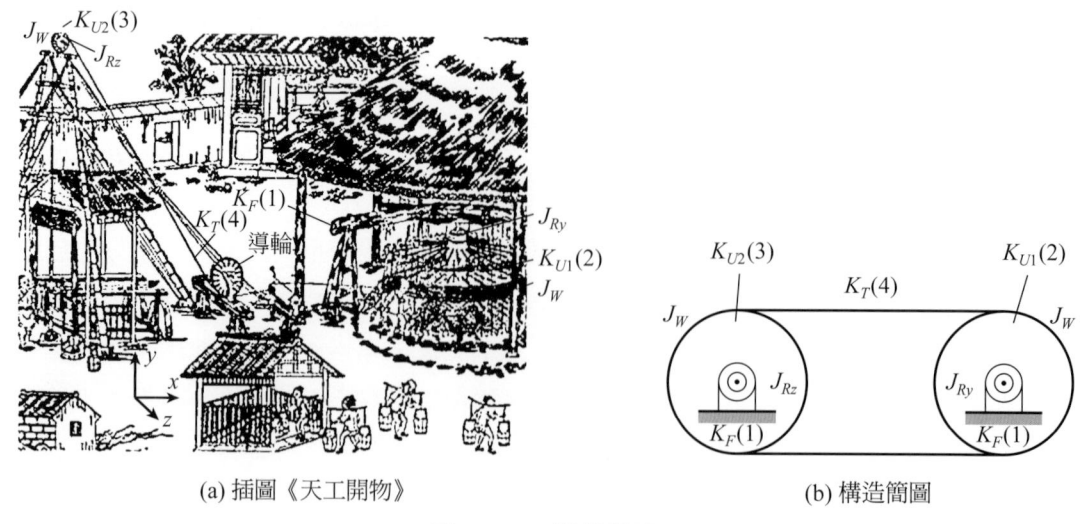

(a) 插圖《天工開物》　　　　　　(b) 構造簡圖

圖 04.03　鑿井裝置

以迴繞接頭 (J_W) 分別和大繩輪與小繩輪連接，而小繩輪則以旋轉接頭 (J_{Rz}) 和機架連接。此為構造確定 (類型 I) 的傳動機械，圖 04.03(b) 為構造簡圖。

《墨經·卷十·經下第一二七條》亦載：「挈，兩輪高，兩輪為輲，車梯也。重其前，弦其前，載弦其前，載弦其軲，而縣重於其前。是梯挈且挈則行。凡重，上弗挈，下弗收，旁弗劫，則下直柂，或害之也。梯者不得汙直也。今也廢尺於平地，重不下，無踦也。若夫繩之引軲也，是猶自舟中引橫也。」是說明如何製造**"斜面引重車"**的記載，用以方便將重物拉舉到所需的高度。圖 04.04 為此前低後高四輪板車的示意圖，在其後端裝個滑輪，繞過滑輪的繩索，一端繫在後輪軸上，另一端繫在車梯低處的重物上；當用力牽引車前進 (向右) 時，因後輪軸轉動而將繩索纏繞於其軸上，重物即被牽引而沿斜面上升，達到省力效果。

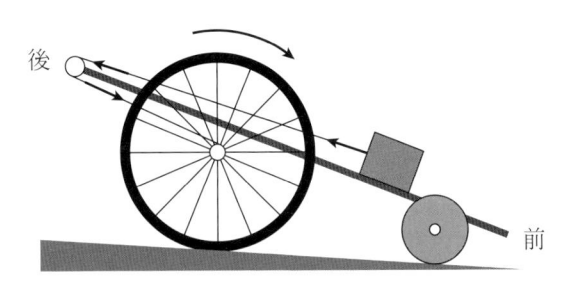

圖 04.04　斜面引重車示意圖

轆轤的史料證物，除古籍外，商周時代 (前 1600-256 年) 的木滑輪，出現在瑞昌的銅礦遺址中，用以從垂直巷道中提升礦石。再者，山東武梁祠有一漢代 (前 202-220 年) 畫像石 (圖 04.05)，描繪秦始皇 (前 259-210 年) **"泗水取鼎"**的故事。《史記·秦始皇本紀》(前 91 年) 載：「始皇還，過彭城，齋戒禱祠，欲出周鼎泗水。使千人沒水求之，弗得。乃西南渡淮水，之衡山、南郡。浮江，至湘山祠。逢大風，幾不得渡。上問博士曰：『湘君神？』博士接頭曰：『聞之，堯女，舜之妻，而葬此。』於是始皇大怒，使刑徒三千人皆伐湘山樹，赭其山。上自南郡由武關歸。」傳說大禹 (約前 2200 年) 造了 9 個用以識別善惡的巨鼎，後來成了夏商周統治者權力的象徵。前 296 年，秦昭襄王 (前 325-前 251 年) 從東周王室取走了九鼎，然途中有一鼎竟飛入泗水河，秦始皇往東海覓神仙路過此地時，命千人入泗水河打撈，但在寶鼎剛拉出水面的剎那，一條龍衝出咬斷繩索，使寶鼎又沉落河底。這幅撈鼎的畫面，河岸兩邊各有 3 人前後拉著繩子，腳蹬河岸斜坡，彎腰使勁；繩子一端通過滑輪連結在鐵鼎上；上下左右，眾人圍觀，充分表明那個時代已普遍使用滑輪。

圖 04.05　泗水取鼎 (漢代畫像石)

歷史上，與轆轤、滑車、滑輪相關的典故不少。周武王 (前 ?-前 1043 年) 時期，有人以轆轤架索橋，穿越溝塹。戰國時期的魯班 (前 507-前 444 年)，曾用滑車為季康子 (前 ?-前 468 年) 葬母下棺，亦曾使用滑車於為楚國攻打宋國所創作的雲梯。唐代的劉禹錫 (772-842 年)，描寫了一種將轆轤與架空索道聯合使用稱為 **"機汲"** 的提水機械，可將山下流水一桶桶的提上山頂，省力的澆灌田地。後趙的石虎 (295-349 年)，曾用轆轤回轉鳳凰銜詔飛下，謂之鳳詔。《水經注》(386-534 年) 中的淄水一條，也有作轉輪造懸閣的記載。此外，魏明帝 (204-239 年) 建凌雲台掛匾時，曾將寫匾的韋誕 (179-251 年) 裝在一個籠子裡，用轆轤引上去調整匾額。

04-3　刮車 Scrape Wheel

唐代 (618-907 年) 已廣泛使用的**刮車** (Scrape wheel) 是應用滾輪、以人力驅動的簡單汲水器械，組成包含支架與水輪，用於高度 1 公尺以下的矮岸，在渠塘之側掘成與車輻同寬的峻槽，刮車裝置於槽內，使用時用手轉動與水輪相連的曲柄 (木拐)，水輪外圍的薄板即刮水上岸。

圖 04.06(a) 為《農書》中刮車的插圖，是 2 桿 1 接頭的傳動機械，以支架為機架 (1，K_F)，水輪為運動連桿 (2，K_L)，具曲柄的水輪以旋轉接頭 (J_{Rz}) 與機架連接。此為構造確定 (類型 I) 的傳動機械，圖 04.06(b) 為構造簡圖。

以上利用人力、畜力為動力的排灌工具，由於傳動機械相對簡單，且使用方便，因而廣為應用。

(a) 插圖《農書》　　　　　　　　(b) 構造簡圖

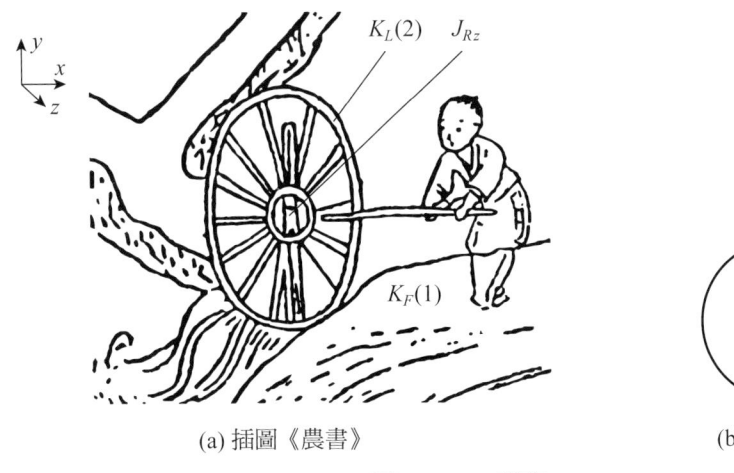

圖 04.06　刮車

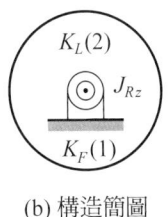

04-4　筒車 Cylinder Wheel

水車 (Water wheel) 是利用水流產生機械能的一種原動機。在蒸汽機、電動機發明以前，人們常用它來取水、脫穀、製粉、紡織等。

筒車 (Cylinder wheel) 亦稱**水轉筒車、水輪、竹車**，是水車的一種，利用畜力、水力舀水上岸，由支架與水輪組成。水輪直徑視岸高而定，架設後輪須高於岸；輪輻之間夾有受水板與竹筒，使用於激流險灘之處，以水流推動受水板使水輪轉動。

04-4.01　水轉筒車

水轉筒車 (Water-driven cylinder wheel) 是以水流驅動的筒車，圖 04.07(a) 為《天工開物》中插圖，是 2 桿 1 接頭的傳動機械，以支架為機架 $(1, K_F)$，水輪為運動連桿 $(2, K_L)$，水輪以旋轉接頭 (J_{Rx}) 和機架連接。此為構造確定 (類型 I) 的傳動機械，圖 04.07(b) 為構造簡圖，圖 04.07(c) 為電腦建模。

04-4.02　驢轉筒車

驢轉筒車 (Donkey-driven cylinder wheel) 為應用齒輪、以畜力驅動的筒車。由於水力驅動的筒車必須於激流險灘處才能使用，無合適的水流與地形時，可用驢轉筒車，其組成除了機架、水輪、及貫穿水輪的中軸之外，另加置立式與臥式二個齒輪，用以改變運動方向。

(a) 插圖《天工開物》

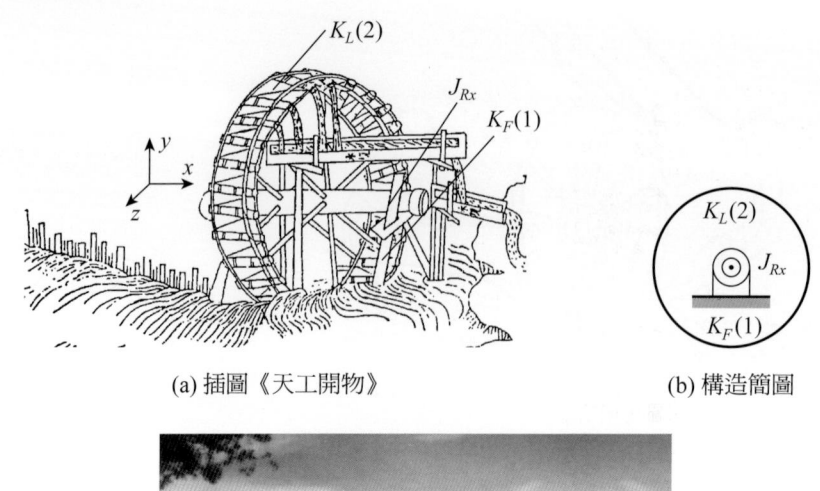

(b) 構造簡圖

(c) 電腦建模 [15]

圖 04.07　筒車

　　圖 04.08(a) 為《農書》中驢轉筒車的插圖，以驢力轉動臥齒輪，連動立齒輪與水輪轉動舀水，是 3 桿 3 接頭的傳動機械，包含機架 (1，K_F)、具立軸的臥齒輪 (2，K_{G1})、及具水輪與中軸的立齒輪 (3，K_{G2})。在接頭方面，桿 2 以旋轉接頭 (J_{Ry}) 和機架連接，轉軸為垂直方向；桿 3 以旋轉接頭 (J_{Rx}) 和機架連接，轉軸為水平方向；而齒輪之間的嚙合則為齒輪接頭 (J_G)。其構造及作動方式與圖 02.10(a) 所示《農政全書》中的驢轉筒車相同，皆為構造確定 (類型 I) 的傳動機械，圖 04.08(b) 為此設計的構造簡圖。

04-4.03　高轉筒車

　　高轉筒車 (Chain conveyor cylinder wheel) 出現於元代 (1260-1368 年)，是應用撓性繩索鏈條傳動、以人力或畜力驅動、屬構造確定 (類型 I) 的汲水器械，其運水機件與

(a) 插圖《農書》　　　　　　　　　(b) 構造簡圖

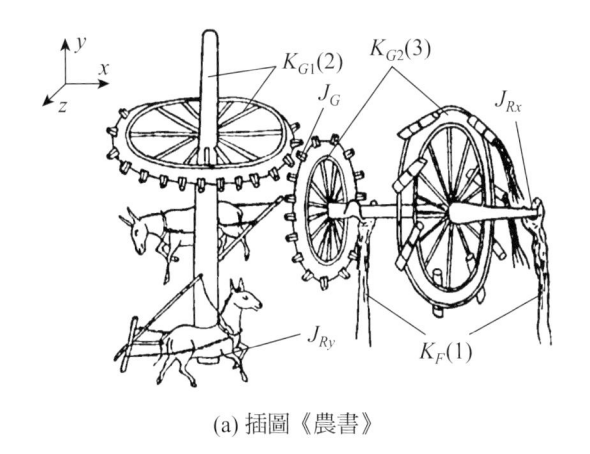

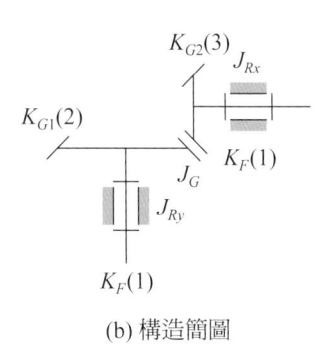

圖 04.08　驢轉筒車

筒車相同，包含斜置的木板、上下兩個圓輪、竹筒與繩索串成的鏈條、及配合動力來源所需的裝置。

圖 04.09(a) 為《農書》中高轉筒車的插圖 (未繪出動力所需裝置)。使用人力時，需在上輪軸上加置曲柄 (拐木) 以便踩踏，如同腳踏翻車 (第 04-5.02 節)；使用獸力時，則需加置立式與臥式二個齒輪。

人力踩踏驅動的高轉筒車為 4 桿 4 接頭的傳動機械，包含機架 (1，K_F)、上輪 (2，K_{K1})、下輪 (3，K_{K2})、繩索鏈條 (4，K_C) 等 4 根機件。上輪以旋轉接頭 (J_{Rx}) 和機架連接，繩索鏈條以迴繞接頭 (J_W) 分別和上輪與下輪連接，下輪則以旋轉接頭 (J_{Rx}) 和機架連接，圖 04.09(b) 為構造簡圖。

獸力驅動的高轉筒車為 5 桿 6 接頭的傳動機械，包含機架 (1，K_F)、具有立軸與橫桿的臥齒輪 (2，K_G)、具有立齒輪的上輪 (3，K_{K1})、下輪 (4，K_{K2})、繩索鏈條 (5，K_C) 等 5 根機件。臥齒輪以旋轉接頭 (J_{Ry}) 及齒輪接頭 (J_G) 分別和機架與上輪連接，其餘的連接關係與人力驅動的設計相同，圖 04.09(c) 為構造簡圖。

04-4.04　水轉高車

水轉高車 (Water-driven chain conveyor water lifting device) 是以水力驅動的筒車，為構造確定 (類型 I) 的傳動機械。圖 04.10(a) 為《農書》中水轉高車的插圖 (未繪出臥式水輪與齒輪系)，其構造簡圖與獸力驅動的高轉筒車相似，但以臥式水輪取代橫桿，圖 04.10(b)。

(a) 插圖《農書》

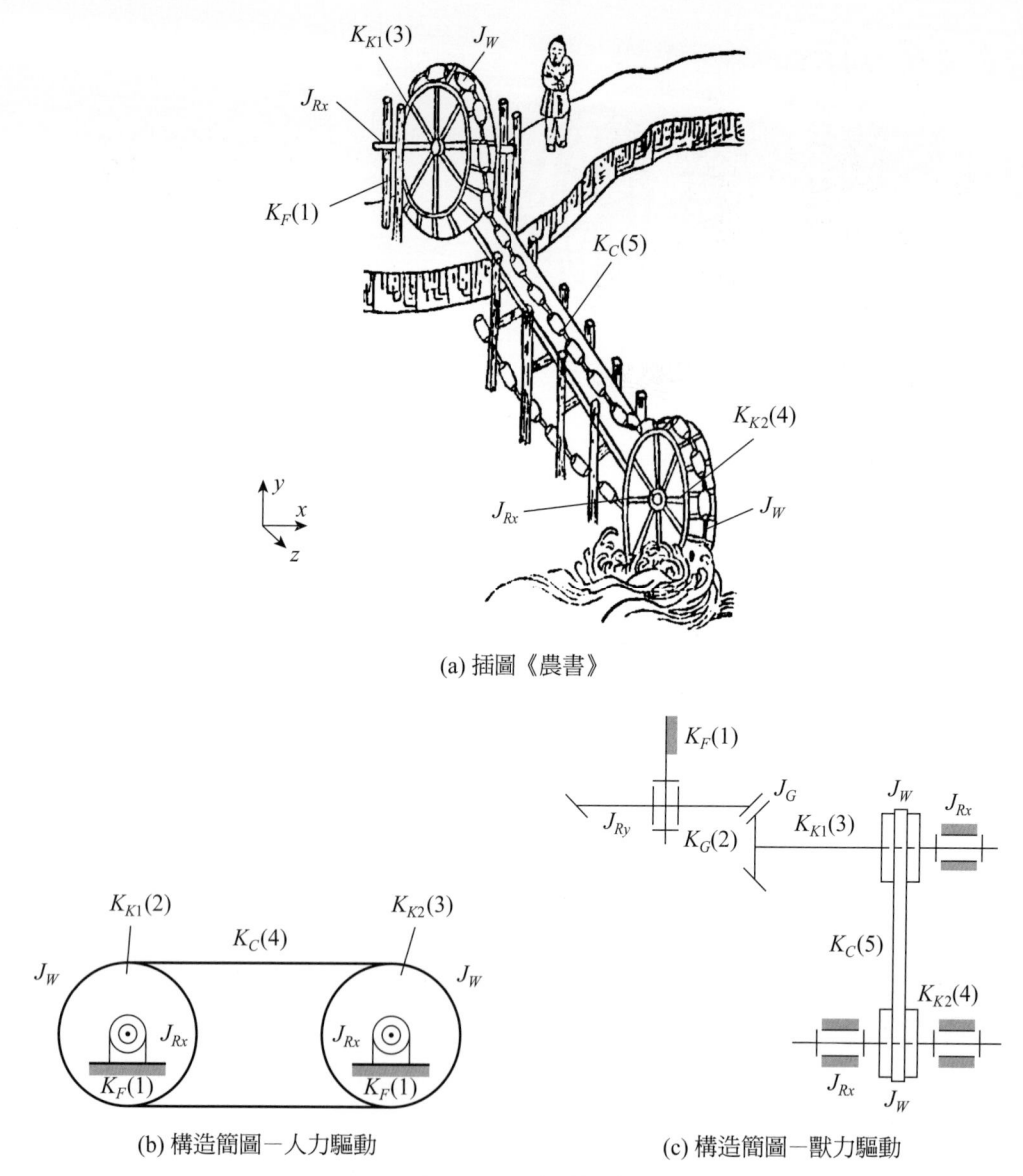

(b) 構造簡圖－人力驅動

(c) 構造簡圖－獸力驅動

圖 04.09　高轉筒車

04-5　翻車 / 龍骨水車 Paddle Blade Machine

翻車 (Paddle blade machine) 又稱**水車、龍骨水車、水龍、踏車、水蜈蚣**等，是具有刮板式撓鏈傳動、用以連續提河水灌溉的器械 (圖 01.03)，與轆轤、滑輪、絞車相

(a) 插圖《農書》　　　　　　　　(b) 構造簡圖

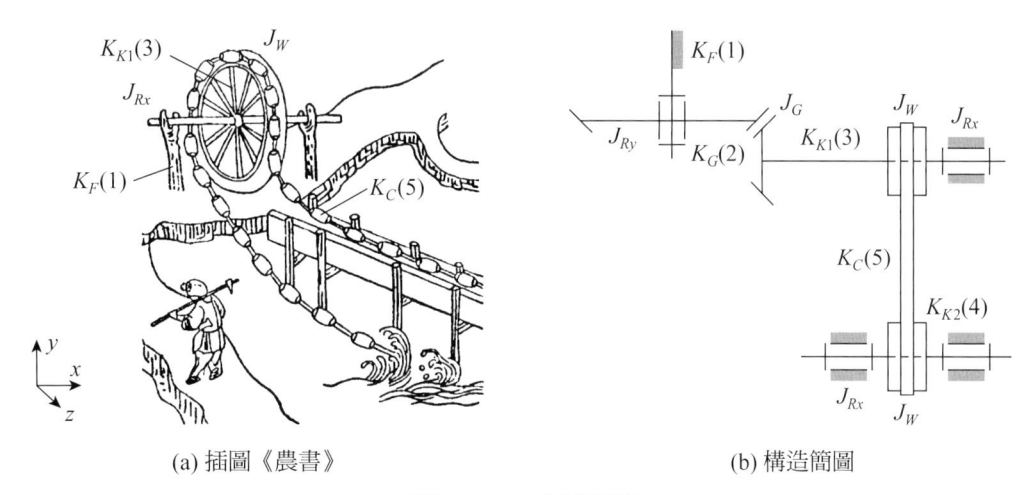

圖 04.10　水轉高車

比，效率高出很多。翻車的主要機件在《農政全書》(1639 年) 中稱作 **"鶴膝"**，將其用木銷連接就成為稱為龍骨的木質鏈條。

翻車的發明年代不晚於東漢 (25-220 年)，魏晉時代 (220-420 年) 用來澆灌園圃，唐代 (618-907 年) 應用於農業，宋元時代 (960-1368 年) 發明了利用水流為動力的水轉翻車 (第 04-5.03 節)，14 世紀的元明之際則發明了風力翻車 (第 04-5.04 節)。

《後漢書‧宦者列傳‧七十三》(約 445 年) 載：「又使掖庭令畢嵐鑄銅人四，……又作"翻車"渴烏，施於橋西，用灑南北郊路，以省百姓灑道之費。」這是翻車出現的最早記載，由宦官畢嵐發明，亦是世界上獨特的鏈式水泵與鏈傳動裝置。《三國志‧魏書二十九‧杜夔傳》(陳壽，233-297 年) 載：「時有扶風馬鈞，巧思絕世。……居京都，城內有地，可以為園，患無水以灌之。乃作"翻車"，令童兒轉之，而灌水自覆，更入更出，其巧百倍於常。」指出三國魏國的馬鈞 (200-265 年)，改進了這種灑道用途的翻車，並用於農業生產中。翻車的形制與使用方法，不見於漢魏兩晉時代 (前 202-420 年) 的歷史文獻，到了元代《農書》(1313 年) 中，才有詳細的記載。《農書‧卷十八》載：「"翻車"，今人謂之"龍骨車"也。……今農家用之溉田。其車之制，除壓欄木及列檻樁外，車身用板作槽，長可二丈，闊則不等，或四寸至七寸，高約一尺。槽中架行道板一條，隨槽闊狹，比槽板兩頭俱短一尺，用置大小輪軸，同行道板上下通周以龍骨、板葉。其在上大軸兩端，各帶拐木四莖，置於岸上木架之間。人憑架上踏動拐木，則龍骨、板隨轉，循環行道板刮水上岸。此翻車之制關楗頗多，必用木匠，可易成造。其起水之法，若岸高三丈有餘，可用三車，中間小池倒水上之，足救三丈以巳以上高旱之田。凡臨水地段，皆可置用。」再者，《天工開物》(1637 年)、《農政全書》(1639 年)、及《魯班經》(1368-1644 年，明代) 等古籍均有翻車的記述。

翻車依動力源的不同，有人力翻車、牛轉翻車、水轉翻車、風轉翻車等類型，以下分別說明之。

04-5.01　人力翻車

人力翻車 (Man-operated paddle blade machine) 以人力為動力，多用腳踏，也有手搖的，汲水量不夠大，但凡是臨水的地方都可使用，以一或兩人踏或搖。

手動翻車 / 拔車

手動翻車 (Hand-operated paddle blade machine) 又稱**拔車**，即手搖龍骨水車，是應用撓性傳動、以手驅動的汲水器械。《天工開物・乃粒・水利》載：「凡稻妨旱，藉水獨甚。五穀厥土，泥沙磽膩，隨方不一，有三日即乾者，有半月後乾者。天澤不降，則人力挽水以濟。凡河濱有製筒車者，堰陂障流，遶于車下，激輪使轉。挽水入筒，一一傾于梘內，流入畝中，晝夜不息，百畝無憂。不用水時，拴木礙止，使輪不轉動。其湖池不流水，或以牛力轉盤，或聚數人踏轉。車身長者二丈，短者半之，其內用龍骨拴串板，關水逆流而上。大抵一人竟日之力，灌田五畝，而牛則倍之。其淺池小澮，不載長車者，則數尺之車，"一人兩手"疾轉，竟日之功，可灌二畝而已。揚郡以風帆數扇，俟風轉車，風息則止。此車為救潦，欲去澤水，以便栽種。蓋去水非取水也，不適濟旱。用桔橰轆轤，功勞又甚細已。」可知拔車一般只有幾尺長，每日灌田不過二畝，只用於從淺池或水溝中提水。在各種翻車中，以拔車最為簡單，應是早期的龍骨水車。

圖 04.11(a) 為《天工開物》中手動翻車的插圖，其運作原理是透過手來拉操作桿，轉動具有曲柄的上鏈輪，進而帶動鏈條與下鏈輪；下鏈輪浸在水中，輪上的刮板沿槽刮水送上行道板，再由鏈條上的葉板沿行道板刮水上岸。此為 5 桿 5 接頭的傳動機械，包含機架 (1，K_F)、操作桿 (2，K_L)、具曲柄的上鏈輪 (3，K_{K1})、下鏈輪 (4，K_{K2})、鏈條 (5，K_C) 等 5 根機件。在接頭方面，上鏈輪以旋轉接頭 (J_{Rz}) 分別和機架與操作桿連接，鏈條以迴繞接頭 (J_W) 分別和上鏈輪與下鏈輪連接，而下鏈輪則以旋轉接頭 (J_{Rz}) 和機架連接。此為構造確定 (類型 I) 的傳動機械，圖 04.11(b) 為構造簡圖，圖 04.11(c) 為電腦建模。

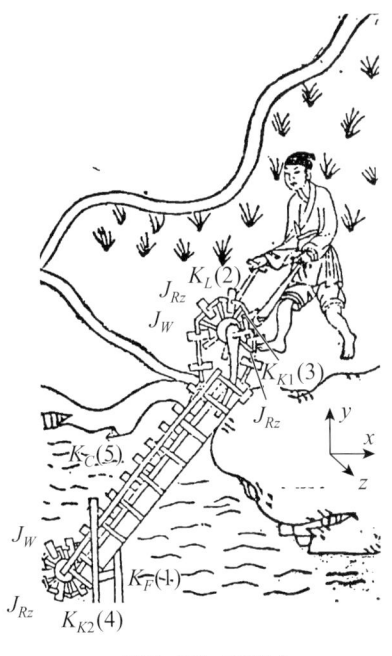

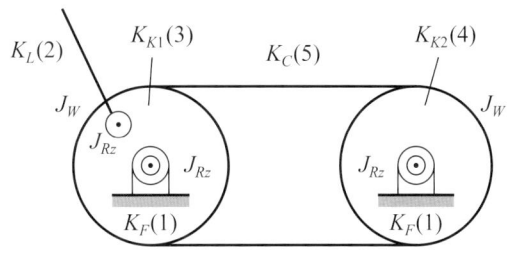

(a) 插圖《天工開物》 (b) 構造簡圖

(c) 電腦建模 [15]

圖 04.11　手動翻車 / 拔車

腳踏翻車 / 踏車

腳踏翻車 (Foot-operated paddle blade machine) 又稱**踏車**，即腳踏龍骨水車，亦是應用撓性傳動、以腳驅動的汲水器械，一般是在翻車的上鏈輪加置長桿與曲柄(拐木)，藉由人力踩踏，使翻車運轉。

圖 04.12(a) 為《天工開物》中腳踏翻車的插圖，此為 4 桿 4 接頭的傳動機械，包含機架 (1，K_F)、具長桿與曲柄的上鏈輪 (2，K_{K1})、下鏈輪 (3，K_{K2})(未繪於圖中)、鏈條 (4，K_C) 等 4 根機件。在接頭方面，上鏈輪以旋轉接頭 (J_{Rx}) 和機架連接，鏈條

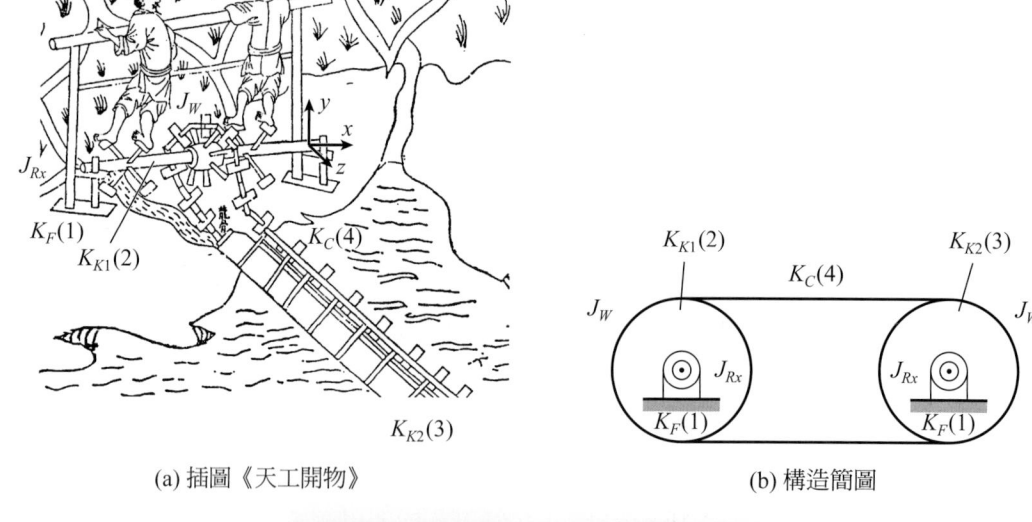

(a) 插圖《天工開物》

(b) 構造簡圖

(c) 電腦建模 [15]

圖 04.12　腳踏翻車

以迴繞接頭 (J_W) 分別和上鏈輪與下鏈輪連接，而下鏈輪則以旋轉接頭 (J_{Rx}) 和機架連接。此為構造確定 (類型 I) 的傳動機械，圖 04.12(b) 為構造簡圖，圖 04.12(c) 為電腦建模。

04-5.02　畜力翻車

畜力翻車 (Animal-driven paddle blade machine) 是應用齒輪傳動、以畜力驅動的汲水器械。

牛轉翻車 (Cow-driven paddle blade machine) 約出現於南宋 (1127-1279 年) 初年，汲水高度與水量皆較人力大。《入蜀記・卷一》(1127-1279 年) 載：「(1170 年) 八日。雨霽，極涼如深秋。遇順風，舟人始張帆。過合路，居人繁夥，賣鮓者尤眾。道旁多軍中牧馬。運河水氾濫 (溢)，高於近村地至數尺，兩岸皆車出秤 (積) 水，婦人兒童竭作，亦或用"牛"。婦人足踏水車，手猶績麻不置。過平望，遇大雨暴風，舟中盡溼。少頃，霽。止宿八尺，聞行舟有覆溺者。小舟叩舷賣魚，頗賤。蚊如蠆蠚可畏。」

圖 04.13(a) 為《天工開物》中牛轉翻車的插圖，由齒輪組與鏈條組成。藉由獸力轉動臥式大齒輪，經由齒輪傳遞，轉動長軸上的上鏈輪，並帶動鏈條與下鏈輪；下鏈輪半浸在水中，輪上的刮板沿槽刮水送上行道板，再由鏈條上的葉板沿斜置的送水槽刮水上岸。此為 5 桿 6 接頭的傳動機械，包含機架 (1，K_F)、具立軸與橫桿的臥式大齒輪 (2，K_{G1})、具長軸與上鏈輪的立式小齒輪 (3，K_{G2})、鏈條 (4，K_C)、下鏈輪 (5，K_K) (未繪於圖中) 等 5 根機件。在接頭方面，桿 2 以旋轉接頭 (J_{Ry}) 和機架連接，桿 3 以旋轉接頭 (J_{Rx}) 及齒輪接頭 (J_G) 分別和機架與桿 2 連接，桿 4 以迴繞接頭 (J_W) 分別和桿 3 與桿 5 連接，桿 5 以旋轉接頭 (J_{Rx}) 和機架連接。此外，長軸兩端須各自放置支架作為機架，以承接長軸運轉。此為構造確定 (類型 I) 的傳動機械，圖 04.13(b) 為構造簡圖，圖 04.13(c) 為電腦建模。

04-5.03　水轉翻車

水轉翻車 (Water-driven paddle blade machine) 是應用鏈輪與齒輪傳動、以水力驅動的汲水器械，發明於元代 (1260-1368 年)，其傳動方式是經由臥式水輪接受水力，驅動翻車工作。

圖 04.14(a) 為《天工開物》中水轉翻車的插圖，構造與牛轉翻車相似；牛轉翻車的立軸上裝置橫桿以便牛隻轉動，水轉翻車則以臥式水輪取代橫桿，並配合挖掘狹

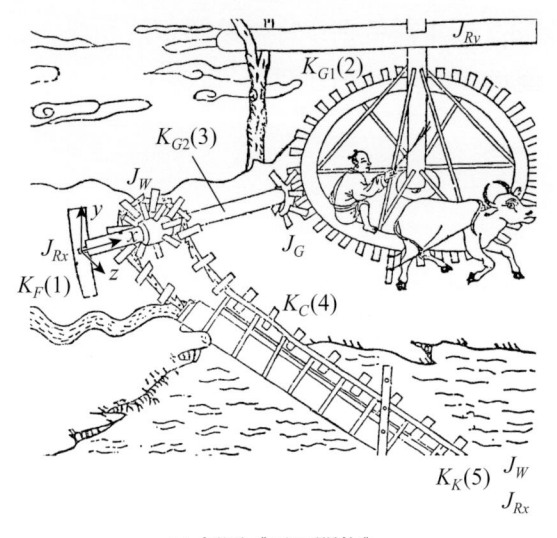

(a) 插圖《天工開物》 (b) 構造簡圖

(c) 電腦建模與作動影片 [15]

圖 04.13　牛轉翻車

塹，使臥式水輪浸於水中。由於臥式水輪、立軸、及臥式大齒輪無相對運動，可視為同一機件 (2，K_{G1})，其餘機件與接頭均和牛轉翻車相同。此為構造確定 (類型 I) 的傳動機械，圖 04.14(b) 為構造簡圖，圖 04.14(c) 為電腦建模與作動影片。

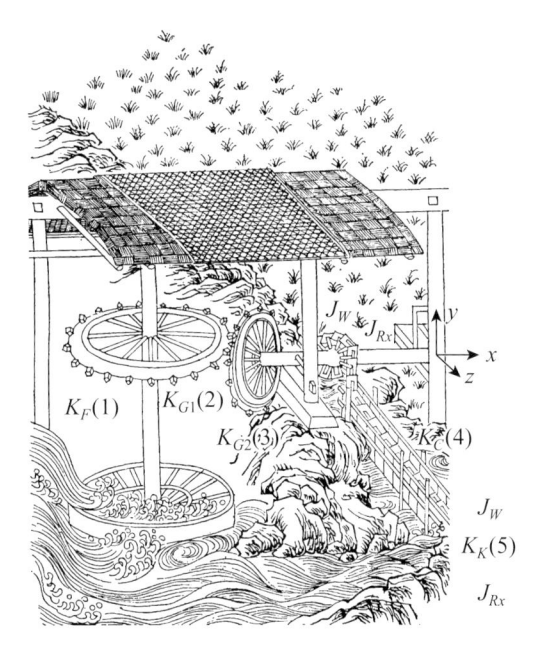

(a) 插圖《天工開物》

(b) 構造簡圖

(c) 電腦建模 [15]

圖 04.14　水轉翻車

04-5.04　風轉翻車

風轉翻車 (Wind-driven paddle blade machine) 即風力龍骨水車，是以風力驅動的汲水器械，功能與翻車相同，構造則與牛轉翻車和水轉翻車相似。

古中國的歷史文獻中並無風轉翻車的插圖，但在《天工開物》中有：「揚郡以風帆數扇，俟風轉車，風息則止。」的敘述。

風轉翻車按主軸的位置，分為臥軸式風車與立軸式風車兩種，以下分別說明之。

臥軸式風轉翻車

臥軸式風轉翻車 (Horizontal wind-driven paddle blade machine) 具有 3-6 面風帆，因具風帆的傳動軸呈斜臥方式，又稱為**斜桿式風轉翻車**，其帶動龍骨水車的構造與傳動過程如下：用 6 面風帆組成風輪，使風輪正對風向；當風力達到一定程度時，風輪帶動上面的橫軸轉動，再通過齒輪、鏈輪、或繩輪帶動靠近地面的另一橫軸，連接龍骨水車的上輪，使龍骨水車工作。李約瑟 (1900-1995 年) 認為，此型風車可能是在宋元時代 (960-1368 年) 由西方傳入 [05]。另，7 世紀時，波斯人已有臥軸式風車。

利用風車帶動的龍骨水車大多用於排水，較少用於灌溉；再者，風車能量的大小，取決於風力的大小，且須配合需要使用的時間。根據風向的變化，操作者可搬動具風帆的斜桿及其底座，使風帆對準風向。除不能自動適應風向變化外，臥軸式比立軸式風轉翻車具有零組件較少、使用方便、佔地面積較小等優點。然，1980 年代後，逐漸被電力或內燃機水泵取代。

圖 04.15(a) 為一臥軸式風轉翻車實物 [34]，是 6 桿 8 接頭的傳動機械，包含機架 (1，K_F)、具風帆與斜桿的主動齒輪 (2，K_{G1})、具雙齒輪的立桿 (3，K_{G2})、具長軸與上鏈輪的立式小齒輪 (4，K_{G3})、鏈條 (5，K_C)、下鏈輪 (6，K_K) (示意圖中未繪出) 等 6 根機件。在接頭方面，桿 2 以旋轉接頭 ($J_{Rx'}$) 及齒輪接頭 (J_G) 分別和機架與桿 3 連接；桿 3 以旋轉接頭 (J_{Ry}) 及齒輪接頭 (J_G) 分別和機架與桿 4 連接；桿 4 以旋轉接頭 (J_{Rx}) 及迴繞接頭 (J_W) 分別和機架與桿 5 連接；桿 6 則以旋轉接頭 (J_{Rx}) 及迴繞接頭 (J_W) 分別和機架與桿 5 連接。此為構造確定 (類型 I) 的傳動機械，圖 04.15(b) 為示意圖，圖 04.15(c) 為構造簡圖。

立軸式風轉翻車

立軸式風轉翻車 (Vertical wind-driven paddle blade machine) 的記載始見於南宋 (1127-1279 年)，是世界上風格獨特的動力裝置 [34]。明清時代 (1368-1911 年) 廣泛用於

(a₁)　　　　　　　　　　　　　(a₂)

(a) 實物 [34]

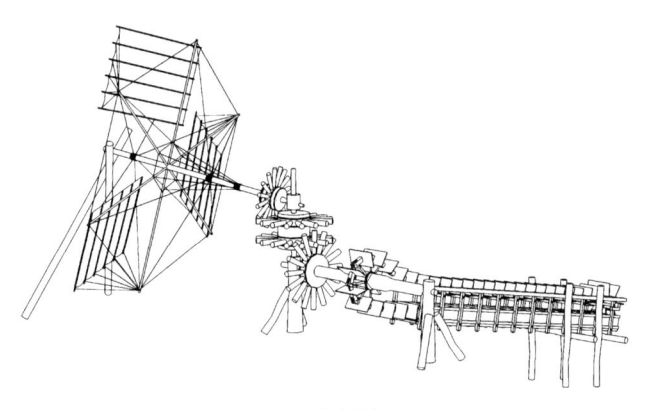

(b) 示意圖

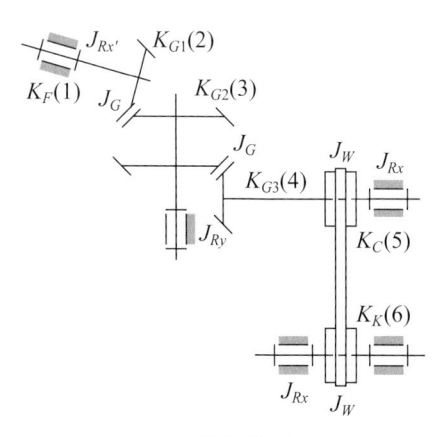

(c) 構造簡圖

圖 04.15　臥軸式風轉翻車

(a) 復原實物 [35-37，林聰益]

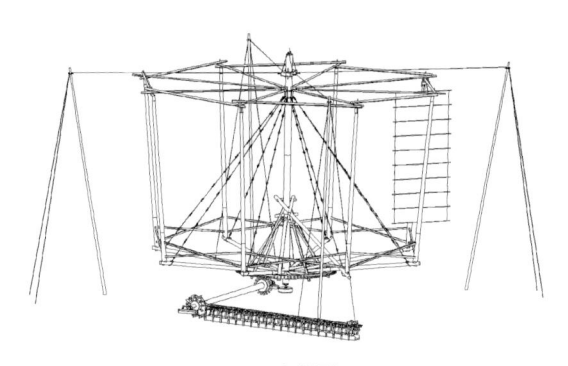

(b) 示意圖

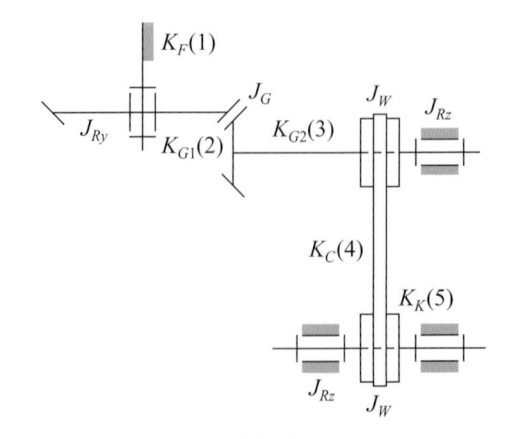

(c) 構造簡圖

圖 04.16　立軸式風轉翻車

江南地區，直到 1950 年代，不少地區仍用立軸式風轉翻車灌溉農田或汲水製鹽，其最為巧妙處在於風車運轉過程中，風帆的方向可以自動調整。轉到順風時，風帆自動趨於與風向垂直，所受風力最大；轉到逆風時，風帆自動轉至與風向平行，所受阻力最小。此一原理使得風車不受風力變化的影響，亦不改變旋轉方向。由於這種風車體積過大，1980 年代亦逐漸被電力或內燃機水泵取代。

　　圖 04.16(a) 為一立軸式風轉翻車復原實物 [35-37]，由於風帆的擺動並不影響傳動機械的輸出結果，因此可將風帆、立軸、及臥式大齒輪視為同一機件 (桿 2，K_{G1})；其餘機件與接頭均與牛轉翻車相同。此亦為構造明確 (類型 I) 的傳動機械，圖 04.16(b) 為示意圖，圖 04.16(c) 為構造簡圖。

第 05 章

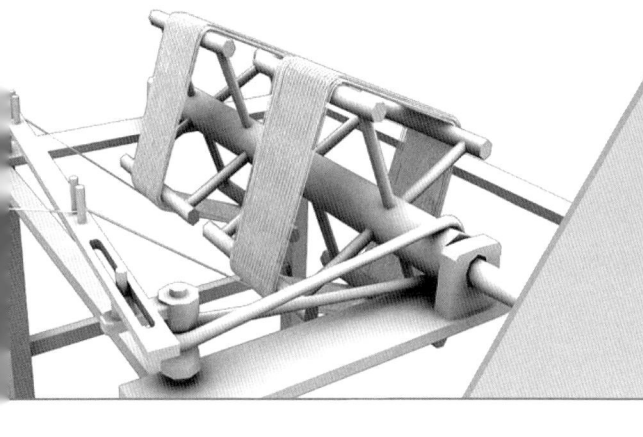

農業機械
Agriculture Machine

　　約 1 萬年前的新石器時代，人類開始馴化動植物，從自由狩獵採集覓食的原始生活，轉為定居、永久聚落的農業生活，其後的專業分工，產生了貿易行為，是人類文明真正的開始。

　　農業機械 (Agriculture machine) 乃農業生產工作使用的農具、器械、機械，是隨著農業發展而創作出來的。古中國的農業機械包羅萬象，如整地、耕地、施肥、播種、中耕、排灌、收獲、運輸、加工等使用的農具，又如搗槌、研磨、碾、風扇車、播種、插秧等所需的器械。再者，相關的古籍著作歷史悠久，《耒耜經》(618-907 年) 是早期代表作，《農書》(1313 年) 是集古代農具大成的古籍，《農政全書》(1639 年) 則總結之前的農業生產經驗與技術，亦包括數項近代西方的農業器械。

　　本章介紹具有傳動機械的農業機械，包括風扇車、碓、碾、礱、磨、麪羅等，及其動力源 (人力、肌力、風車、水力)。這些創作皆記載於歷史文獻中，大部分有留世實物，屬有憑有據、構造確定 (類型 I) 的傳動機械；有些屬接頭類型不確定 (類型 II) 的傳動機械；少部分的記載與插圖不清楚、也無完整實物留世，屬構造不確定 (類型 III) 的傳動機械 [15]。

05-1　風扇車 Winnowing Device

　　穀物去殼後，常與糠粃 (粗劣糧食) 穀殼、塵土等雜物混在一起，**風扇車** (Winnowing device) 或稱**揚扇**、**颺扇**的作用是使其分開，將脫殼後的穀物清選出來，有手搖式與腳踏式兩種。

　　古中國的風扇車出現於前 1 世紀的西漢時期，歐洲約 15 世紀才有類似的風扇車。

05-1.01 手搖風扇車

手搖風扇車 (Hand-driven winnowing device) 的組成包含箱體、曲柄、及轉軸，並於轉軸上嵌有 4 或 6 頁薄板作為扇面。圖 05.01(a) 為《農書》中手搖風扇車的插圖，箱體為機架 (1，K_F)，外部的曲柄與內部的轉軸扇葉沒有相對運動，可視為同一機件 (2，K_W)，轉軸扇葉以旋轉接頭 (J_{Rz}) 和機架連接。使用時將待清選的穀物置於箱體上方的木檻，檻底開有縫隙，可使稻米均勻的漏下；此時用手搖動曲柄，轉動離心式鼓風機扇葉，搧出的風力可將較輕的糠秕吹去，落到箱體底部的即是清潔的穀物。此為構造明確 (類型 I) 的傳動機械，圖 05.01(b) 為構造簡圖，圖 05.01(c) 為一留世實物。

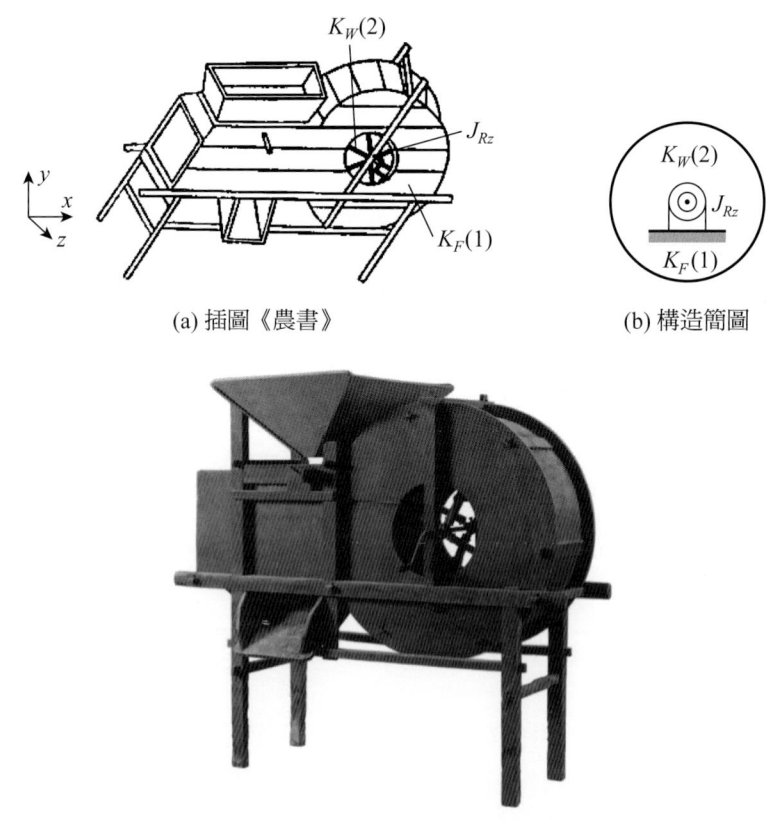

(a) 插圖《農書》

(b) 構造簡圖

(c) 留世實物 (國立科學工藝博物館，高雄)

圖 05.01　手搖風扇車

05-1.02　腳踏風扇車

腳踏風扇車 (Foot-driven winnowing device) 是在手搖風扇車上加置連桿機構，以便於用腳力驅動。圖 05.02(a) 為《天工開物》中風扇車的插圖，以踏板的往復運動作為動力輸入，經由連桿帶動曲柄旋轉；由於曲柄與扇葉之間沒有相對運動，因此扇葉隨之轉動。此傳動機械的構造包含機架 (1，K_F)、踏板 (2，K_{Tr})、具曲柄的扇葉 (3，K_W)、及 1 或 2 根連桿 (4，K_{L1}；5，K_{L2})。由於古籍的文字記載與插圖表示，無法得知踏板的往復運動是如何經由連桿傳動轉換為扇葉的旋轉運動，屬構造不確定 (類型 III) 的傳動機械。

經由史料分析，歸納出構造特性如下：
01. 具一個獨立輸入，以腳力驅動。
02. 為平面 4 桿或 5 桿的傳動機械。
03. 踏板 (K_{Tr}) 為雙接頭桿，並以旋轉接頭 (J_{Rx}) 和機架 (K_F) 連接。
04. 具曲柄的扇葉 (K_W) 為雙接頭桿，並以旋轉接頭 (J_{Rx}) 和機架 (K_F) 連接。
05. 至少有一根雙接頭桿，並以旋轉接頭 (J_{Rx}) 分別和踏板 (K_{Tr}) 與 / 或扇葉 (K_W) 連接。

基於"古機械復原設計法"，及歸納出的構造特性，經由指定不確定接頭 J_1 (J_{Rx})、J_2 (J_{Rx})、J_3 (J_{Rx} 和 J_{Rx}^{Pz})、J_4 (J_{Rx} 和 J_{Rx}^{Pz})、J_5 (J_{Rx})、J_6 (J_{Rx} 和 J_{Rx}^{Pz})、及 J_7 (J_{Rx} 和 J_{Rx}^{Pz}) 的可能類型，考慮運動與功能的要求後，獲得 5 種符合史料記載與當代工藝技術水平的復原設計，圖 05.02(b$_1$)-(b$_5$) 為三維模型，圖 05.02(c) 則為圖 05.02(b$_1$) 的電腦建模。

風扇車在古中國的應用時間很長。1973 年，河南濟源西漢墓葬中，出土了陶質風扇車。此外，風扇車的問世，可能是離心式風泵的最早應用形式，也可能與臥軸式風車 (第 04-4.05 節) 的出現有關；風扇車是將風扇的旋轉運動轉換成直線流動的風，臥軸式風車是將直線流動的風轉換成風輪的旋轉運動，兩者的原理相同。

05-2　碓 Pestle

穀物收穫脫粒之後，要加工成米或麵才能食用。舂搗糧食的杵臼，始於原始社會末期的黃帝時代 (約前 2600 年)。最初，中間下凹的舂米器具臼，是在地上挖一圓坑為地臼，後來逐漸發展為木臼、石臼，也出現了舂米的石杵。

碓 (Pestle) 是木石做成的搗米農具，由杵臼發展而來，有踏碓、槽碓、水碓等三種，源於何時雖未見文字記載，然西漢文獻有多處提到碓，包括腳踏碓、畜力碓、及

82　古中國傳動機械解密

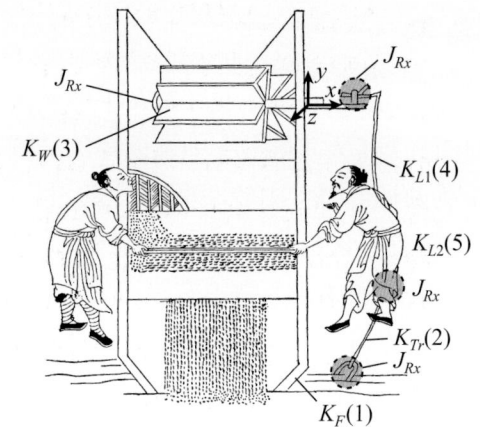

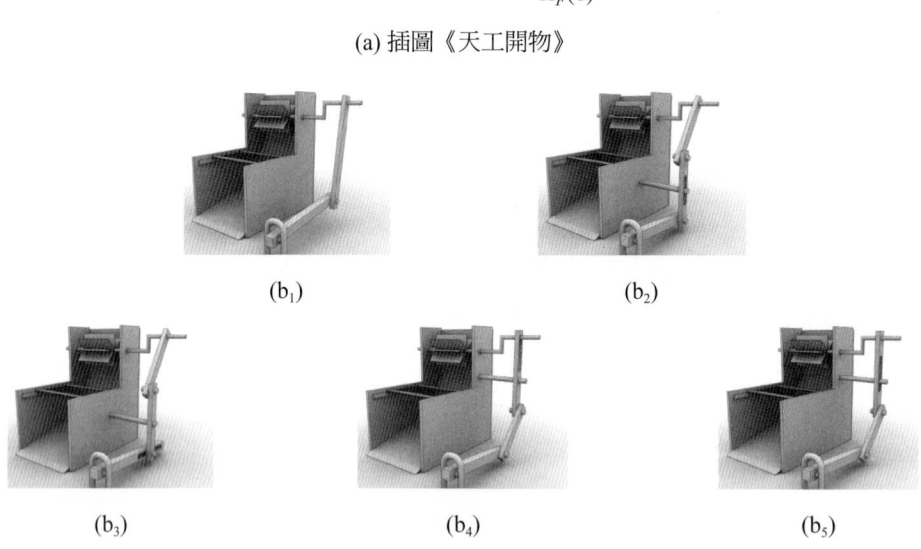

(a) 插圖《天工開物》

(b_1)　　(b_2)

(b_3)　　(b_4)　　(b_5)

(b) 復原設計：三維模型圖譜 [15]

(c) 電腦建模 [15]

圖 05.02　腳踏風扇車

水碓。再者，魏晉南北朝時代 (220-589 年)，水碓已廣泛使用，並出現了連機碓。

05-2.01　踏碓

碓舂 (Pestle) 是藉由鈍器舂搗穀物的農具，用以去除稻殼或麥皮，自漢代 (前 206-220 年) 以來即廣泛應用於民間 [33]，其作用方式類似以手操作的杵臼，槌擊的效果取決於槌頭的質量，以及接觸到穀物的速度。透過連桿與其它機構的作用，不但改變操作方法，而且達到省力的目的。

《五燈會元·卷第十二》(1251 年) 載：「石室行者"踏碓"，困甚忘卻下腳。」〈農家歌〉(陸游，1125-1210 年) 載：「腰鐮卷黃雲，"踏碓"舂白玉。」此外，《里語徵實·卷中下》(1873 年) 載：「設臼舂米曰"踏碓"。」

基本上，**踏碓** (Foot-driven pestle) 是木質的，底部長木一端有個凹坑，放入待加工的穀物，上部長木臂 (踩踏杵桿) 一端安裝擊錘，人踩踏另一端，使擊錘沖搗穀物 (杵頭起落舂米)，脫去皮殼。

圖 05.03(a) 為《天工開物》中踏碓的插圖，由木架與碓梢組成，其中碓梢包含石製槌頭與木製梢柄，並以木架為支點。操作時踩踏梢柄末端，透過槓桿放大作用力，使槌頭的質量與速度達到舂碓穀物所需的動量。

此踏碓為 2 桿 1 接頭的連桿機構；其中，木架為機架 (桿 1，K_F)，碓梢為運動連桿 (桿 2，K_L)，碓梢以不確定接頭 (J_α) 和機架連接，屬於接頭類型不確定 (類型 II) 的傳動機械，圖 05.03(b) 為構造簡圖。考慮碓的功能及碓梢運動的類型與方向，接頭 (J_α) 有如下 3 種可能的類型：

01. 碓梢繞著機架 x 軸旋轉，以符號 J_{Rx} 表示，圖 05.03(c_1)。
02. 碓梢除了繞著機架旋轉外，還可以沿著 x 軸滑動，以符號 J_{Rx}^{Px} 表示，圖 05.03(c_2)。
03. 碓梢除了繞著機架旋轉外，還可以沿著 x 與 z 軸滑動，以符號 J_{Rx}^{Pxz} 表示，圖 05.03(c_3)。

再者，z 軸方向的移動，可讓使用者更容易舂擊 z 軸方向的穀物。圖 05.03(d) 為圖 05.03(c_1) 三維模型的電腦建模。

05-2.02　槽碓

槽碓 (Gouge pestle) 是利用水力舂米的農具，適於水流的水位較高、落差較大、流量不大的場合。

84　古中國傳動機械解密

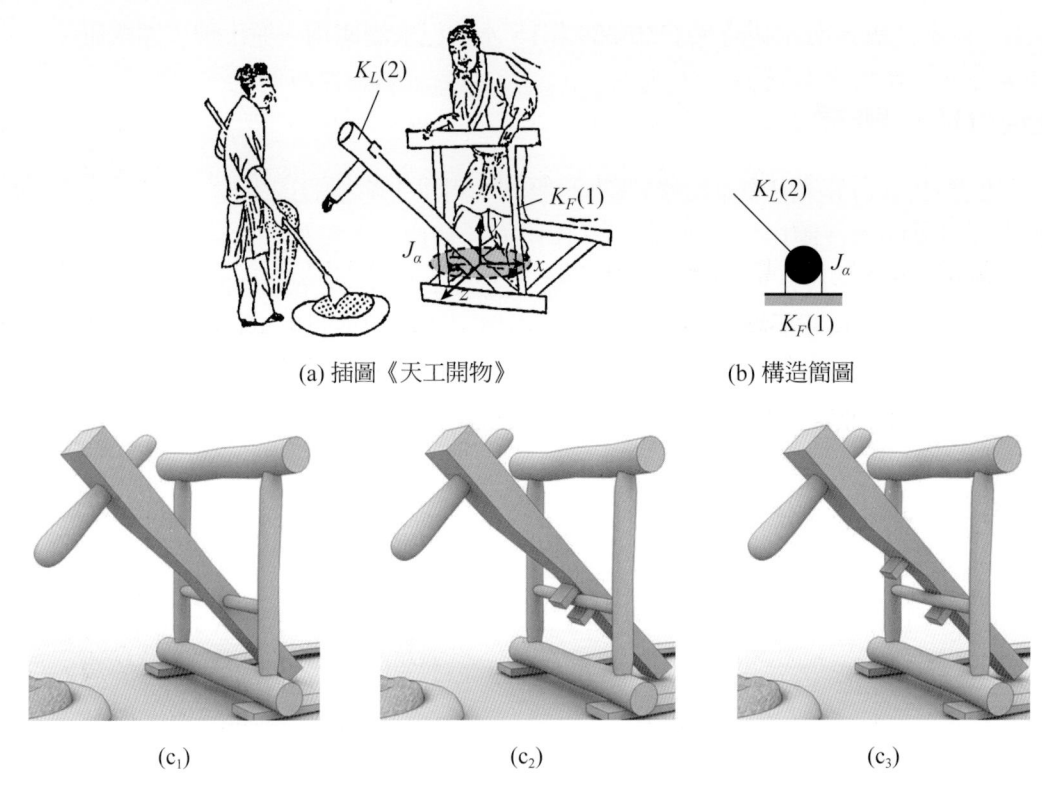

(a) 插圖《天工開物》

(b) 構造簡圖

(c_1)　　　　　　　　(c_2)　　　　　　　　(c_3)

(c) 復原設計：三維模型圖譜 [15]

(d) 電腦建模 [15]

圖 05.03　踏碓

《農政全書・卷十八》(1639年) 載：「"槽碓"，碓梢作槽受水，以爲舂也。凡所居之地，間有泉流稍細，可選低處，置碓一區，一如常碓之制。但前頭減細，後梢深闊爲槽，可貯水斗餘，上庇以廈，槽在廈，乃自上流用筧引水，下注於槽。水滿，則後重而前起，水瀉，則後輕而前落，即爲一舂。如此晝夜不止，可毇米兩斛，日省二工。」

圖 05.04(a) 為《農書》中槽碓的插圖，與踏碓的工作原理大致相同，但碓梢末端加裝一凹槽，並需位於水邊。引上游水流注入槽中，注滿水的重量會壓下碓梢，使槌頭翹起，而在碓梢轉動後，槽中的水自然洩出，使槌頭重於凹槽而落下舂擊穀物。踏碓與槽碓的構造相同，皆為 2 桿 1 接頭的連桿機構，如圖 05.03(b) 所示，同屬接頭類型不確定 (類型 II) 的傳動機械。圖 05.04(b) 為一槽碓實物。

槽碓的構造比連機水碓 (第 5-2.03 節) 簡單，可推斷槽碓的出現年代應在踏碓與連機水碓之間。

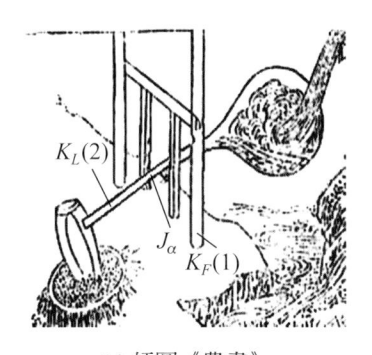

(a) 插圖《農書》　　　　(b) 實物 (根德水車園區，臺南新化)

圖 05.04　槽碓

05-2.03　水碓

水碓 (Water-driven pestle) 又名**機碓**、**連機碓**、**連機水碓**等，是利用水力舂米、將糧食皮殼去掉的農具。前述的槽碓 (第 05-2.02 節)，僅有一個碓。傳統上，水碓都使用兩個以上的碓，因而又稱連機碓或連機水碓。

水碓的前身是手臂操作的杵臼與腳力驅動的踏碓。水碓的文獻記載，最早出現於東漢 (25-220 年) 初年，《桓子新論・卷十一・離事篇》載：「宓犧之制"杵臼"，萬民以濟，及後人加功，因延力借身重以踐碓，而利十倍"杵舂"。又復設機關，用驢贏騾牛馬及"役水而舂"，其利乃且百倍。」《後漢書・卷八十七・西羌傳・第七十七》(約

445 年) 載:「北阻山河,乘陂據險。因渠以溉,"水舂"河漕。」提到了水碓。再者,博學多才的西晉將領杜預 (222-285 年),總結利用水排 (第 07 章) 原理加工糧食的經驗,創作出連機水碓。《通俗文》(服虔;25-220 年,東漢) 載:「杜預作"連機碓"。」元代《農書‧卷十九‧農器圖譜十四‧機碓》(1313 年) 載:「今人造作水輪,輪軸長可數尺,列貫橫木,相交如滾槍之製。水激輪轉,則軸間橫木,間打所排碓梢,一起一落舂之,即"連機碓"也。」此外,明代《天工開物‧粹精‧攻稻》(1637 年) 有「凡"水碓",山國之人居河濱者之所為也。攻稻之法,省人力十倍,人樂為之。」的記載。由於連機水碓可以日夜連續加工,東晉 (317-420 年) 時被廣為應用,直到 20 世紀初歷久不廢。1920 年代後,才逐漸被以柴油引擎為動力的碾米機所替代。

水碓的傳動機械,是典型的簡單凸輪機構。圖 05.05(a) 為《天工開物》中水碓的另一種插圖,其組成包含機架、碓桿、立式水輪、長軸、及數組撥板。長軸以水平方向橫貫立式水輪,軸上並嵌著 4 片與橫軸成直角的撥板,由於彼此間無相對運動,可視為同一機件,碓桿則配合撥板鑲嵌的位置裝設。當水輪受水流驅動運轉時,一併轉動長軸與撥板,並由撥板撥動碓桿,使槌頭起落舂擊稻穀。就傳動特性而言,撥板與碓桿的作用相當於凸輪裝置,因此這個水碓可視為 3 桿 3 接頭的凸輪機構,包含機架 (1,K_F)、具有立式水輪與數組撥板的長軸 (2,K_A)、及數個碓桿 (3,K_{Af})。在接頭方面,桿 2 以旋轉接頭 (J_{Rx}) 及凸輪接頭 (J_A) 分別和機架與桿 3 連接,桿 3 則以旋轉接頭 (J_{Rx}) 和機架連接。水碓屬於構造確定 (類型 I) 的傳動機械,圖 05.05(b)-(d) 分別為構造簡圖、電腦建模、及復原模型。

05-3 碾 Roller

碾 (Roller) 是把穀物軋碎或壓平的農具,常用於脫除稻殼、去除麥麩、及碾製精米,基本組成包含圓形磨盤基座、直立磨盤中心的中軸、水平橫軸、及可旋轉的滾輪,動力來源有獸力與水力兩種。

《通俗文》載:「石碾轢穀曰"輾"。」《魏書》(554 年) 載:「崔亮 (459-521 年) 在雍州,讀杜預傳,見其為八磨,嘉其有濟時用,因教民為"輾"。」再者,南北朝 (439-589 年) 時期已有水碾的記載,人力碾、畜力碾應更早。

05-3.01 石碾

石碾 (Stone roller) 乃一座圓形磨盤,其基座周圍有一環形凹槽,用以將穀物置於

(a) 插圖《天工開物》

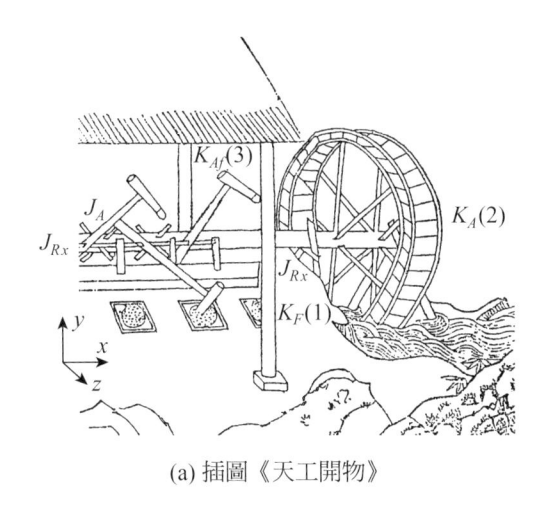

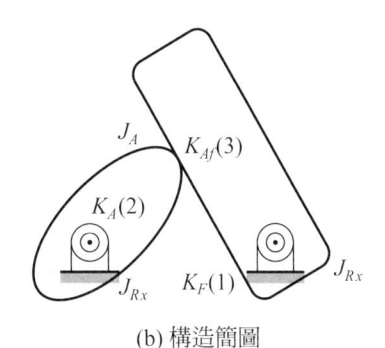

(b) 構造簡圖

(c) 電腦建模 [15]

(d) 復原模型 (國立科學工藝博物館，高雄)

圖 05.05　水碓

槽內。

圖 05.06(a) 為《農書》中石碾的插圖。水平橫軸 (2，K_1) 中間設有一孔並套於磨盤 (1，K_F) 中軸上，其兩端裝設滾輪 (3，K_O)，並使活動範圍受限於凹槽內。桿 2 以銷槽旋轉接頭 (J_{Ry}) 和磨盤中軸連接，以不確定接頭 ($J_α$) 和滾輪連接，滾輪以另一個不確定接頭 ($J_β$) 和凹槽連接。當驢繞著磨盤拖動橫桿時，滾輪便在槽內碾壓穀物。再者，石碾設有 2 個滾輪同時作動，以提升工作效率。

此石碾屬接頭類型不確定 (類型 II) 的傳動機械，考慮石碾的功能及滾輪運動的類型與方向，其可能的構造簡圖類型如圖 05.06(b_1)-(b_3) 所示。

(a) 插圖－石碾《農書》

(b_1)　　　　　　　(b_2)　　　　　　　(b_3)

(b) 構造簡圖

(c) 插圖－水碾《天工開物》

圖 05.06　碾

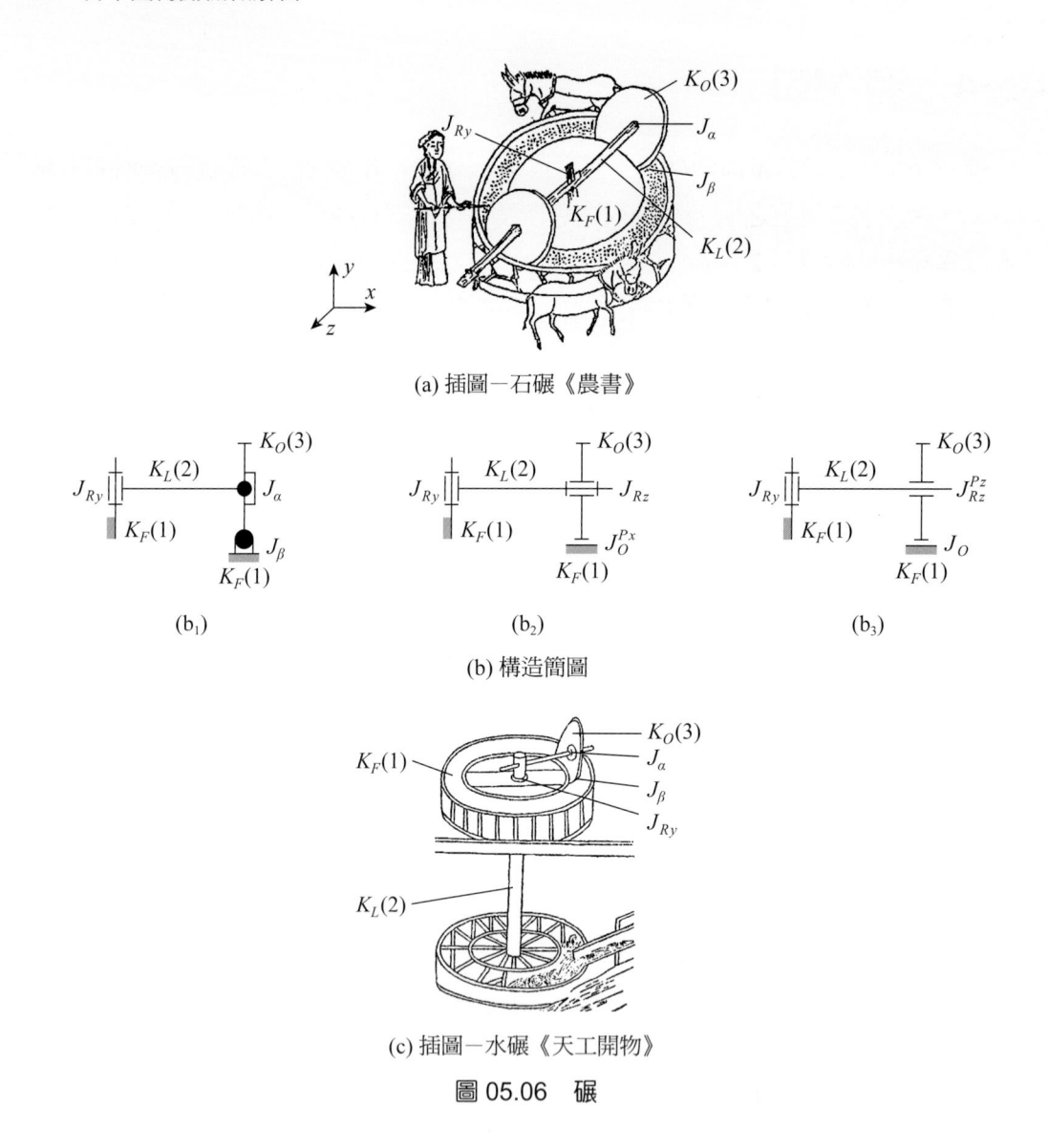

05-3.02　水碾

水碾 (Water-driven roller) 通常是木造材質，較石碾為輕，構造上與石碾十分相似，唯中軸較長，其底端加裝一臥式水輪，以水力驅動整組器械。圖 05.06(c) 為《天工開物》中水碾的插圖，此為 3 桿 3 接頭的傳動機械，亦屬接頭類型不確定 (類型 II) 的設計；和石碾不同之處在於，與臥式水輪連動的中軸並非機架 (1，K_F)，而是與橫桿同體的轉軸 (2，K_L)；其它的機件和接頭則與石碾相同。

05-4　礱 Mill

礱 (Mill) 是使稻穀脫殼的農具，為磨的一種型態，其礱盤的工作面有密齒用來破殼取米，有木礱與土礱之別。礱的組成是在基座上設置具曲柄的磨盤，並使曲柄連接一水平橫桿，此橫桿以 2 條繩索懸掛，用來支撐其重量以便使用者操作。再者，礱以人力為動力，操作者以手推動水平橫桿，使磨盤在基座上轉動，達到研磨穀物的目的。

礱的考古物件，最早是在江蘇泗洪重崗出土的西漢 (前 202-8 年) 晚期墓石畫像糧食加工圖中發現。

圖 02.12(a) 為《農書》中礱的插圖，為 4 桿 4 接頭的空間機構，包含機架 (1，K_F)、繩索 (2，K_T)、水平橫桿 (3，K_{L1})、曲柄磨盤 (4，K_{L2}) 等 4 根機件。在接頭方面，繩索以線接頭 (J_T) 和機架與水平橫桿連接，曲柄磨盤以旋轉接頭 (J_{Ry}) 和機架與水平橫桿連接。此為構造確定 (類型 I) 的傳動機械，圖 02.12(b) 為構造簡圖。

05-4.01　驢礱

驢礱 (Donkey-driven mill) 以獸力轉動木輪，透過繩索或皮帶驅動基座上的磨盤，完成研磨穀物的工作，是古中國繩索傳動的典型應用。由於獸力所轉動的木輪直徑較磨盤大，是一組增速機構，可提高處理穀物的效率。再者，繩索以交叉方式迴繞於木輪與磨盤上，可增加接觸面積、提高磨擦力，確保研磨工作的進行。

圖 05.07(a) 為《農書》中驢礱的插圖，為 4 桿 4 接頭的傳動機械，包含機架 (1，K_F)、大繩輪 (2，K_{U1})、小繩輪 (3，K_{U2})、繩索 (4，K_T) 等 4 根機件。在接頭方面，大繩輪以旋轉接頭 (J_{Ry}) 和機架連接，繩索以迴繞接頭 (J_W) 分別和大繩輪與小繩輪連接，而小繩輪則以旋轉接頭 (J_{Ry}) 和機架連接。此為構造確定 (類型 I) 的傳動機械，圖 05.07(b) 為構造簡圖。

05-4.02　水礱

水礱 (Water-driven mill) 以水力驅動，是透過齒輪機構同時驅動多個礱的裝置，其組成包含立式水輪、長軸、數個立式齒輪、及多個礱盤齒輪。長軸以水平方向橫貫立式水輪與立式齒輪，彼此間沒有相對運動，可視為同一機件；磨盤齒輪以 3 個為一排，且同一排齒輪相互嚙合，每排中間的礱盤齒輪與立式齒輪嚙合。當水輪轉動時，

(a) 插圖《農書》

(b) 構造簡圖

圖 05.07　驢礱

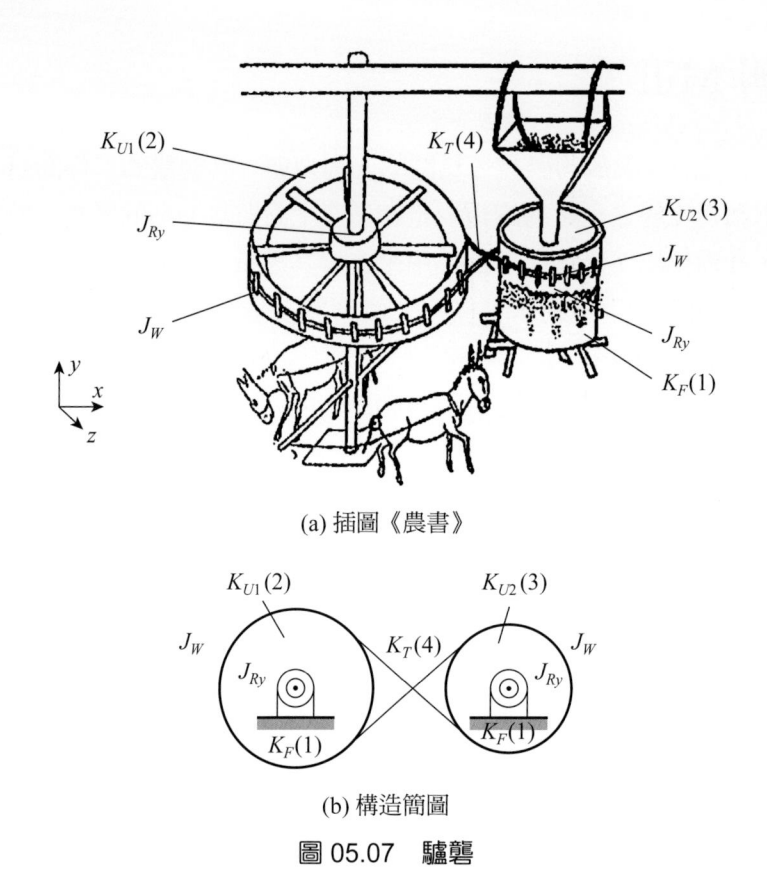

長軸與立式齒輪也隨之運轉,再透過礱盤齒輪之間的相互囓合,傳動所有礱盤。

圖 05.08(a) 為《農書》中水礱的插圖,其立式齒輪與兩旁的磨盤齒輪配置相同,因此只取其中一組分析,為 4 桿 5 接頭的齒輪機構,包含機架 (1, K_F)、具立式水輪與長軸的立式齒輪 (2, K_{G1})、中間磨盤齒輪 (3, K_{G2})、外側磨盤齒輪 (4, K_{G3}) 等 4 根機件。在接頭方面,桿 2 以旋轉接頭 (J_{Rx}) 和機架連接,桿 3 及桿 4 均以旋轉接頭 (J_{Ry}) 和機架連接,而齒輪之間的囓合則為齒輪接頭 (J_G)。雖然插圖的繪製不甚合理,但可瞭解其作動方式,屬構造確定 (類型 I) 的傳動機械,圖 05.08(b) 為構造簡圖。

05-5　磨 Grinder

磨 (Grinder) 是將穀物磨碎的農具,由於材質為石,又稱**石磨**。主要部分是兩個扁圓形的石質圓盤,中間貫穿一鐵質立軸,磨的下層與磨架、立軸都固定不動,上層繞立軸旋轉,將麥類等穀物磨成粉末,從夾縫中流到磨盤上,經由羅篩去麩皮等就可得

(a) 插圖《農書》　　　　　　　　(b) 構造簡圖

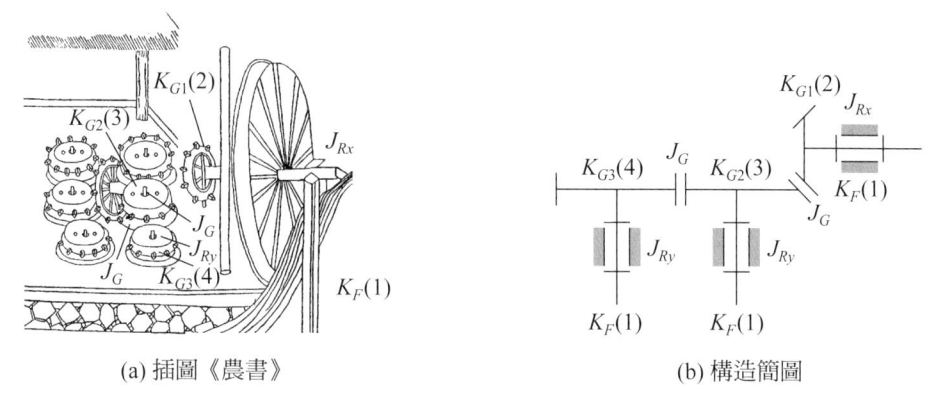

圖 05.08　水礱

到麵粉。

　　磨最初稱為**磑**，相傳是春秋時期魯班 (前 507-444 年) 所發明，漢代 (前 202-220 年) 才叫做磨。石磨的考古物件，出現於戰國時期 (前 453-221 年)。再者，石磨在西漢 (前 220-8 年) 時期迅速發展，磨齒多為點窩狀，東漢 (25-220 年) 時期發展為放射線狀。

　　早期的石磨為單磨，由人力驅動，其後發展出來的多磨 (連磨) 則以畜力、水力驅動。漢代已有畜力驅動的石磨，魏晉南北朝時代 (220-589 年) 出現了水力驅動的水磨 (第 05-5.03 節)。宋元時代 (960-1368 年)，西北地區出現利用風力驅動的風磨。

　　另，前 1 世紀的古希臘，出現了臥軸式水車驅動的水磨。

05-5.01　礱

礱 (Animal-driven grinder) 以獸力驅動，使其繞基座行走，並拖動上層磨盤轉動，達到研磨穀物的目的。圖 05.09(a) 為《農書》中礱的插圖，為 2 桿 1 接頭的傳動機械。礱的下層為固定機架 $(1, K_F)$，上層的磨盤為運動桿件 $(2, K_L)$，磨盤以旋轉接頭 (J_{Ry}) 和機架連接，屬構造確定 (類型 I) 的傳動機械，圖 05.09(b) 為構造簡圖。

05-5.02　連磨

　　為改善穀物加工的效率，杜預 (222-285 年) 發展出以獸力驅動、能夠同時驅動多個石磨的獸力**連磨** (Multiple-grinder)，其設計是在中心設置一個大齒輪，周圍配置多個磨，磨盤外部套著小齒輪，並使小齒輪與中心的大齒輪相嚙合。

(a) 插圖《農書》　　　　　(b) 構造簡圖

圖 05.09　礱

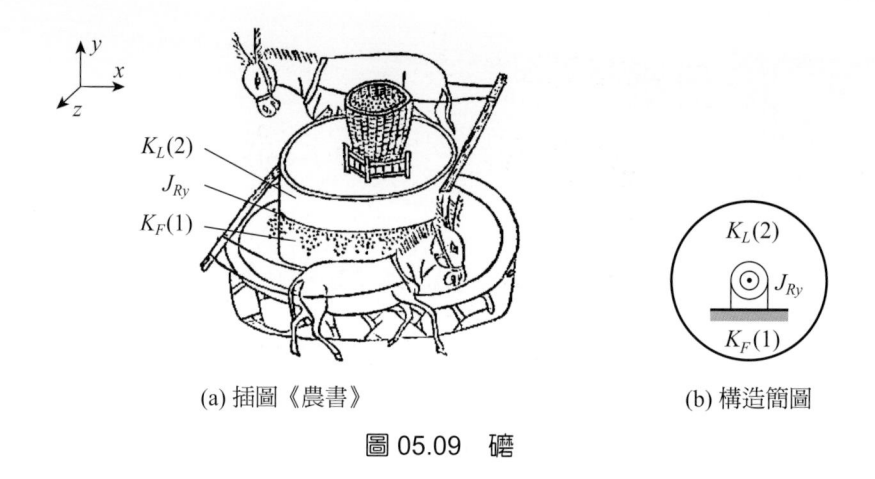

　　圖 05.10(a) 為《農書》中連磨的插圖，以獸力 (圖中未繪出) 驅動中心的大齒輪，藉由齒輪的傳動，帶動 8 個磨同時作動，圖 05.10(b) 為構造簡圖 1。由於周圍 8 個小齒輪與磨的配置均相同，因此只取其中一組分析。據此，此設計為 3 桿 3 接頭的齒輪機構，包含機架 (1，K_F)、大齒輪 (2，K_{G1})、小齒輪 (3，K_{G2}) 等 3 根機件。在接頭方面，大、小齒輪皆以旋轉接頭 (J_{Ry}) 和機架連接，齒輪之間的嚙合為齒輪接頭 (J_G)。連磨屬構造確定 (類型 I) 的傳動機械，圖 05.10(c) 為構造簡圖 2。

05-5.03　水磨

　　水磨 (Water-driven grinder) 是以水力驅動的磨，其基本構造與獸力驅動的礱相同。然，水磨在磨盤上裝置一長軸，並在長軸的另一端裝置臥式水輪，流水推動水輪時，即可帶動石磨轉動，達到研磨穀物的目的。

　　圖 05.11(a) 為《農書》中水磨的插圖，與礱均為 2 桿 1 接頭的傳動機械，同為構造確定 (類型 I) 的設計，圖 05.11(b) 為構造簡圖。

　　圖 05.12(a) 為《天工開物》中水磨的插圖，包含立式水輪、長軸、一個立式齒輪、及一個磨盤齒輪，為 3 桿 3 接頭的齒輪機構，包含機架 (1，K_F)、具立式水輪與長軸的立式齒輪 (2，K_{G1})、磨盤齒輪 (3，K_{G2}) 等 3 根機件。在接頭方面，桿 2 以旋轉接頭 (J_{Rx}) 和機架連接，桿 3 亦以旋轉接頭 (J_{Ry}) 和機架連接，而齒輪之間的嚙合則為齒輪接頭 (J_G)。水磨亦為構造確定 (類型 I) 的傳動機械，圖 05.12(b) 為構造簡圖，圖 05.12(c) 為電腦建模。

| 第 05 章 | 農業機械   93

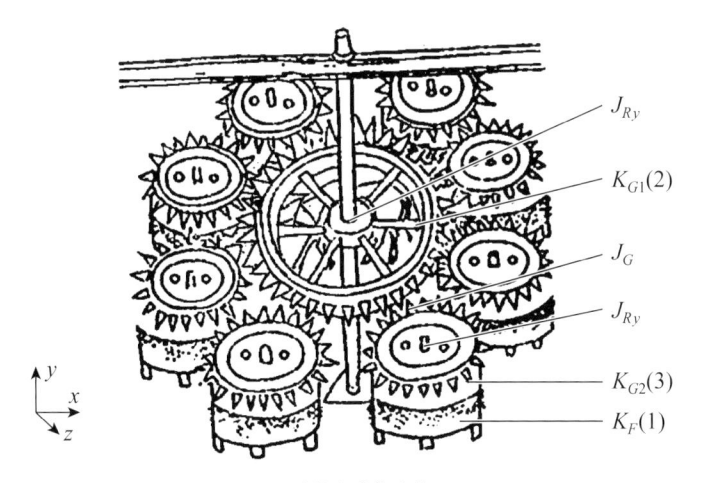

(a) 插圖《農書》

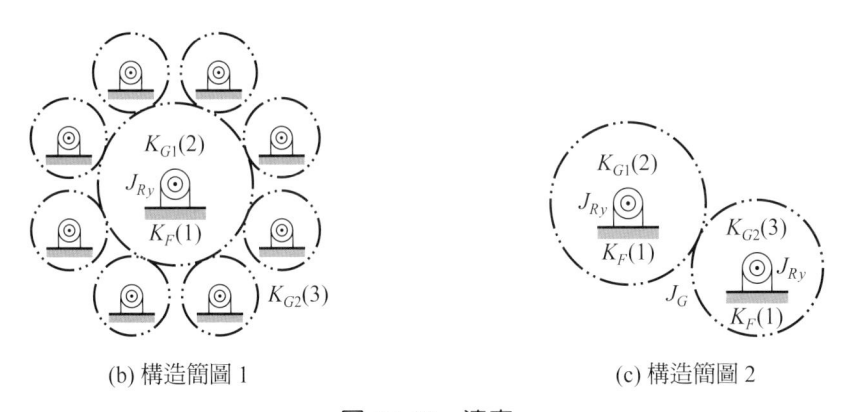

(b) 構造簡圖 1

(c) 構造簡圖 2

圖 05.10　連磨

(a) 插圖《農書》

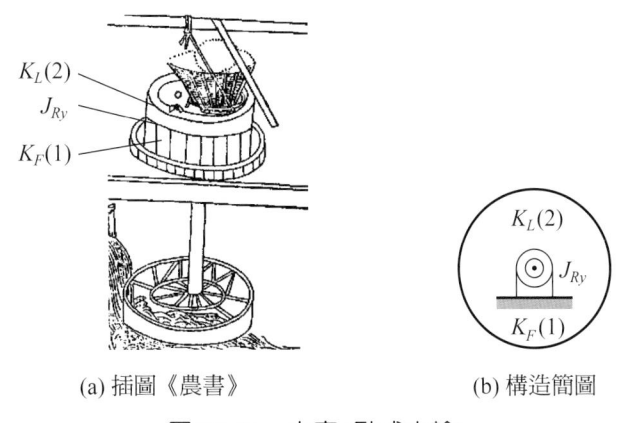

(b) 構造簡圖

圖 05.11　水磨 (臥式水輪)

(a) 插圖《天工開物》　　　　　　　(b) 構造簡圖

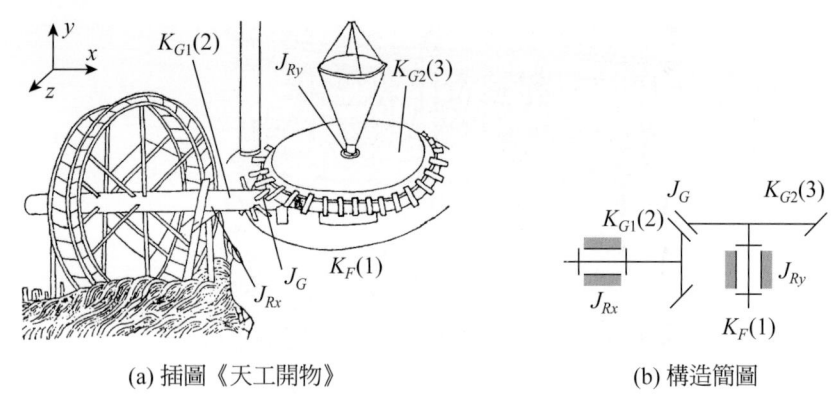

(c) 電腦建模 [15]

圖 05.12　水磨 (立式水輪)

05-5.04　連二水磨

連二水磨 (Water-driven double-grinder) 是在水磨的基礎上，增加一組立式齒輪與磨盤齒輪。水輪轉動時，長軸與立式齒輪也隨之運轉，透過磨盤齒輪之間的相互嚙合，傳動至磨盤，就可以用一個水輪帶動兩個磨同時工作，提高工作效率。

圖 05.13 為《農政全書》中連二水磨的插圖，其兩組立式齒輪與磨盤齒輪的配置相同，分析時只取其中一組，與水磨皆為 3 桿 3 接頭的齒輪機構，同屬構造確定 (類型 I) 的傳動機械，構造簡圖同圖 05.12(b)。

05-5.05　水轉連磨

水轉連磨 (Water-driven multiple-grinder) 與水礱的基本構造相同，流水沖擊立輪旋轉，帶動輪軸上端 3 個有齒輪的轉盤，每個輪盤經由齒輪傳動，各推動 3 個石磨進行穀物加工。

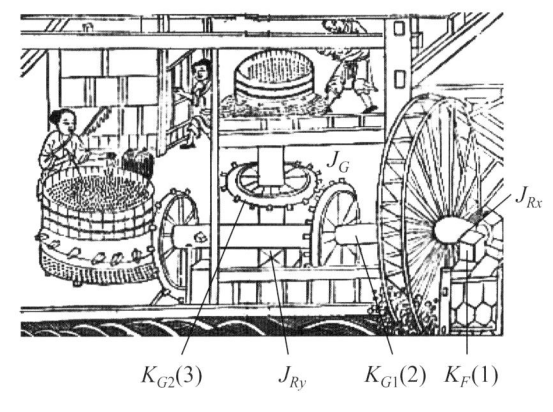

圖 05.13　連二水磨《農政全書》

　　圖 05.14 為《農政全書》中水轉連磨 (九磨) 的插圖，其立式齒輪與兩旁的磨盤齒輪配置均相同，因此只取其中一組分析，為 4 桿 5 接頭的齒輪機構，包含機架 (1，K_F)、具立式水輪與長軸的立式齒輪 (2，K_{G1})、中間磨盤齒輪 (3，K_{G2})、以及外側磨盤齒輪 (4，K_{G3}) 等 4 根機件。在接頭方面，桿 2 以旋轉接頭 (J_{Rx}) 和機架連接，轉軸方向為水平方向；桿 3 與桿 4 均以旋轉接頭 (J_{Ry}) 和機架連接，而齒輪之間的囓合則為齒輪接頭 (J_G)。水轉連磨為構造確定 (類型 I) 的傳動機械，構造簡圖同圖 05.08(b)。

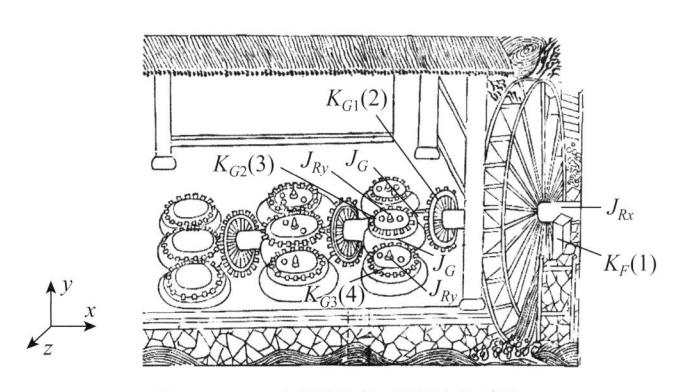

圖 05.14　水轉連磨《農政全書》

05-6　麵羅 Flour Bolter

　　麵羅 (Flour bolter) 是篩麵用具，其功能是從粉碎後的糧食中，區分出細粉與尚未磨碎的部分。

圖 05.15(a) 為《欽定授時通考》(1742 年) 中麪羅的插圖，其組成機件有箱體 (機架)、具搖桿的踏板、具篩麪框的連接桿、及繩索。篩麪框以竹或木製成，框底覆蓋微小孔眼的網格布，連接桿固定於篩麪框並延伸出箱體。搖桿固定於踏板的中心位置，藉由踏板的轉動，使搖桿產生搖擺運動。操作時，將磨碎的穀物置於框內布上，以雙腳左右交替踩踏板兩端，使其上的搖桿產生搖擺運動，即可帶動具篩麪框的連接桿往復擺動並篩出細粉。再者，箱體外部的撞機 (固定不動，視為機架) 立於連接桿的運動範圍內，使得連接桿進行往復運動時，撞擊撞機來達到加速篩麪的效果。

麪羅的搖桿篩麪裝置為 4 桿 4 接頭的傳動機械，包含機架 (1，K_F)、具搖桿的踏板 (2，K_{L1})、具篩麪框的連接桿 (3，K_{L2})、繩索 (4，K_T) 等 4 根機件。在接頭方面，具搖桿的踏板以旋轉接頭 (J_{Rz}) 分別和機架與具篩麪框的連接桿連接，繩索則以線接頭 (J_T) 分別和機架與篩麪框連接。搖桿篩麪的麪羅為構造確定 (類型 I) 的傳動機械，圖 05.15(b) 為構造簡圖。

水擊麪羅 (Water-driven flour bolter) 是以水力驅動的麪羅。圖 05.16(a) 為《農書》(1313 年) 中水擊麪羅的插圖，其機構構造與圖 07.06(b) 所示的臥輪式水排 (第 07-2 節)

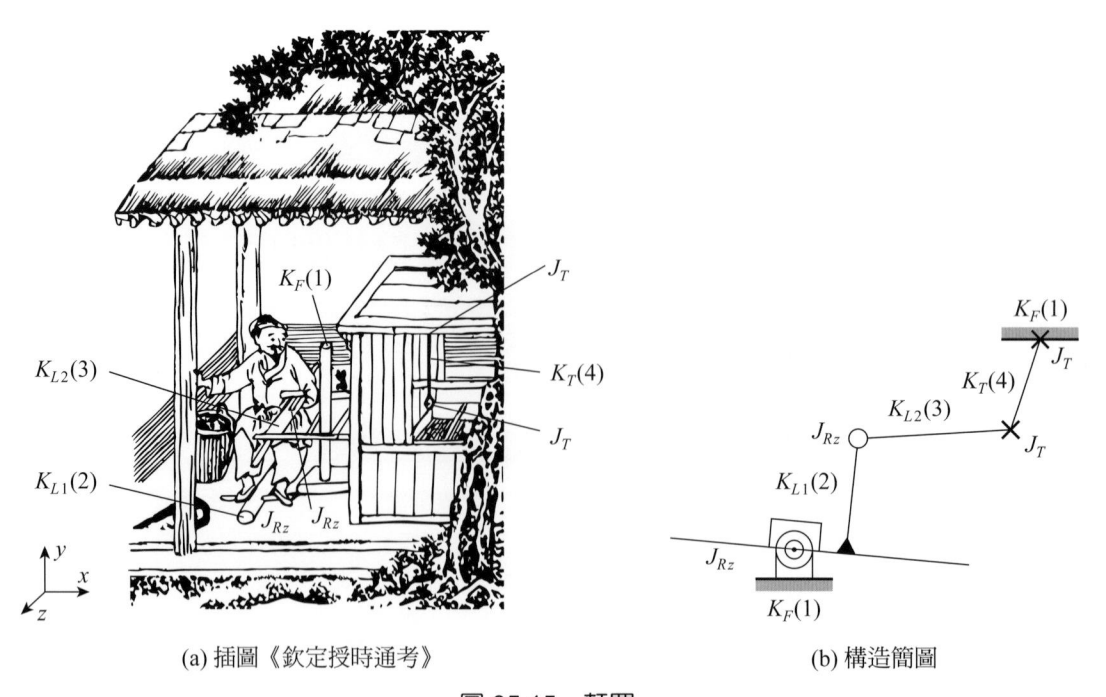

(a) 插圖《欽定授時通考》　　　　　(b) 構造簡圖

圖 05.15　麪羅

相仿，唯將水排中的直木、木扇、及鼓風爐分別置換為具篩麵框的連接桿、繩索、及箱體，屬於接頭類型不確定 (類型 II) 的傳動機械。水擊麵羅由繩索滑輪機構、空間曲柄搖桿機構、連桿與繩索機構等三組子機構構成，藉由具篩麵框的連接桿 (7) 輸出的往復運動篩撿穀物，計可解密出 8 種可行的設計，圖 05.16(b$_1$)-(b$_8$)。

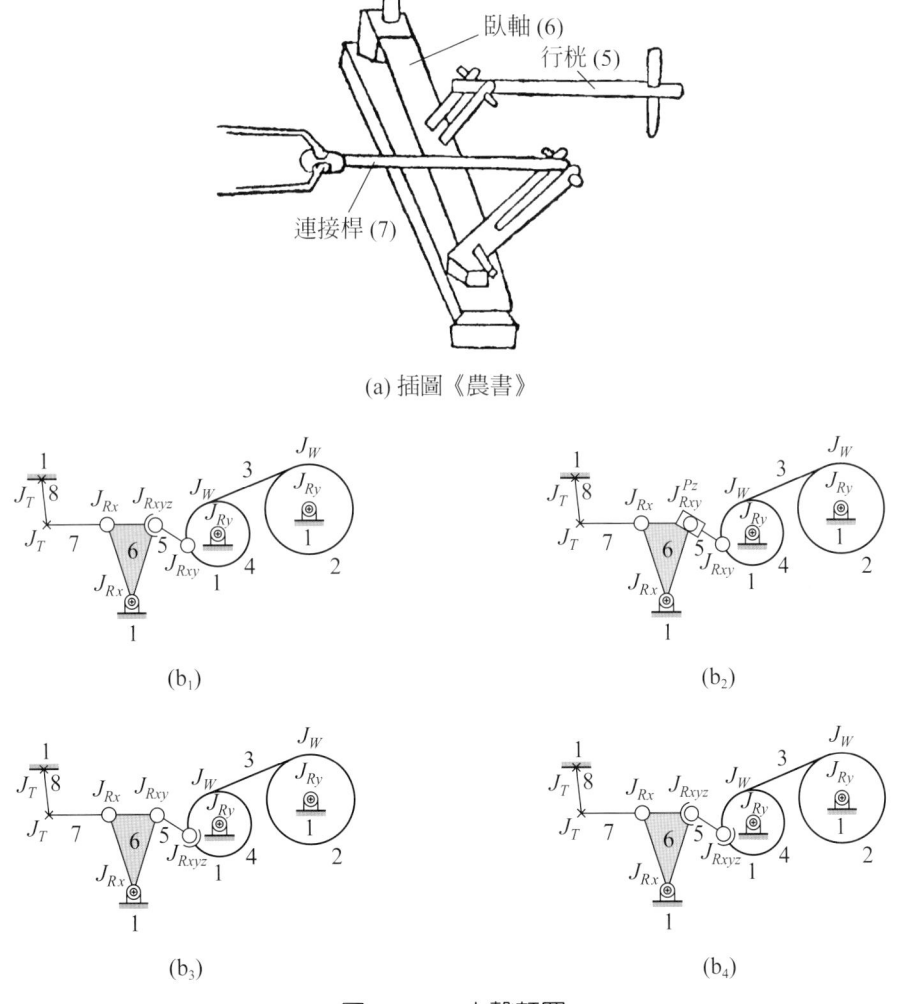

(a) 插圖《農書》

(b$_1$)

(b$_2$)

(b$_3$)

(b$_4$)

圖 05.16　水擊麵羅

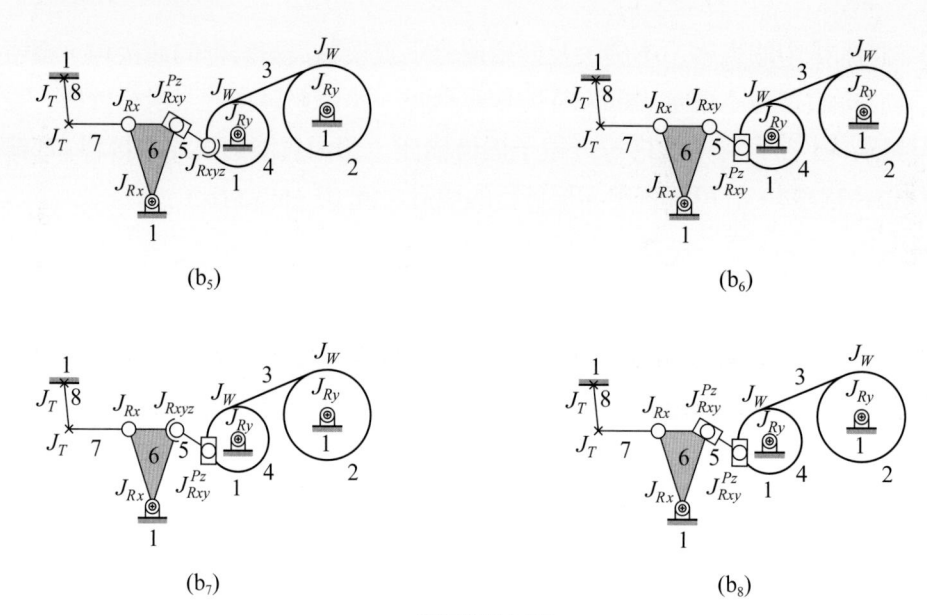

98　古中國傳動機械解密

(b₅)

(b₆)

(b₇)

(b₈)

(b) 復原設計圖譜

圖 05.16　水擊麵羅 (續)

第 06 章

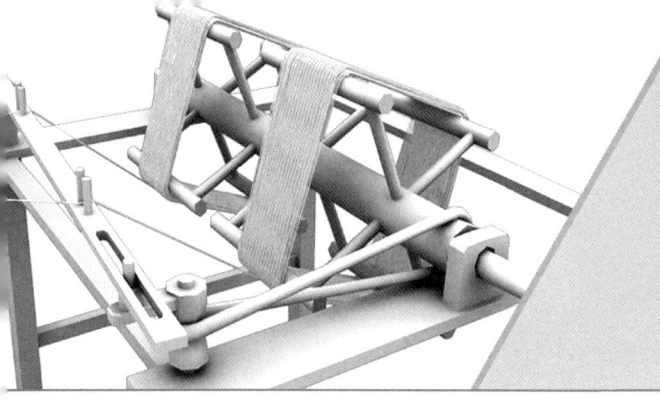

紡織機械
Textile Machine

　　紡織 (Textile) 是紡紗與織布,可分為纖維處理、紡紗、染整、織布四道程序。纖維處理 (Fiber processing) 的目的是將蠶繭、棉花、或麻苧等原物料,經由抽絲、彈核、或撚揉,轉變為可以紡紗的狀態。**紡紗** (Spinning) 是將纖維處理後的原物料製成紗線,或將多條單股紗線匯撚成一條多股紗線,並作經線與緯紗,以為織布前的準備。**染整** (Dyeing and finishing) 將紗線染色,並以溫度控制及其它方法,增加紗線的強度。**織布** (Weaving) 則是將染整後的經線與緯紗垂直的相互交織成布。

　　紡織機械 (Textile machine) 大量使用連桿與撓性機件,透過機件間的傳動,產生十分多樣的運動特性,用於纖維處理、紡紗、及織布的程序中。由於染整程序無傳動機械,不加以論述。

　　本章介紹古中國紡織機械的歷史發展,說明具傳動機械的發明,包括纖維處理用的木棉攪車、絞車、蟠車、絮車、趕棉車、彈棉裝置、及繀車,紡紗用的手搖紡車、緯車、經架、木棉軒床、腳踏紡車、木棉線架、木棉紡車、小紡車、大紡車、水轉大紡車,以及織布用的斜織機與提花機。這些創作皆記載於歷史文獻中,有些有留世實物,屬有憑有據、構造確定 (類型 I) 的傳動機械;有些記載與插圖不清楚也無完整實物留世,屬構造不確定 (類型 III) 的傳動機械 [15]。

06-1　歷史發展 Historical Development

　　古中國的先民,遠在 6000-7000 年前的新石器時代,就會用麻、葛、樹皮等韌皮纖維進行手工紡紗織布。原始織機是最簡單、沒有機架、使用者坐著織布的**踞織機**,又稱**腰機**,捲布軸的一端繫於腰間,雙足蹬住另一端的經軸,並張緊織物,用分經棍將經紗按奇偶數分為兩層,用提綜桿提起經紗形成梭口,以骨針引緯、打緯刀打緯。

99

浙江的河姆渡文化遺址，出現了紡輪、骨針、織網器、木捲布棍、木徑軸梭形器、古梭、絞紗棒、骨機刀等紡織工具，是出土最早原始腰機的零組件。

《周禮‧天官冢宰》(前 300-100 年) 載：「典婦功：中士二人，下士四人；府二人，史四人，工四人，賈四人，徒二十人。典絲：下士二人；府二人，史二人，賈四人，徒十有二人。……典枲：下士二人；府二人，史二人，徒二十人。內司服：奄一人，女御二人，奚八人。……以九職任萬民：一曰三農，生九穀。二曰園圃，毓草木。三曰虞衡，作山澤之材。四曰藪牧，養蕃鳥獸。五曰百工，飭化八材。六曰商賈，阜通貨賄。七曰嬪婦，化治絲枲。八曰臣妾，聚斂疏材。九曰閒民，無常職，轉移執事。……典婦功：掌婦式之法，以授嬪婦及內人女功之事齎。凡授嬪婦功，及秋獻功，辨其苦良、比其小大而賈之，物書而楬之。以共王及後之用，頒之于內府。……典絲：掌絲入而辨其物，以其賈楬之。掌其藏與其出，以待興功之時。頒絲于外內工，皆以物授之。凡上之賜予，亦如之。及獻功，則受良功而藏之，辨其物而書其數，以待有司之政令、上之賜予。凡祭祀，共黼畫組就之物。喪紀，共其絲纊組文之物。凡飾邦器者，受文織絲組焉。歲終，則各以其物會之。……典枲：掌布緦縷紵之麻草之物，以待時頒功而授齎。及獻功，受苦功，以其賈楬而藏之，以待時頒。頒衣服，授之，賜予亦如之。歲終，則各以其物會之。」由此可知，商周時代 (前 1600-256 年)，已有專門官員負責紡織生的組織與分工，所用的原料以麻為主，其次是絲，也用毛。隋唐時代 (581-907 年)，南方用作衣服原料的棉花傳到中原，清除棉粒的**軋車**也就得到流行，圖 06.01。

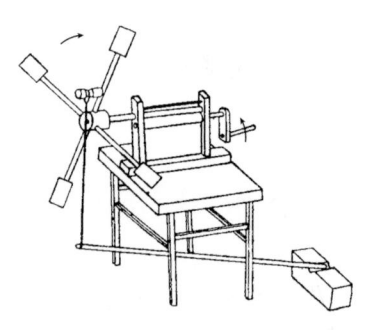

圖 06.01　軋車《農書》

從原始的紡紗工具發展出的手搖紡車 (第 06-3.01 節)，約出現於戰國時期 (前 403-前 222 年)，用來紡絲與麻，圖 06.02。

織布的機械從早期的踞織機發展到經面與水平有 50-60 度夾角的斜織機 (第 06-

圖 06.02　手搖紡車 (漢墓壁畫)

4.01 節)，由於其機架水平放置，也叫**平織機**。漢代 (前 202-220 年) 時，斜織機已廣泛使用，亦常出現在當代的畫像石上，圖 06.03(a)；另，圖 06.03(b) 為復原圖 [38]。

織造工藝技術的進步，直接與紡織機械的發展相關。前 16 世紀的殷商時期，出現了織花工藝。前 2 世紀 (西漢) 以後，發明了提花機 (第 06-4.02 節)，不僅可織出薄如蟬翼的羅紗，還能織出構圖變化萬千的錦緞。提花機裝有分別升降各條經紗的提花機構，可織造出複雜的大花紋織物。商代 (前 1600-1046 年) 使用的手工提花機，逐漸發展為多**綜** (吊起經線的裝置) 多**躡** (腳踏板) 與束綜兩種提花機。多綜多躡提花機出現於戰國時期，通常採用腳踏板 (躡) 控制一綜來織制花紋。《西京雜記》(葛洪，283-343 年) 載：「綾出鉅鹿陳寶光家，寶光妻傳其法。霍顯召入其第，使作之。機用一百二十躡，六十日成一匹，匹直萬錢。」指出西漢昭帝末年，巨鹿人陳寶光妻 (約前 86-前 74 年) 的散花綾"機用一百二十躡"。再者，《三國志・魏書・卷二十九・杜夔傳》(265-300 年) 載：「為博士居貧，乃思綾機之變，不言而世人知其巧矣。舊綾機五十綜者五十躡，六十綜者六十躡，先生患其喪功費日，乃皆易以十二躡。」指出三國曹魏初年，扶風 (陝西興平) 的馬鈞 (200-265 年) 以"舊綾機喪工費日乃司綾機之變"，將多綜多躡提花機改革成十二綾躡，採用束綜提花的方法，不但方便操作，而且提高效率。此外，從長沙馬王堆漢墓出土的絨圈綿可知，漢代初年已使用束綜提花機。

另，這種提花機自戰國秦漢時期出現以來，始終處於世界領先地位，並經由絲綢之路傳入西方，較歐洲約早 400 年。

漢代出現了用繩輪傳動的手搖紡車，以手臂為動力源，每次只能紡一綻紗，

(a) 石畫像

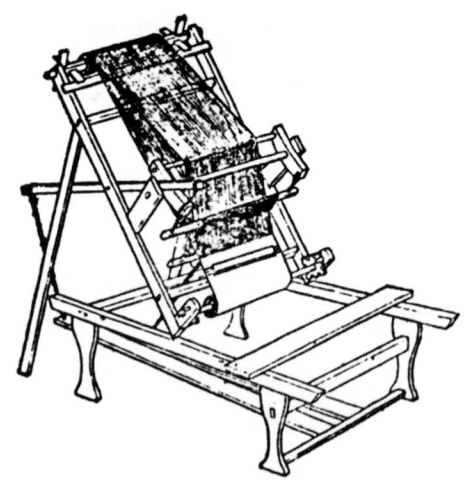

(b) 復原圖 [38]

圖 06.03　漢代斜織機

圖 06.04(a)。《方言·第五》(揚雄，前 53-18 年) 載：「"繀車"，趙魏之間謂之"轆轤車"，東齊海岱之間謂之"道軌"。」提到稱為繀車、轆轤車、及道軌的手搖紡車。

漢代的手搖紡車只能紡 1 個紗錠，東晉 (317-420 年) 的紡車，由手搖變成腳踏，可紡 3-5 個紗錠。畫家顧愷之 (345-406 年) 的一幅畫上，出現了腳踏紡車 (第 06-3.04 節)。《列女傳》(前 18 年) 中腳踏紡車的插圖，可紡 3 個紗錠，圖 06.04(b)。13 世紀的宋末元初時期，發明了以水力為動力源的水轉大紡車 (第 06-3.05 節)，紗錠增加到 30 多錠，圖 06.04(c) [38]。

(a) 手搖紡車《天工開物》　　　(b) 晉代腳踏紡車《列女傳》

(c) 宋末元初水轉大紡車 [38]

圖 06.04　紡織機械動力源

另，直到 1764 年，英國的織布工人哈格里夫斯 (J. Hargreaves，1720-1778 年) 才創作出以人力為動力源，能同時驅動 8 支紡錘、紡出 8 條紗線的紡紗機－**紡紗珍妮** (Spinning Jennie)。同一時期，英國的阿克萊特 (R. Arkwright，1732-1792 年) 以水力為動力源，改良紡紗珍妮，成為歐洲首次出現的水力紡紗廠，並於 1769 年取得專利權。

06-2　纖維處理器械 Fiber Processing Device

處理纖維的器械有木棉攪車、絞車、蟠車、絮車、趕棉車、彈棉裝置、繅車等，除繅車外，其機構相當簡單，皆是構造明確 (類型 I) 的傳動機械，以下分別說明之。

06-2.01　木棉攪車

木棉攪車 (Cottonseed removing device) 用於紡織前棉纖維的處理，有手搖式與腳踏式兩種。棉花採收並晾乾後，以木棉攪車碾壓，分離棉花與棉核。

圖 06.05(a) 為《農書》中木棉攪車的插圖，組成包含木框與 2 根轉軸，轉軸上各帶有曲柄 (掉拐) 以便轉動，轉軸與曲柄間沒有相對運動，可視為同一機件。手搖式木棉攪車需要兩位操作者反方向同時轉動曲柄，並使棉花進入二根轉軸之間，軋出棉核。

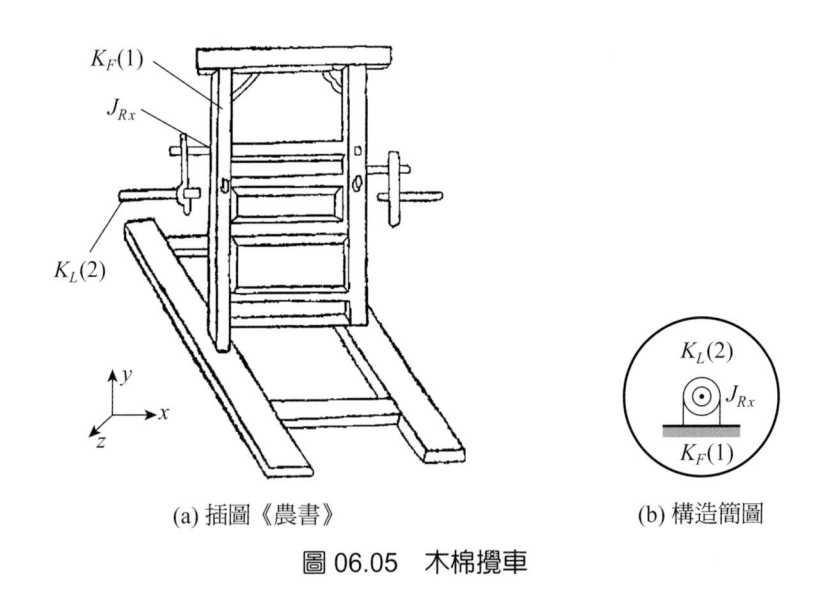

(a) 插圖《農書》　　　　　　(b) 構造簡圖

圖 06.05　木棉攪車

分析木棉攪車只須採一組轉軸，因此為 2 桿 1 接頭的傳動機械。以木框為機架 (1，K_F)，具曲柄的轉軸為運動連桿 (2，K_L)，具曲柄的轉軸以旋轉接頭 (J_{Rx}) 和機架連接，屬構造確定 (類型 I) 的傳動機械，圖 06.05(b) 為構造簡圖。

06-2.02　綆車

綆車 (Linen spinning device) 用來處理麻枲纖維。

圖 06.06(a) 為《農書》中綆車的插圖，組成包含木架與軒轂，使用者左手牽撚麻枲纖維，右手轉動軒轂。

綆車為 2 桿 1 接頭的傳動機械，以木框為機架 (1，K_F)，轉軸為運動連桿 (2，K_L)，轉軸以旋轉接頭 (J_{Rx}) 和機架連接，屬構造確定 (類型 I) 的傳動機械，圖 06.06(b) 為構造簡圖。

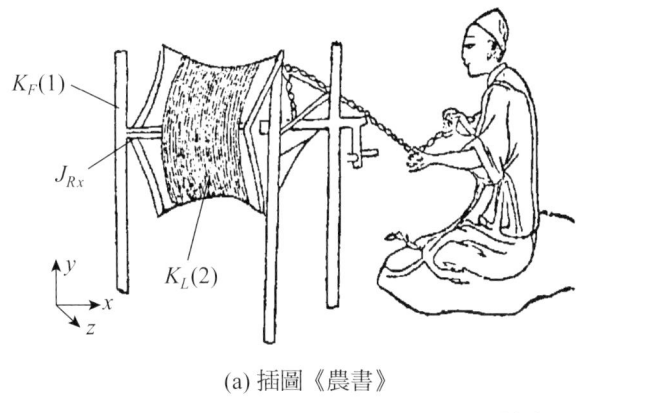

(a) 插圖《農書》 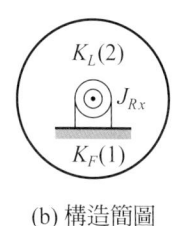　　　　　　　　　　　　　(b) 構造簡圖

圖 06.06　綎車

06-2.03　蟠車

蟠車 (Linen spinning device) 又稱為**撥車**，是將麻纖維製成線紗的織具，乃紡織前纖維處理的纏繐程序。

圖 06.07(a) 為《農書》中蟠車的插圖，使用者一手持線繐，另一手拉動線紗纏在線繐上，線紙即跟著旋轉，以便作業。

蟠車為 3 桿 2 接頭的傳動機械，包含木機架 (1，K_F)、線紙 (2，K_L)、線紗 (3，K_T) 等 3 根機件。在接頭方面，線紙以旋轉接頭 (J_{Rz}) 和機架連接，線紗以迴繞接頭 (J_W) 和線紙連接。此為構造確定 (類型 I) 的傳動機械，圖 06.07(b) 為構造簡圖。

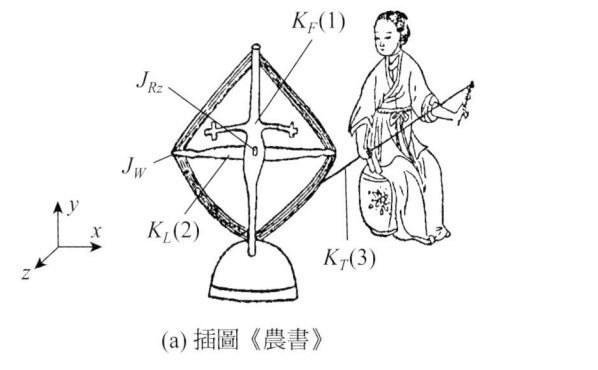

(a) 插圖《農書》 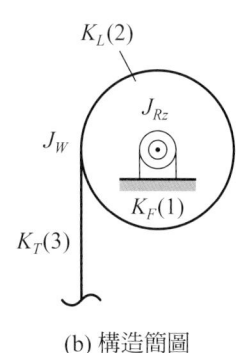　　　　　　　　　　　　　(b) 構造簡圖

圖 06.07　蟠車

06-2.04　絮車

絮車 (Cocoon boiling device) 用於煮繭，是抽取蠶絲的前置作業。

圖 06.08(a) 為《農書》中絮車的插圖，在木架上置一滑輪，並勾上繩索，繩的一端綁縛布袋，內置蠶繭，並於架下擺設煮繭的湯甕。使用時拉動繩索，即可控制蠶繭的浸泡與受熱程度。

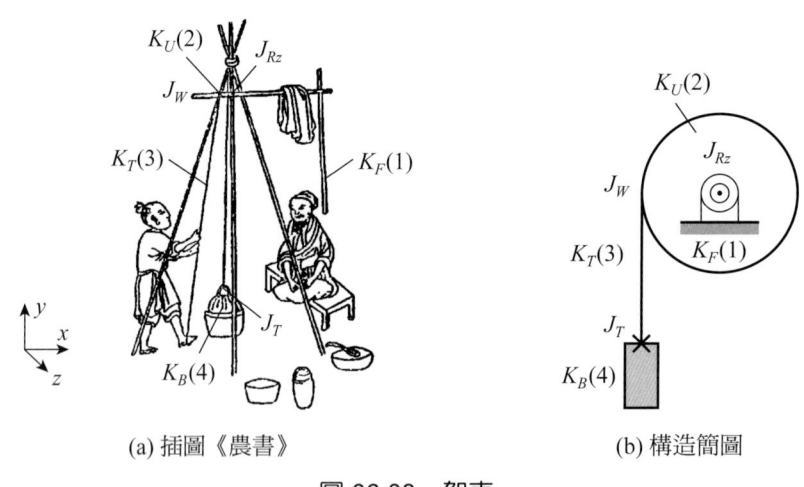

(a) 插圖《農書》　　　　(b) 構造簡圖

圖 06.08　絮車

絮車為 4 桿 3 接頭的傳動機械，包含木機架 (1，K_F)、滑輪 (2，K_U)、繩索 (3，K_T)、布袋 (4，K_B) 等 4 根機件。在接頭方面，滑車以旋轉接頭 (J_{Rz}) 和機架連接，繩索以迴繞接頭 (J_W) 和線接頭 (J_T) 分別與滑輪和布袋連接。此為構造確定 (類型 I) 的傳動機械，圖 06.08(b) 為構造簡圖。

06-2.05　趕棉車

趕棉車 (Cottonseed removing device) 與木棉攪車的功能相同，皆是用於紡織前棉纖維的處理。

圖 06.09(a) 為《天工開物》中趕棉車的插圖。木棉攪車須由兩人同時以手操作；趕棉車則以腳踩踏桿產生往復運動，經由繩索旋轉一轉軸，配合一手轉動另一轉軸，使得 2 根轉軸產生反方向的旋轉運動，空出的一手可放入棉花，軋出棉核與棉子，提高工作效率。以腳踩踏桿使繩索轉動轉軸的方式，需在轉軸上外加一飛輪 (圖中未繪出)，以慣性力帶動轉軸旋轉。

(a) 插圖《天工開物》

(b) 構造簡圖－手動轉軸

(c) 構造簡圖－腳踏繩索傳動

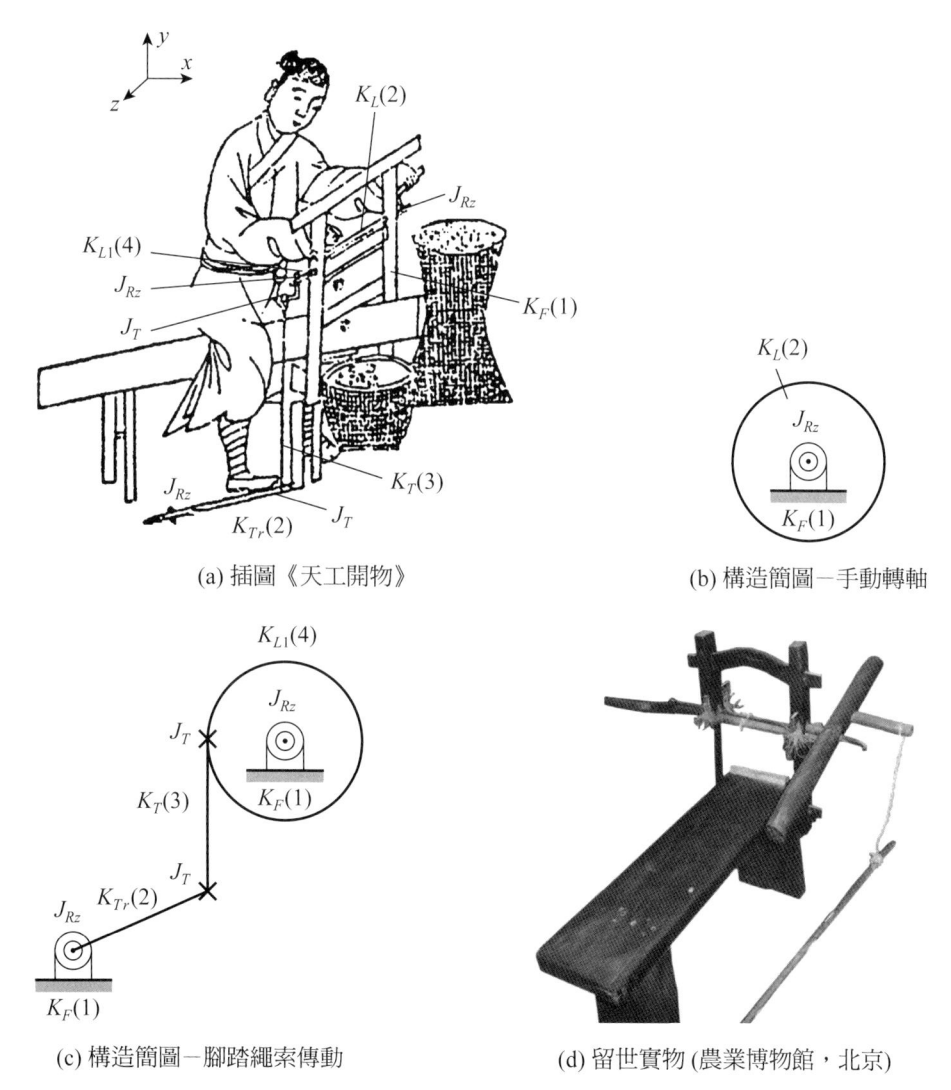

(d) 留世實物 (農業博物館，北京)

圖 06.09　趕棉車

趕棉車屬構造確定 (類型 I) 的傳動機械，可分為手動轉軸與腳踏繩索傳動兩組機構。手動轉軸機構為 2 桿 1 接頭的傳動機械，以木框為機架 (1，K_F)，轉軸為運動連桿 (2，K_L)，並以旋轉接頭 (J_{Rz}) 和機架連接，圖 06.09(b) 為構造簡圖。腳踏繩索傳動機構為 4 桿 4 接頭的傳動機械，包含木框機架 (1，K_F)、踏桿 (2，K_{Tr})、繩索 (3，K_T)、及另一轉軸 (4，K_{L1})，踏桿以旋轉接頭 (J_{Rz}) 和機架連接，繩索以線接頭 (J_T) 和踏桿與轉軸連接，轉軸以旋轉接頭 (J_{Rz}) 和機架連接，圖 06.09(c) 為構造簡圖，圖 06.09(d) 為趕棉車的實物。

06-2.06　彈棉裝置

棉花經木棉攪車或趕棉車軋出棉核與棉子後，可用**彈棉裝置** (Cotton loosening device) 彈鬆棉絮，製作棉被與棉衣的棉花，加工至此即可。

圖 02.09(b) 為《天工開物》中彈棉裝置的插圖，將皮絃或繩線兩端繫緊於木桿上，再用另一繩索繫於木桿，另一端綁住竹子，竹子的另一端則固定於牆上。操作者撥動皮絃與擺動木桿，利用皮絃與竹子的彈性來達到彈棉的效果。

雖然彈棉裝置的皮絃或繩線兩端同時繫於木桿，但仍為 2 根機件間的連接關係，取一組分析即可，因此為 5 桿 5 接頭的傳動機械，包含牆與地面的機架 (1，K_F)、木桿 (2，K_L)、皮絃 (3，K_{T1})、繩索 (4，K_{T2})、竹子 (桿 5，K_{BB}) 等 5 根機件。在接頭方面，木桿以直接接觸方式 (J_{Ryz}^{Pxz}) 和機架連接，皮絃以線接頭 (J_T) 和木桿連接，繩索以線接頭 (J_T) 分別和木桿與竹子連接，竹子則以竹接頭 (J_{BB}) 和機架連接。此為構造確定 (類型 I) 的傳動機械，圖 06.10 為構造簡圖。

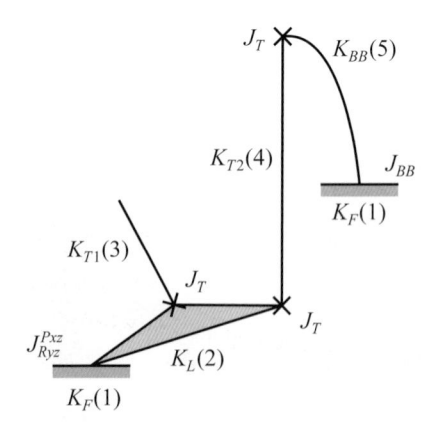

圖 06.10　彈棉裝置構造簡圖

06-2.07　繅車

繅車 (Foot-operated silk-reeling mechanism) 又稱**繰車**，用來抽取與捲繞蠶絲纖維。

圖 06.11(a) 為《農書》中繅車的插圖，其構造包含煮繭盆、錢眼板、具偏心凸耳的鼓、導絲桿、環繩、具曲柄的軖軸、踏板、及數根傳動連桿。蠶絲由煮繭盆中的蠶繭抽出，通過錢眼板與導絲桿上的溝孔，捲繞在軖軸上。另有一稱為鼓的立式滑車，中有凹槽，上有一偏心的凸耳。亦有 1 條環繩套於軖軸上，另一端套於鼓的凹槽，鼓

| 第 06 章 | 紡織機械　109

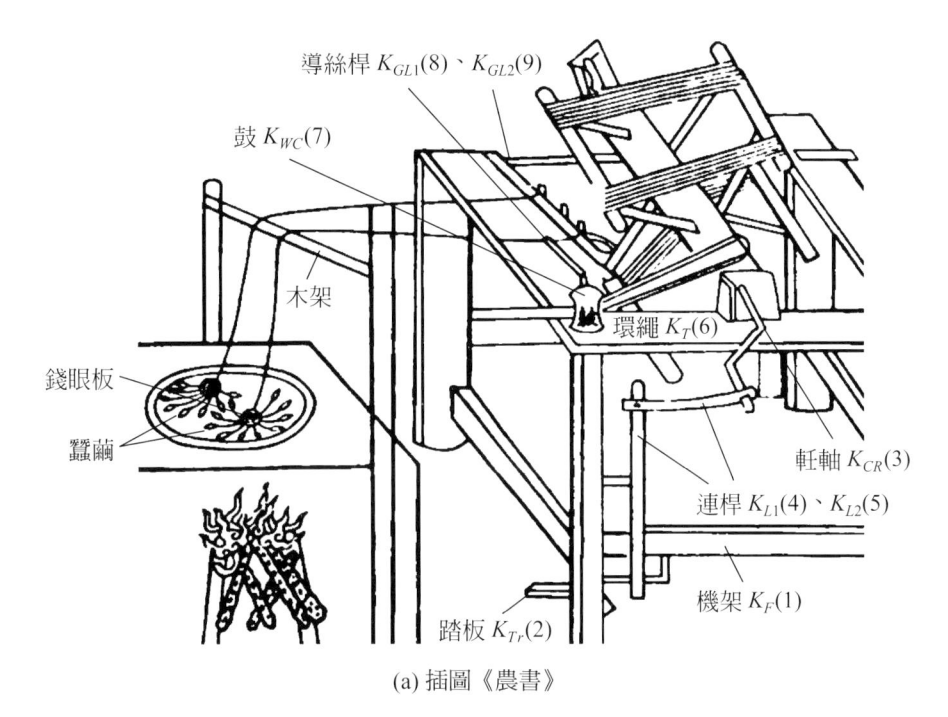

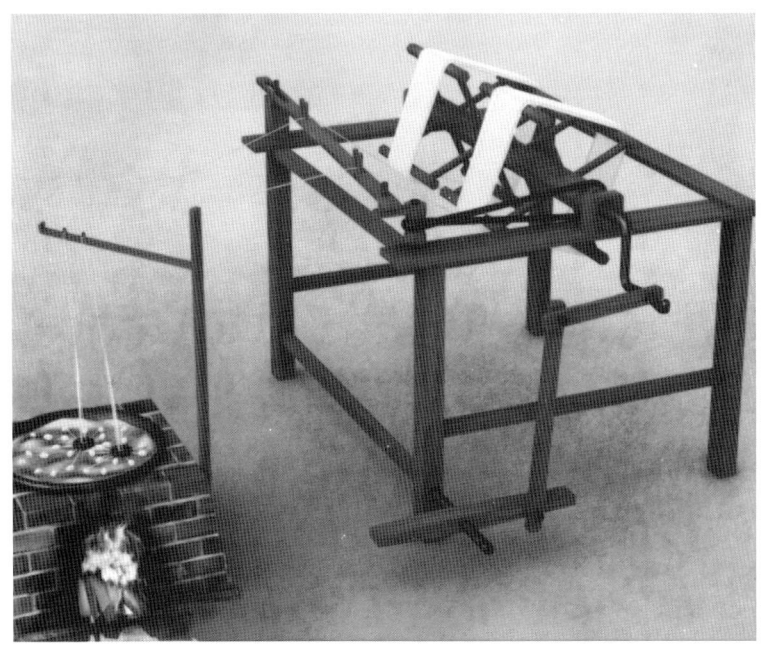

(a) 插圖《農書》

標註：
- 導絲桿 $K_{GL1}(8)$、$K_{GL2}(9)$
- 鼓 $K_{WC}(7)$
- 木架
- 錢眼板
- 蠶繭
- 環繩 $K_T(6)$
- 軖軸 $K_{CR}(3)$
- 連桿 $K_{L1}(4)$、$K_{L2}(5)$
- 機架 $K_F(1)$
- 踏板 $K_{Tr}(2)$

(b) 電腦建模與動畫模擬 [15，陳羽薰]

圖 06.11　繅車

的凸耳則連接導絲桿。腳踩踏板驅動時，藉由連桿帶動軒軸轉動，同時將動力傳至環繩、鼓、及導絲桿，使導絲桿往復移動。由於絲線先通過導絲桿上的溝孔再纏繞於軒軸，因此導絲桿的往復擺動，可使軒軸上收集的絲線達到依序排列、並均勻分布於一定範圍內的效果。

依功能分類，繰車可分為腳踏連桿機構與絲線導引機構 2 組子機構，以下分別說明之。

腳踏連桿機構

如圖 06.11(a) 所示，腳踏連桿機構包含機架 (1，K_F)、踏板 (2，K_{Tr})、具曲柄的軒軸 (3，K_{CR})、及 1 或 2 根傳動連桿 (4，K_{L1}；5，K_{L2})。由於繰車的插圖有多處不清楚，無法明確得知踏板的往復搖擺運動，如何轉換成軒軸的旋轉運動，因此屬於構造不確定 (類型 III) 的傳動機械。

根據"古機械復原設計法"機理，考慮運動與功能的要求後，解密出 5 種滿足古代工藝技術水平的可行復原設計，圖 06.12(a)-(e) 為其三維模型圖譜。

絲線導引機構

如圖 06.11(a) 所示，絲線導引機構包含機架 (1，K_F)、軒軸 (3，K_{CR})、環繩 (6，K_T)、具偏心凸耳的鼓 (7，K_{WC})、及 1 或 2 根導絲桿 (8，K_{GL1}；9，K_{GL2})。由於插圖有多處不清楚，無法明確得知導絲桿如何使絲線依序排列於軒軸，因此亦歸類為構造不確定 (類型 III) 的傳動機械。

經由史料研究，歸納出其構造特性如下：

01. 為平面 5 桿 (1、3、6-8) 或 6 桿 (1、3、6-9) 的傳動機械。
02. 軒軸 (K_{CR}) 為雙接頭桿，以旋轉接頭 (J_{Rz}) 和機架 (K_F) 連接。
03. 環繩 (K_T) 為雙接頭桿，以迴繞接頭 (J_W) 分別和軒軸 (K_{CR}) 與鼓 (K_{WC}) 連接。
04. 鼓 (K_{WC}) 為參接頭桿，以旋轉接頭 (J_{Ry}) 及不確定接頭分別和機架 (K_F) 與導絲桿 (K_{GL1}) 連接。
05. 導絲桿以不確定接頭和機架 (K_F) 連接。

基於"古機械復原設計法"，及歸納出的構造特性，考慮運動與功能的要求後，解密出 9 種滿足古代工藝技術水平的可行復原設計，圖 06.13(a)-(i) 為其三維模型。再者，圖 06.11(b) 為圖 06.11(a)《農書》中繰車的電腦建模與動畫模擬。

(a)

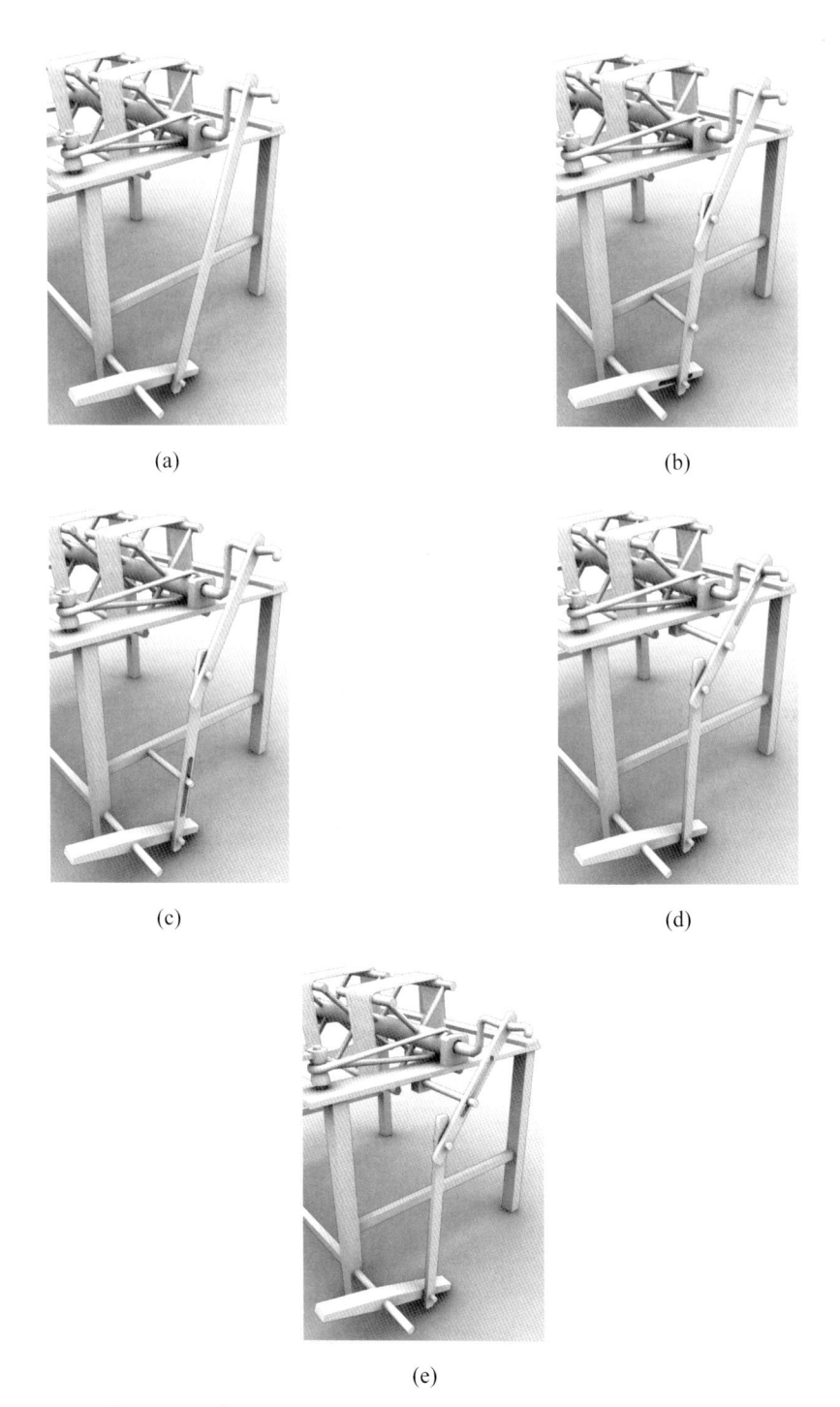

(b)

(c)

(d)

(e)

圖 06.12　復原設計：三維模型圖譜－繅車腳踏連桿機構 [15]

(a)　　　　　　　　(b)　　　　　　　　(c)

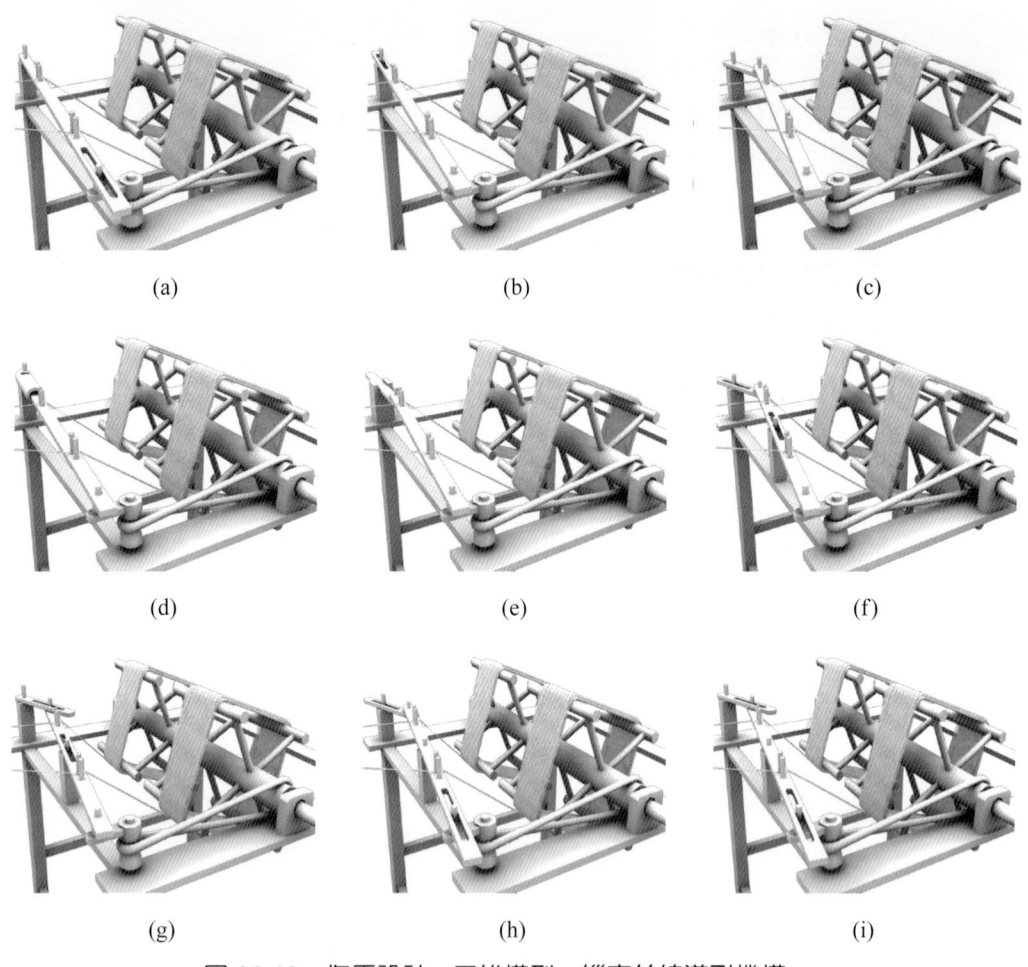

(d)　　　　　　　　(e)　　　　　　　　(f)

(g)　　　　　　　　(h)　　　　　　　　(i)

圖 06.13　復原設計：三維模型—繀車絲線導引機構 [15]

06-3　紡紗機 Spinning Machine

紡紗使用的織具稱為**紡紗機** (Spinning machine)，有手搖紡車、緯車、經架、木棉軠床、腳踏紡車、木棉線架、木棉紡車、小紡車、大紡車、水轉大紡車等。另，**紡車** (Spinning wheel) 依動力源與使用機件的不同，可分為手搖紡車、腳踏紡車、皮帶傳動紡車等三類，以下分別說明之。

06-3.01　手搖紡車與緯車

棉花經彈棉裝置彈鬆後，在木板上將棉花搓成長條，或是蠶繭經繅絲與調絲等工序，即可經由**手搖紡車**或**緯車** (Hand-operated spinning device) 紡成紗線。

圖 06.14(a) 為《天工開物》中手搖紡車的插圖，圖 06.14(b) 為《農書》中緯車的插

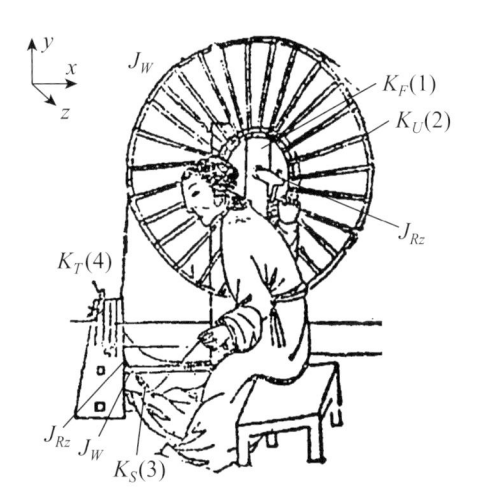

(a) 插圖－手搖紡車《天工開物》

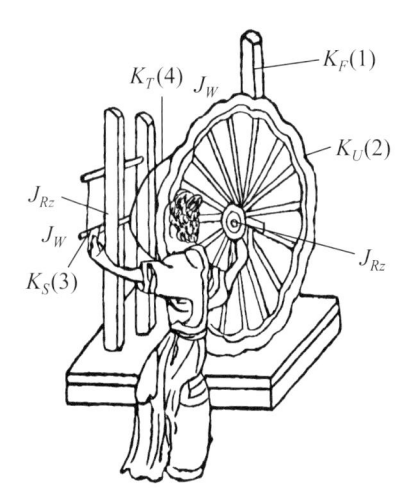

(b) 插圖－緯車《農書》

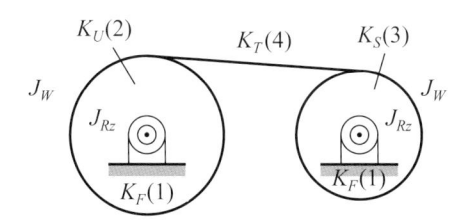

(c) 構造簡圖

(d) 留世實物－手搖紡車 (農業博物館，北京)

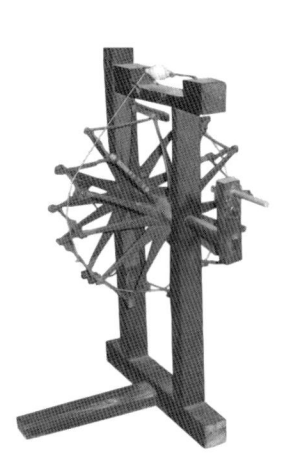

(e) 留世實物－緯車 (農業博物館，北京)

圖 06.14　手搖紡車與緯車

圖，紗線可經由紡車將數根單股紗線絞合成多股紗線。紡紗時，轉動具手柄的大繩輪，經由繩索傳動使得錠子旋轉，進而牽引棉架或紗線捲繞於錠子上。

手搖紡車與緯車皆為 4 桿 4 接頭的傳動機械，包含木機架 (1，K_F)、大繩輪 (2，K_U)、錠子 (3，K_S)、繩索 (4，K_T) 等 4 根機件。在接頭方面，大繩輪以旋轉接頭 (J_{Rz}) 和機架連接，繩索以迴繞接頭 (J_W) 分別和大繩輪與錠子連接，錠子以旋轉接頭 (J_{Rz}) 和機架連接。此為構造確定 (類型 I) 的傳動機械，圖 06.14(c) 為構造簡圖，圖 06.14(d)-(e) 分別為手搖紡車與緯車的實物。

06-3.02　經架

經架 (Silk drawing device) 用於牽引與捲繞蠶絲，乃蠶絲紡紗處理的一道程序。

圖 06.15(a) 為《農書》中經架的插圖，處理此步驟前須先將絲線捲於絲籰。圖

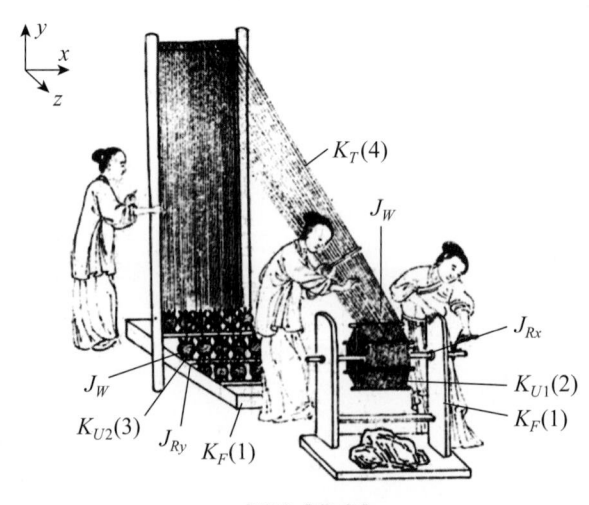

(a) 插圖《農書》

(b) 絲籰《農書》

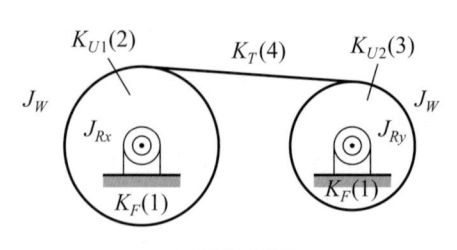

(c) 構造簡圖

圖 06.15　經架

06.15(b) 為《農書》中絲籰的插圖，集多個絲籰一併進行整經。使用時轉動手柄，將絲線由絲籰拉出，繞過木架，並排捲繞於整經架上，即可將眾多絲線收整起來。

經架為 4 桿 4 接頭的傳動機械，包含木機架 (1，K_F)、具手柄的整經架 (2，K_{U1})、絲線 (3，K_{U2})、絲籰 (4，K_T) 等 4 根機件。在接頭方面，整經架以旋轉接頭 (J_{Rx}) 和機架連接，絲線以迴繞接頭 (J_W) 分別和整經架與絲籰連接，而絲籰則以旋轉接頭 (J_{Ry}) 和機架連接。此為構造確定 (類型 I) 的傳動機械，圖 06.15(c) 為構造簡圖。

06-3.03　木棉軠床

木棉軠床 (Cotton drawing device) 用於棉紗線的處理，其功能和構造與用於整理蠶絲的經架相似。

木棉軠床屬構造確定 (類型 I) 的傳動機械，圖 06.16(a) 為《農書》中木棉軠床的插圖，圖 06.16(b) 為構造簡圖。

(a) 插圖《農書》　　　(b) 構造簡圖

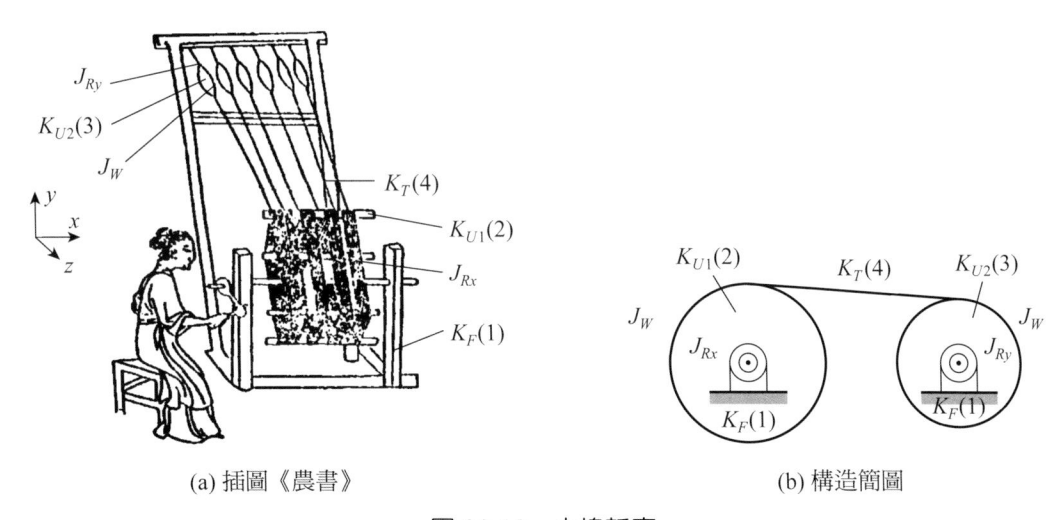

圖 06.16　木棉軠床

06-3.04　腳踏紡車

腳踏紡車 (Foot-operated spinning device) 以腳踏帶動大繩輪，取代手搖驅動方式，空出的雙手可使紡紗更有效率且提升紗線品質。腳踏紡車出現在各種紡織類專著，且有許多不同的名稱，包含木棉線架、小紡車、木棉紡車等，其功能是將一或數根蠶絲、棉線、或麻縷纖維，透過撚揉合股成線，並將紡成的紗線捲繞收集於錠子上。

圖 06.17(a)-(d) 分別為《天工開物》與《農書》中各種腳踏紡車的插圖，由於繪製不清楚，踏桿與大繩輪之間，可能另有一根連桿 (6, K_L) 傳遞踏桿的動力，驅使大繩輪旋轉，因此腳踏紡車屬於構造不確定 (類型 III) 的傳動機械。

經由史料研究，歸納出構造特性如下：

01. 為 5 桿或 6 桿的傳動機械。
02. 踏桿 (K_{Tr}) 為雙接頭桿，以不確定 w 接頭和機架 (K_F) 連接。
03. 踏桿 (K_{Tr}) 以不確定接頭和連接桿 (K_L) 或大繩輪 (K_U) 連接。
04. 大繩輪 (K_U) 為參接頭桿，以旋轉接頭 (J_{Rz}) 及迴繞接頭 (J_W) 分別和機架 (K_F) 與繩線 (K_T) 連接。
05. 錠子 (K_S) 為雙接頭桿，以旋轉接頭 (J_{Rz}) 及迴繞接頭 (J_W) 分別和機架 (K_F) 與繩線 (K_T) 連接。

基於"古機械復原設計法"，及歸納出的構造特性，透過指定不確定接頭 J_1 (J_{Rxyz}、$J_{Rxy}^{P_z}$)、J_5 (J_{Rx}、$J_{Rx}^{P_z}$、$J_{Rxy}^{P_z}$、J_{Rxyz})、J_6 (J_{Rxyz}、$J_{Rxy}^{P_z}$)、J_8 (J_{Rxz}、J_{Rxyz})、及 J_9 (J_{Rxz}、J_{Rz}) 的可能類型，並考慮運動與功能的要求後，解密出 13 種滿足古代工藝技術水平的可行復原設計，圖 06.18(a)-(m) 為三維模型 [15]。另，圖 06.17(e) 為圖 06.17(a)《天工開物》腳踏紡車的電腦建模。

06-3.05　皮帶傳動紡車

13 世紀的宋末元初時期，最先進的紡紗機械是用人力、畜力、水力作為原動力的大紡車，最初用於麻縷加撚與合線，之後用於蠶絲加工。

圖 06.19(a)-(b) 分別為《農書》中**肌力大紡車** (Muscle power spinning device) 與**水轉大紡車** (Hydraulic spinning device) 的插圖，基本構造相同，皆為皮帶傳動的應用。由於插圖中有多處不清楚，無法得知機件的確切數目，以及機件之間的組合與傳動關係，此織具亦屬於構造不確定 (類型 III) 的傳動機械。圖 06.20(a) 為張春暉 [33] 等人的復原概念，可協助釐清皮帶傳動紡車的構造。

皮帶傳動紡車的主要組成，包含機架、2 個帶輪、傳動皮帶、數個錠子、具旋鼓的紗框、及紗線。以人力、畜力、或水力轉動左側的主動帶輪，透過傳動皮帶驅動紗框與錠子，完成加撚與捲繞麻縷。依功能分類，皮帶傳動紡車可分為帶輪皮帶傳動、紡紗錠子傳動、帶輪紗框傳動等三組子機構，以下分別說明之。

| 第 06 章 | 紡織機械   117

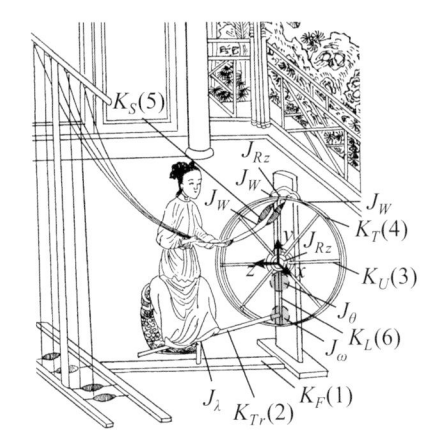

(a) 插圖－腳踏紡車《天工開物》

(b) 插圖－木棉線架《農書》

(c) 插圖－小紡車《農書》

(d) 插圖－木棉紡車《農書》

(e) 電腦建模－腳踏紡車 [15]

圖 06.17　腳踏紡車

118　古中國傳動機械解密

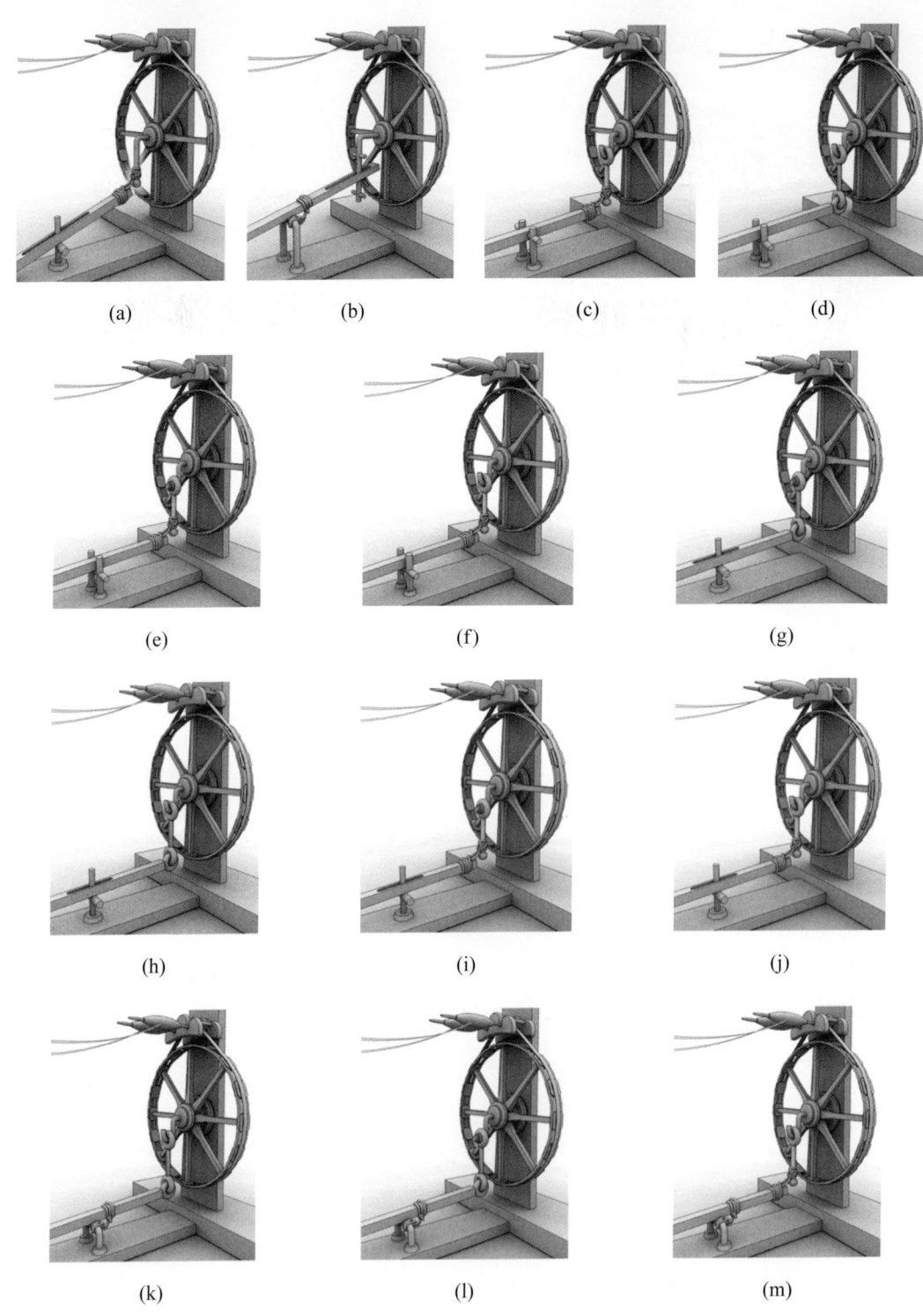

(a)　(b)　(c)　(d)

(e)　(f)　(g)

(h)　(i)　(j)

(k)　(l)　(m)

圖 06.18　復原設計：三維模型－腳踏紡車 [15]

(a) 插圖－人力或畜力大紡車《農書》　　　(b) 插圖－水轉大紡車《農書》

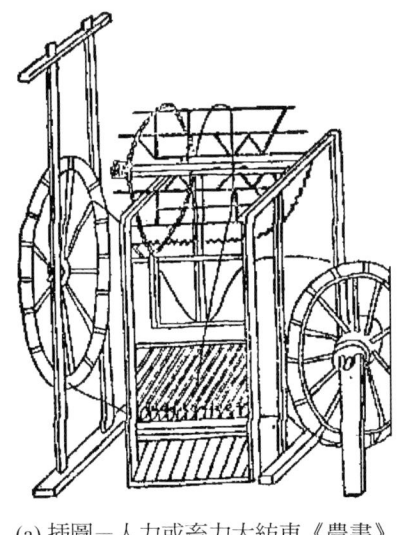

圖 06.19　皮帶傳動紡車

帶輪皮帶傳動機構

帶輪皮帶傳動機構包含機架 (1，K_F)、主動帶輪 (2，K_{U1})、從動帶輪 (3，K_{U2})、傳動皮帶 (4，K_{T1}) 等 4 根機件。在接頭方面，主動帶輪以旋轉接頭 (J_{Rz}) 和機架連接，傳動皮帶以迴繞接頭 (J_W) 分別和主動帶輪與從動帶輪連接，從動帶輪則以旋轉接頭 (J_{Rz}) 和機架連接。此為構造確定 (類型 I) 的傳動機械，圖 06.21(a) 為構造簡圖。

紡紗錠子傳動機構

紡紗錠子傳動機構包含機架 (1，K_F)、具旋鼓的紗框 (5，K_{S1})、錠子 (6，K_{S2})、紗線 (7，K_{T2}) 等 4 根機件。在接頭方面，具旋鼓的紗框以旋轉接頭 (J_{Rx}) 和機架連接，錠子以旋轉接頭 (J_{Rz}) 和機架連接，紗線以迴繞接頭 (J_W) 分別和具旋鼓的紗框與錠子連接。此為構造確定 (類型 I) 的傳動機械，圖 06.21(b) 為構造簡圖。

帶輪紗框傳動機構

有關帶輪紗框傳動機構的相關資料過於簡要，且圖 06.20(a) 所示水轉大紡車的繪製不夠清楚，因此屬於構造不確定 (類型 III) 的傳動機械，有以下兩種可能的構造。

第一種可能構造的機件，包含機架 (1，K_F)、與從動帶輪同軸的小帶輪 (3，K_{U2})、具旋鼓的紗框 (5，K_{S1})、繩線 (8，K_{T3}) 等 4 根機件。在從動帶輪軸上，另增製一個與旋鼓配合的小帶輪，並藉由繩線傳動旋鼓，達到帶動紗框的目的。在接頭方面，小帶

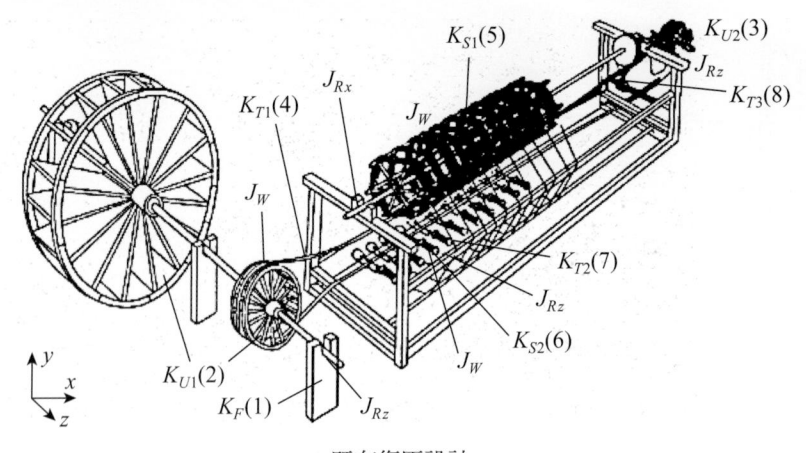

(a) 既有復原設計 [33]

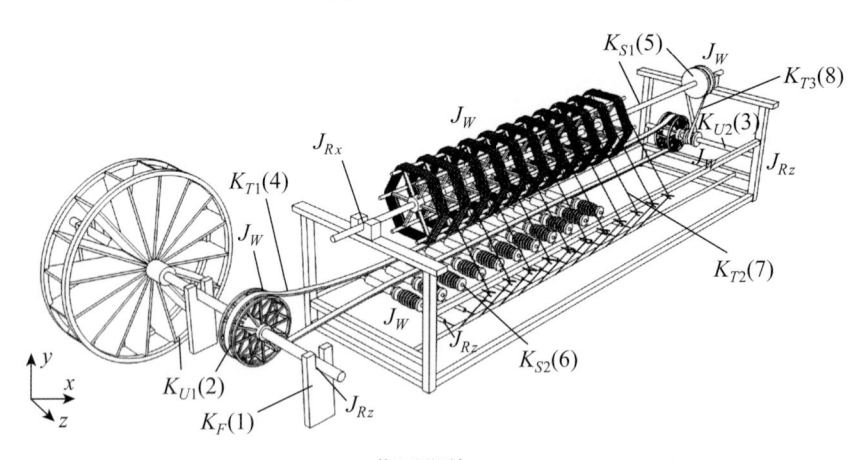

(b) 復原設計 1 [15]

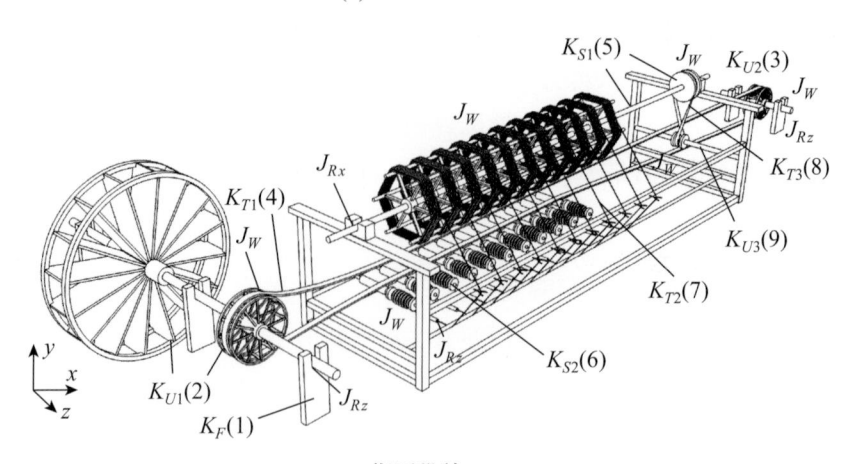

(c) 復原設計 2 [15]

圖 06.20　水轉大紡車

(a) 帶輪皮帶傳動 (類型 I)

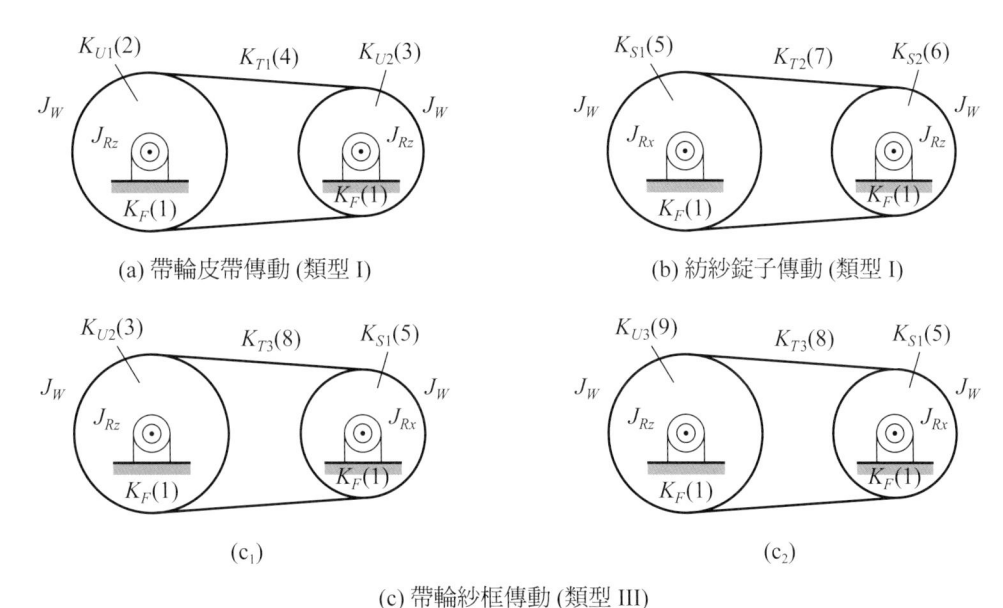

(b) 紡紗錠子傳動 (類型 I)

(c₁)

(c₂)

(c) 帶輪紗框傳動 (類型 III)

圖 06.21　可行設計—皮帶傳動紡車構造簡圖

輪以旋轉接頭 (J_{Rz}) 和機架連接，繩線以迴繞接頭 (J_W) 分別和小帶輪與旋鼓連接，旋鼓則以旋轉接頭 (J_{Rx}) 和機架連接。圖 06.21(c₁) 為構造簡圖，圖 06.20(b) 為對應的復原設計 1。

第二種可能構造的機件，包含為機架 (1，K_F)、具旋鼓的紗框 (5，K_{S1})、繩線 (8，K_{T3})、新增獨立帶輪 (9，K_{U3}) 等 4 根機件。傳動皮帶磨擦新增獨立帶輪，並經由繩線傳動，達到帶動紗框的目的。在接頭方面，獨立帶輪以旋轉接頭 (J_{Rz}) 和機架連接，繩線以迴繞接頭 (J_W) 分別和獨立帶輪與旋鼓連接，旋鼓則以旋轉接頭 (J_{Rx}) 和機架連接。圖 06.21(c₂) 為構造簡圖，圖 06.20(c) 為對應的復原設計 2。

06-4　織布機 Weaving Machine

織布的織具稱為**織布機** (Weaving machine)，有斜織機與提花機兩種，以下分別介紹其傳動機械。

06-4.01　斜織機

斜織機 (Foot-operated slanting loom) 又稱**平織機、腰機、布機、臥機**，透過踏板

傳動繩索與連桿，達到開啟梭道的目的，以利織布工作的進行，是古中國織布機械的典型設計。圖 06.22(a)-(c) 分別為《天工開物》與《農書》中斜織機的插圖。

織布的程序包含開啟梭道、投緯、壓緯、及捲布四個步驟。斜織機由腳踏提綜機構、壓緯機構、捲布機構等三個子機構來完成織布的程序，作出平織布紋。圖 06.23 為斜織機的組成與分類。經線一端捲繞於經線卷上，另一端穿過綜線的綜眼孔，綜架則包含上綜框、下綜框、及具有綜眼孔的綜線。織布者踩踏板，經由傳動索與天平桿的帶動，使得綜架在腳踏提綜機構中產生上升或下降的運動。綜架上升或下降綜線時，也使經線上升或下降，梭道隨著產生。緯線置於梭中，梭的兩端成尖頭，以利投梭穿過梭道口。投梭時，緯線落在經線上。每次投梭後，須用壓緯機構的壓緯桿壓緊緯線，使緯線成為織布的一部分。隨著織布的操作，新製成的織布須捲繞於布卷，經線也須從經架上同時釋放。

古中國的斜織機可依踏板(躡)與綜框的數目分為雙躡單綜、單躡單綜、單躡半綜、雙躡雙綜等四類，以下分別說明之：

01. 雙躡單綜

組成包含機架、2 個踏板、綜框、天平桿、壓緯桿、經線卷、布卷、及機件間傳動用的繩索，圖 06.23(a)。此型態中，傳動索 1、上綜框、綜線、下綜框、及傳動索 1-1 可視為同一機件，並與天平桿和踏板連接。

02. 單躡單綜

有兩種型態。一是由上述雙躡單綜型的斜織機，去掉傳動索 2 與踏板 2，稱為單躡單綜 1 型，圖 06.23(b_1)；此型態中，傳動索 1、上綜框、綜線、下綜框、及傳動索 1-1 可視為同一機件，並與踏板和天平桿連接。另一是雙躡單綜型斜織機去掉傳動 1-1 與踏板 1，稱為單躡單綜 2 型，圖 06.23(b_2)；此型態中，傳動索 1、上綜框、綜線、及下綜框可視為同一機件，並與天平桿和經線連接，由於經線固定不動，可視為機架的一部分。

03. 單躡半綜

由上述的雙躡單綜型斜織機，去掉下綜框、傳動索 1-1、及踏板 1，成為單躡半綜型，圖 06.23(c)。此型態中，傳動索 1、上綜框、及綜線可視為同一機件，並與天平桿和經線連接，由於經線固定不動，可視為機架的一部分。

04. 雙躡雙綜

由上述的雙躡單綜型斜織機，於傳動索 2 上加置 1 組綜架，成為雙躡雙綜型，圖 06.23(d)。

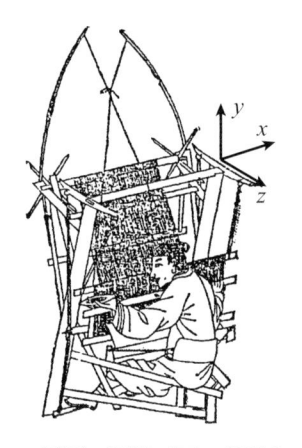

(a) 插圖－腰機《天工開物》

(b) 插圖－布機《農書》

(c) 插圖－臥機《農書》

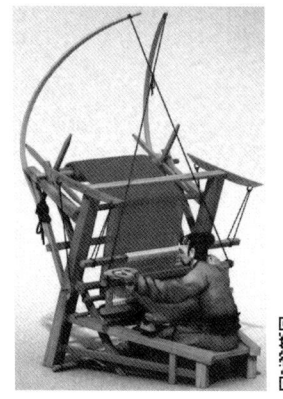

(d) 電腦建模與動畫模擬－腰機 [15，陳羽薰]

(e) 留世實物－雙躡雙綜型斜織機 (南通紡織博物館，江蘇)

圖 06.22 斜織機

(a) 雙躡單綜

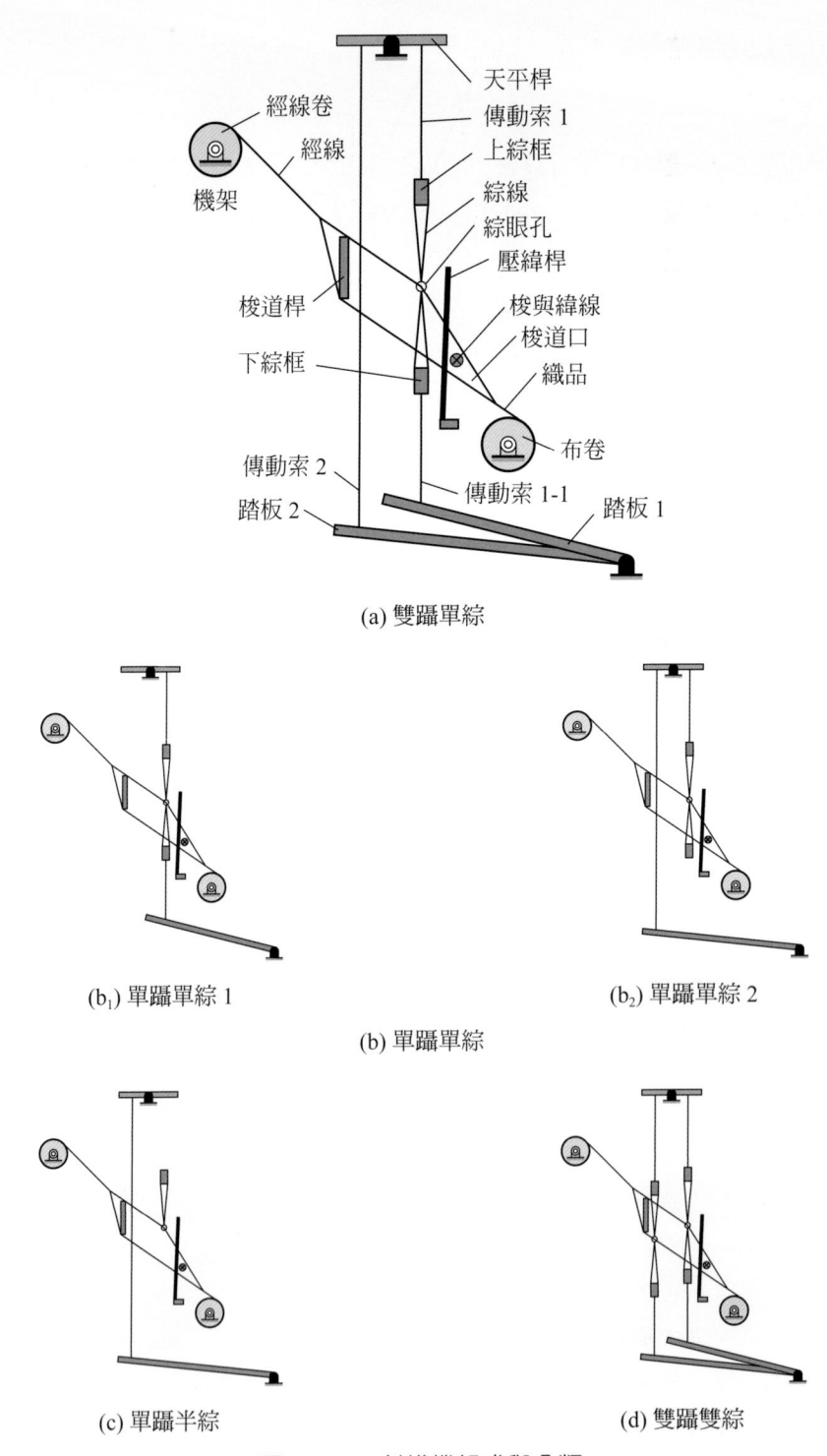

(b₁) 單躡單綜 1　　　(b₂) 單躡單綜 2
(b) 單躡單綜

(c) 單躡半綜　　　　(d) 雙躡雙綜

圖 06.23　斜織機組成與分類

以下分別說明腳踏提綜機構、壓緯機構、及捲布機構。

腳踏提綜機構

　　織布的品質與梭道的開合有直接的關係，腳踏提綜機構即是控制梭道的主要組成部分。依斜織機的踏板與綜架數量，可分為五種基本類型。最簡易的類型屬於四桿機構的單躡單綜 1 型，包含機架、踏板、傳動索、及天平桿；其次，單躡單綜 2 型與單躡半綜為五桿機構，包含機架、踏板、2 條傳動索、及天平桿；雙躡單綜與雙躡雙綜均為六桿機構，包含機架、2 個踏板、2 條傳動索、及天平桿。由於斜織機插圖的繪製中有多處不清楚，如無法得知踏板與傳動索的確切數量，腳踏提綜機構屬於構造不確定 (類型 III) 的傳動機械。

　　經由史料研究，歸納出構造特性如下：

01. 為平面或空間 4 桿、5 桿、或 6 桿的傳動機械。
02. 踏板 1 (K_{Tr1}) 為雙接頭桿，以不確定接頭和機架 (K_F) 連接。
03. 傳動索 1 (K_{T1}) 為雙接頭桿，以線接頭 (J_T) 分別和踏板 1 (K_{Tr1}) 與天平桿 (K_{SL}) 連接。
04. 天平桿 (K_{SL}) 以不確定接頭和機架 (K_F) 連接。
05. 傳動索 2 (K_{T2}) 為雙接頭桿，以線接頭 (J_T) 分別和天平桿 (K_{SL}) 與踏板 2 (K_{Tr2}) 連接。
    在單躡單綜 2 型與單躡半綜型態中，一條傳動索以線接頭 (J_T) 及滑行接頭 (J_{Pyz}) 分別和天平桿 (K_{SL}) 與機架 (K_F) 連接。
06. 踏板 2 (K_{Tr2}) 為雙接頭桿，以不確定接頭和機架 (K_F) 連接。

　　基於"古機械復原設計法"，及歸納出的構造特性，透過指定不確定接頭 J_1 (J_{Rx}、J_{Rz}、及 J^{Py})、J_2 (J_{Rx} 與 J_{Rz})、及 J_3 (J_{Rx}、J_{Rz}、及 J^{Py}) 的可能類型，考慮運動與功能的要求後，解密出 19 種滿足古代工藝技術水平的可行復原設計，圖 06.24(a)-(s) 為三維模型。

壓緯機構

　　為使織品的構造密實，在每一道穿梭的步驟之後，須使用壓緯桿將緯線壓實。最簡易的壓緯機構為僅包含機架與壓緯桿的二桿機構。若以一根竹子作為撓性元件，讓壓緯桿使用後回復原位，則此壓緯機構可為三桿機構，包含機架、壓緯桿、及作為彈性元件的竹子。壓緯機構中亦可加入一至二根連接桿，成為三桿或四桿的機構，組成包含機架、壓緯桿、及一或二根連接桿。據此，斜織機的壓緯機構，亦屬於構造不確定 (類型 III) 的傳動機械。

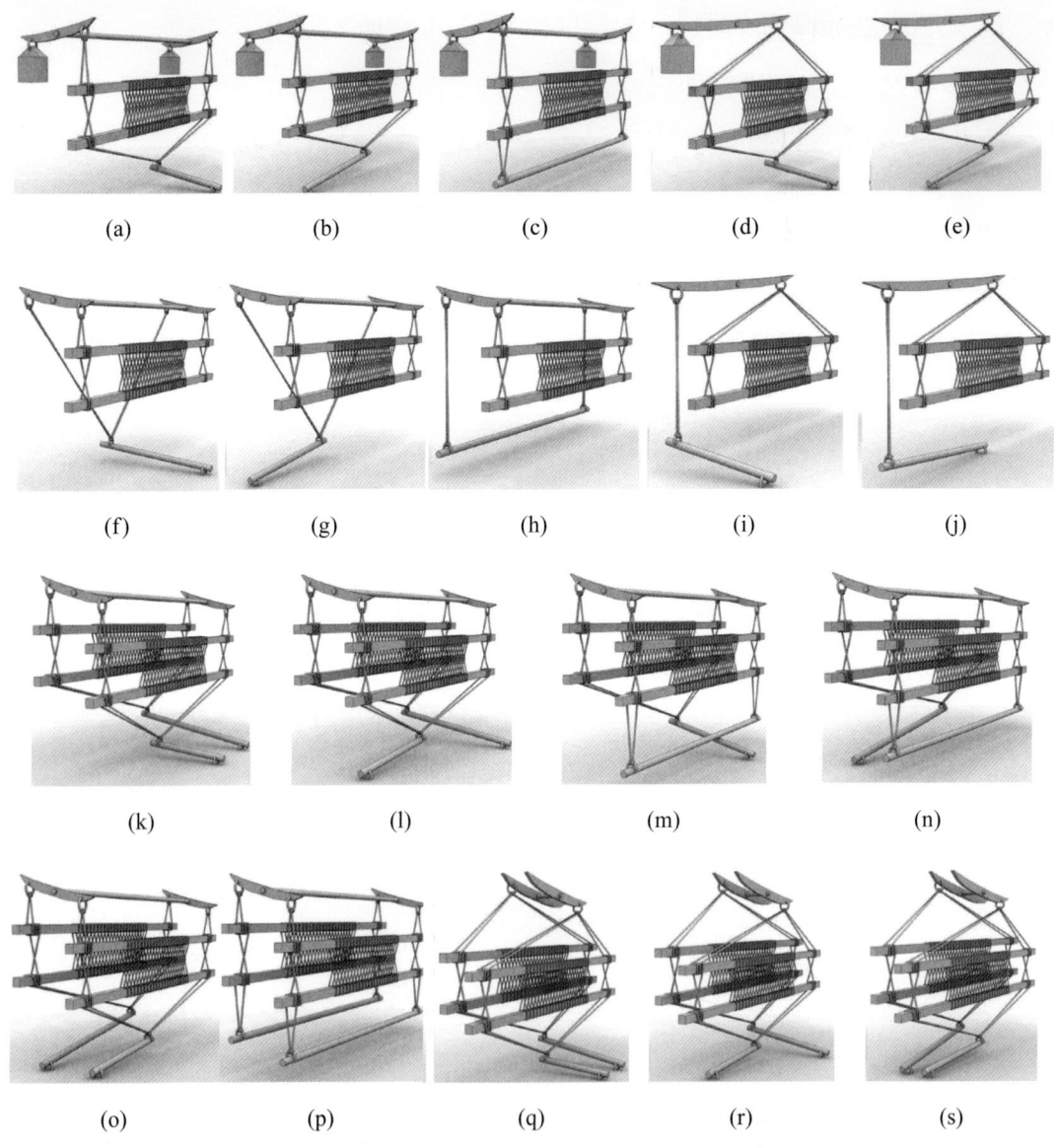

圖 06.24　復原設計：三維模型－斜織機腳踏提綜機構 [15]

經由史料研究，歸納出構造特性如下：

01. 為一平面 2 桿 (1、7)、3 桿 (1、7、8)、或 4 桿 (1、7、8、9) 的傳動機械。
02. 壓緯桿 (K_{RC}) 為雙接頭桿，以不確定接頭和機架 (K_F) 或竹子 (K_{BB}) 連接。
03. 竹子 (K_{BB}) 為雙接頭桿，以竹接頭 (J_{BB}) 及不確定接頭分別和機架 (K_F) 與壓緯桿 (K_{RC}) 連接。

04. 連接桿為雙接頭桿，以不確定接頭和機架 (K_F) 連接。

基於"古機械復原設計法"，及歸納出的構造特性，透過指定不確定接頭 J_4、J_5、J_6、及 J_7 (J_{Rx}、J_T)、J_8 (J_{Rx})、J_9 與 J_{10} (J_{Rx}、$J_{Rx}^{P_z}$)、J_{11}、J_{12}、及 J_{13} (J_{Rx}) 的可能類型，考慮運動與功能的要求後，解密出 12 種滿足古代工藝技術水平的可行復原設計，圖 06.25(a)-(l) 為三維模型。

捲布機構

為使斜織機上的經線維持張緊的狀態，並收集完成經緯交織的布匹，設置捲布機

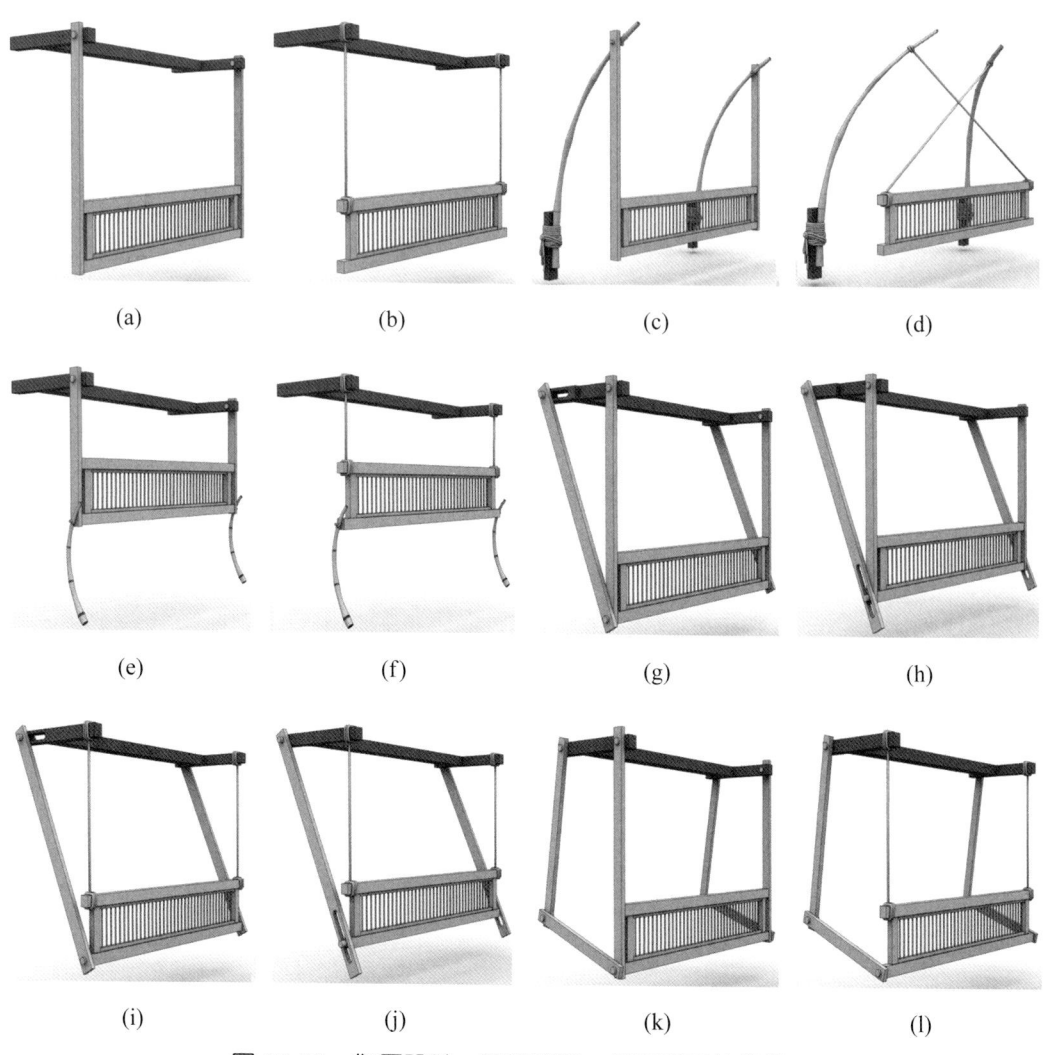

圖 06.25　復原設計：三維模型—斜織機壓緯機構 [15]

構，構造包含機架 (1，K_F)、經線卷 (2，K_{U1})、布卷 (3，K_{U2})、經線 (4，K_T) 等 4 根機件。在接頭方面，經線卷以旋轉接頭 (J_{Rx}) 與機架連接，經線以迴繞接頭 (J_W) 分別和經線卷與布卷連接，布卷則以旋轉接頭 (J_{Rx}) 和機架連接。此為構造確定 (類型 I) 的傳動機械，圖 06.26 為構造簡圖。

再者，圖 06.22(d) 為《天工開物》中腰機的電腦建模與動畫模擬，圖 06.22(e) 則為雙躡雙綜型斜織機的實物。

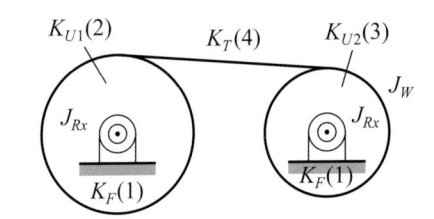

圖 06.26　構造簡圖－斜織機捲布機構

06-4.02　提花機

提花機 (Drawloom for pattern-weaving) 又稱**花機 (子)**，是一種可以織出複雜花紋圖樣的大型織布機。圖 06.27(a)-(b) 分別為《天工開物》與《農書》中提花機的插圖。

斜織機是以踏板控制綜架的升降，作出梭道口以便緯線穿過，達到經緯線垂直交織的目的；而提花機是在此基礎上，增加數組以手拉線提取經線作出梭口的機構。這種機構直接以線取代綜架，按照織布的花紋要求，將經紗分為數百至數千組，把升降運動相同的線串在一起，成為一組束綜，並藉由手拉束綜與腳踩踏板分別控制梭道口的形成，織出具有複雜圖形的織布。提花機的操作，需要 2 名織工同時作業，一人位於織機的下方，負責投梭穿緯與壓緯捲布的工作；另一人位於織機上方，藉由提拉束綜控制織布的花紋圖樣。

提花機的構造相當複雜，長度超過 4 公尺，並有數以千計的零組件，基本組成如圖 06.28 所示。依功能分類，可分為腳踏降綜機構、腳踏提綜機構、手拉經線機構、壓緯機構、及捲布機構等五組子機構，以下分別說明之。

腳踏降綜機構

腳踏降綜機構的功能是經由腳踩踏板，帶動傳動索與天平桿，使得綜架產生下降運動。最簡單的設計為四桿的裝置，圖 06.28，包含機架、踏板、具有綜架的傳動

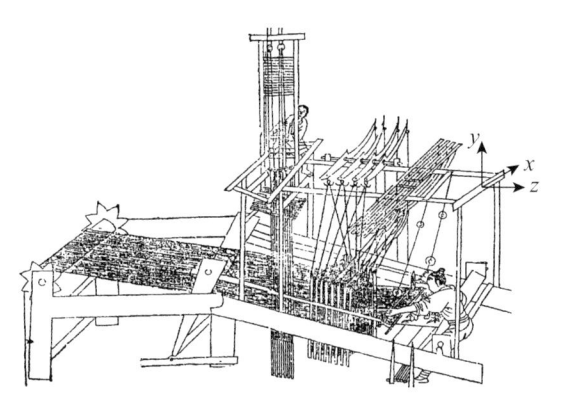

(a) 插圖－花機《天工開物》 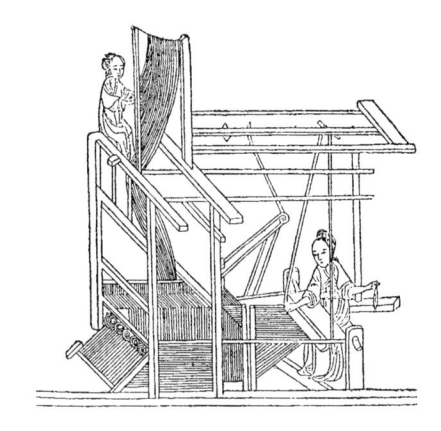　　　　　　(b) 插圖－織機《農書》

(c) 電腦建模 [15] 　　　　　　　　　　　(d) 實物 (南通紡織博物館，江蘇)

圖 06.27　提花機

索、及天平桿。天平桿以重物或藉由竹子的彈性，使得綜架在下降後，可以回到原來的位置。

為了編織複雜的圖形，需要增加腳踏降綜機構，使經線產生所需的運動；然而，增加數組機構，會使得踏板在有限空間中的配置形成問題。為解決此問題，可藉由增加一條傳動索或一組傳動索與天平桿，調整踏板位置。根據史料記載與插圖表示，腳踏降綜機構屬於構造不確定 (類型 III) 的傳動機械。

經由史料研究，歸納出構造特性如下：

01. 為一平面或空間 4 桿、5 桿、或 6 桿的傳動機械。
02. 踏板 (K_{Tr}) 為雙接頭桿，以不確定接頭和機架 (K_F) 連接。

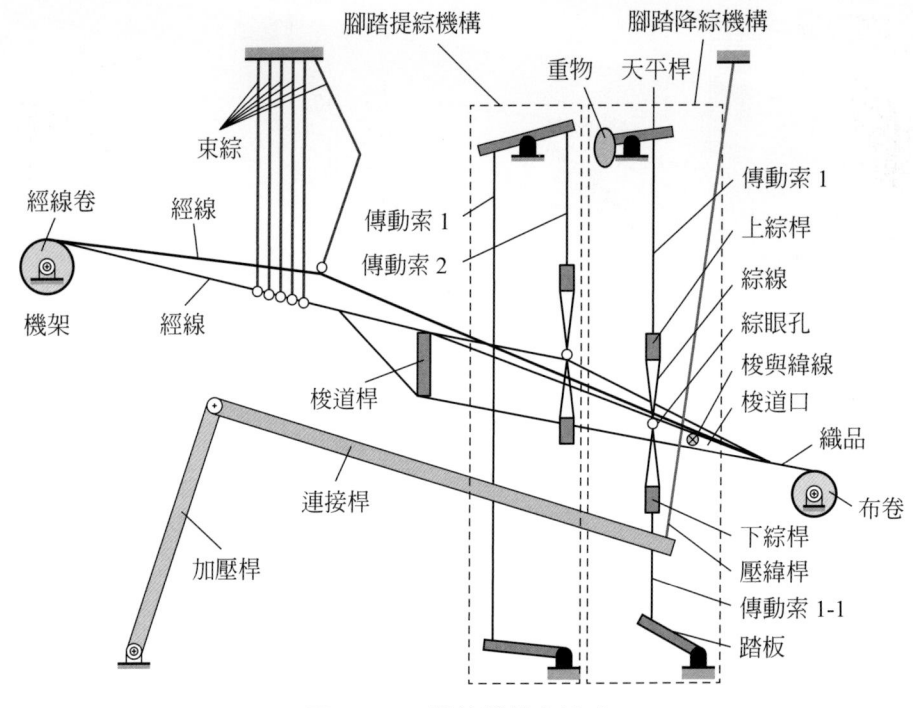

圖 06.28　提花機基本組成

03. 傳動索 1 (K_{T1}) 為雙接頭桿，以線接頭 (J_T) 分別和踏板 (K_{Tr}) 與天平桿 (K_{SL}) 連接。
04. 天平桿 (K_{SL}) 以不確定接頭和機架 (K_F) 連接。
05. 傳動索 2 (K_{T2}) 為雙接頭桿，以線接頭 (J_T) 及滑動接頭 (J^{Pyz}) 分別和天平桿 (K_{SL}) 與機架 (K_F) 連接。

基於"古機械復原設計法"，及歸納出的構造特性，透過指定不確定接頭 J_1 (J_{Rx}、J_{Rz})、J_2 (J_{Rz}、J_{BB})、及 J_3 (J_{Rz}、J_{BB}) 的可能類型，考慮運動與功能的要求後，解密出 16 種滿足古代工藝技術水平的可行復原設計，圖 06.29(a)-(p) 為其三維模型。

腳踏提綜機構

腳踏提綜機構的功能是經由腳踩踏板，帶動傳動索與天平桿，使得綜架產生上升的運動。最簡單的設計為五桿的裝置，圖 06.28，包含機架、踏板、傳動索 1、天平桿、及具有綜架的傳動索 2。

為了編織複雜的圖形，需要增加腳踏提綜機構，使經線產生所需的運動；然而，增加數組機構，亦會使得踏板在有限空間中的配置形成問題。為解決此問題，可藉由增加一組雙接頭的傳動索及多接頭的天平桿，調整踏板位置。根據史料記載與插圖表

| 第 06 章 | 紡織機械　131

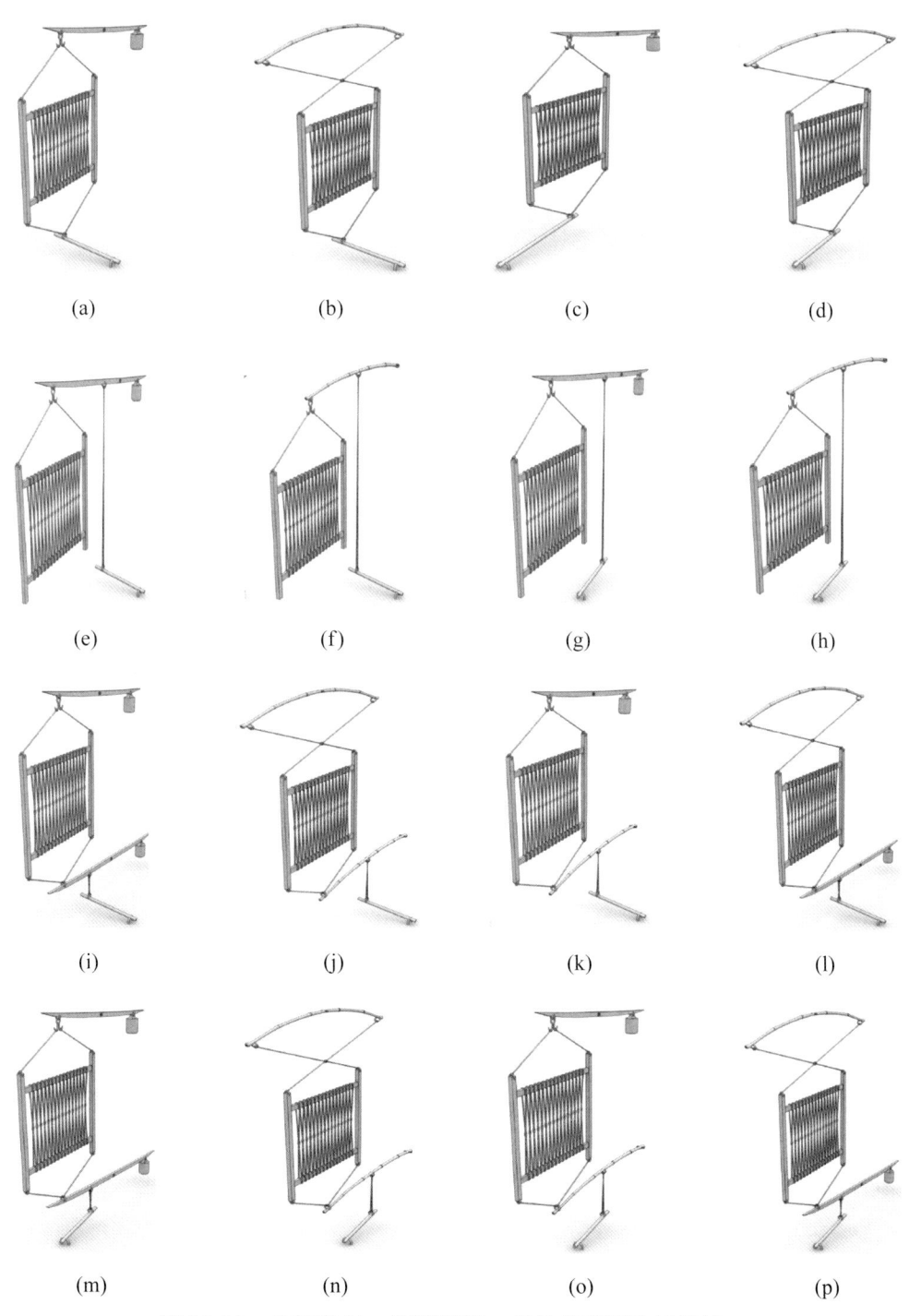

(a)　(b)　(c)　(d)

(e)　(f)　(g)　(h)

(i)　(j)　(k)　(l)

(m)　(n)　(o)　(p)

圖 06.29　復原設計：三維模型－提花機腳踏降綜機構 [15]

示,腳踏提綜機構屬於構造不確定(類型 III)的傳動機械。

經由史料研究,歸納出構造特性如下:

01. 為一平面或空間 5 桿或 7 桿的傳動機械。
02. 踏板 (K_{Tr}) 為雙接頭桿,以不確定接頭和機架 (K_F) 連接。
03. 傳動索 1 (K_{T1}) 為雙接頭桿,以線接頭 (J_T) 分別和踏板 (K_{Tr1}) 與天平桿 (K_{SL}) 連接。
04. 天平桿 (K_{SL}) 以旋轉接頭 (J_{Rz}) 和機架 (K_F) 連接。
05. 傳動索 2 (K_{T2}) 為雙接頭桿,具有綜架時,以線接頭 (J_T) 及滑動接頭 (J^{Pyz}) 分別和天平桿 (K_{SL}) 與機架 (K_F) 連接;不具綜架時,以線接頭分別和天平桿與機架連接。

腳踏提綜機構的作動方式,是將踏板的搖擺運動,經繩索與連桿的傳動,轉換為綜架的上升運動。基於"古機械復原設計法",及歸納出的構造特性,透過指定不確定接頭 J_4 (J_{Rx} 與 J_{Rz}) 的可能類型,考慮運動與功能的要求後,解密出 8 種滿足古代工藝技術水平的可行復原設計,圖 06.30(a)-(h) 為其三維模型。

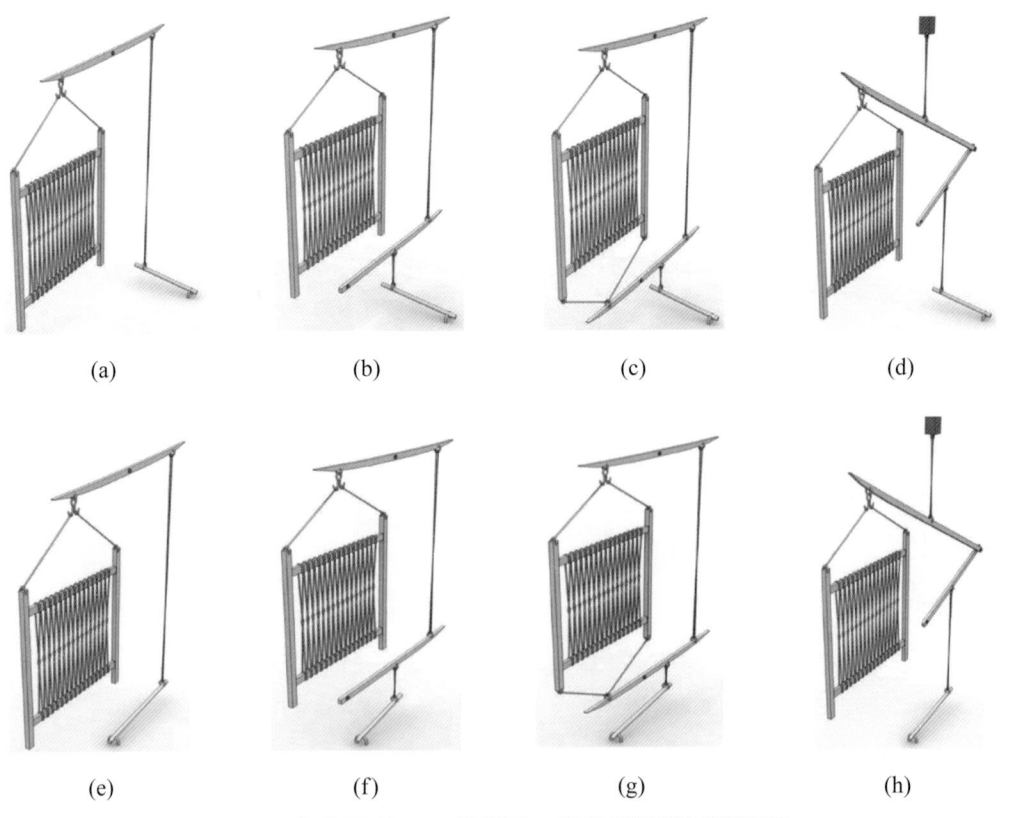

圖 06.30 復原設計:三維模型─提花機腳踏提綜機構 [15]

手拉經線機構

　　手拉經線機構的功能，是直接以手提起經線，用以產生編織複雜圖形所需的梭口。每條經線皆通過位於垂直面上具有環圈的綜線，按照花紋要求，把升降運動相同的綜線串在一起，分成數百至數千組的束綜。位於提花機上方的織工，根據花紋需要依序提拉束綜，以利另一織工投梭穿緯。

　　手拉提經機構為 2 桿 1 接頭的傳動機械，包含機架 (1，K_F) 與數組束綜 (2，K_{HT})，由於經線固定不動，可視為機架的一部分；束綜以線接頭 (J_T) 及滑動接頭 (J^{Pyz}) 分別和機架與經線連接。此為構造確定 (類型 I) 的傳動機械，圖 06.31 為構造簡圖。

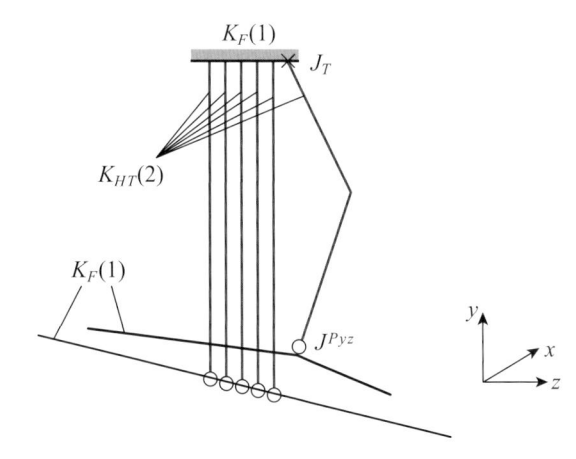

圖 06.31　構造簡圖－提花機手拉經線機構

壓緯機構

　　壓緯機構的功能是壓緊緯線，使緯線成為織布的一部分，有各種類型 (第 06-4.01 節)。由於提花機所織的織品較為複雜，需使緯線更為緊密才能織出精美圖形，因此提花機使用四連桿型的壓緯機構，屬於構造確定 (類型 I) 的傳動機械，圖 06.25(k)。藉由木製連桿本身的重量，使織工更有效率地進行壓緯動作。

捲布機構

　　捲布機構的功能為維持經線張緊狀態，並收集完成經緯交織的布匹，與第 06-4.01 節斜織機中的設計相同，皆為 4 桿 4 接頭的傳動機械，屬於構造確定 (類型 I) 的設計，圖 06.26 為構造簡圖。

　　綜上所述，圖 06.27(c) 為《天工開物》中提花機的電腦建模，而圖 06.27(d) 則為提花機的實物。

第 07 章

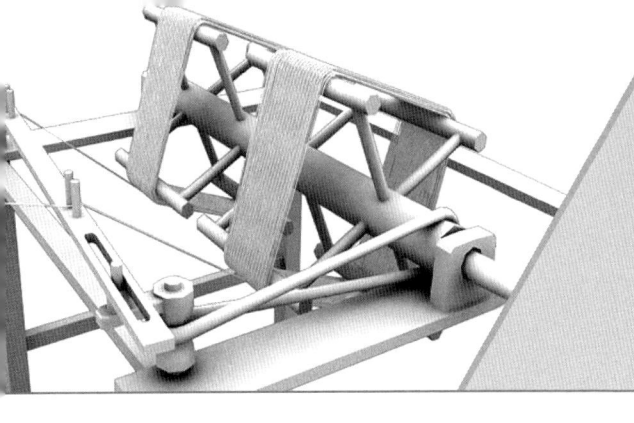

水排
Water-Driven Wind Box

石器時代的古中國,以石頭、骨頭、木頭作為製作工具的材料。4000 多年前,開始從天然礦石中提煉出不同的金屬材料,生產出性能遠優於自然銅的黃銅;約前 8 世紀的西周晚期,已有最早人工冶鐵的高爐;春秋戰國時期 (前 770-前 221 年),冶煉出生鐵,並開始製造鋼質兵器;漢代 (前 202-220 年),炒鋼技術成熟。金屬的使用,製作出高性能的工具、農具、兵器、以及重要的機械零組件,是機械工藝技術演進的里程碑。

早期用於冶鐵的鼓風設備用人力鼓動,叫**人排**;繼而用畜力鼓動,因大多用馬,故叫**馬排**。31 年,東漢杜詩改用水力鼓風,稱為水排 (第 07-1.03 節),即水力鼓風機,是古中國重要的機械發明。利用馬排與水排鼓風,提高了金屬冶煉的爐溫與質量,使鐵的應用更為普及。另,13 世紀,歐洲才使用水排鼓風。

本章說明水排的歷史發展及其傳動機械,主要為復原解密接頭類型不確定 (類型 II) 的臥輪式水排,以及構造不確定 (類型 III) 的立輪式水排 [15, 39]。

07-1 歷史發展 Historical Development

冶金 (Metallurgy) 是依靠強制送風來增加風量、提高爐溫,其技術的發展關鍵是鼓風設備,包括風管及產生風的鼓風器 (Blower)。最早的鼓風方式為用人力吹風或扇風,其後發展出橐皮 (橐)、木風扇、活塞風箱、及水力驅動的水排,以下分別說明之。

07-1.01 皮橐

皮橐 (Leather blower) 是獸皮所製的鼓風器。早期的鼓風器是用牛皮或馬皮製成的**風袋皮囊** (Leather bag),古中國稱為橐,外接風管,利用人力作動皮囊的脹縮來鼓風，使空氣通過輸風管進入熔煉爐中。圖 07.01(a) 為山東滕縣出土漢代冶鐵的畫像石，有單橐作業的畫面，圖 07.01(b) 為一近代復原模型。

(a) 漢代石畫皮橐 (山東滕縣)　　　　(b) 復原模型 (歷史博物館，北京)
圖 07.01　橐

至遲於戰國時期 (前 453-前 221 年)，就有爐子用好幾個橐排放在一起的設計，名為**橐籥**，漢代 (前 202-220 年) 稱為**排橐**或**排囊**。籥原指口吹管樂器，在此借喻為橐的輸風管。

漢代的古籍中，論及橐籥者不少。此外，《道德經・第五章》(前 475-前 221 年) 載：「天地之間，其猶"橐籥"乎？虛而不屈，動而愈出。」用橐比喻空間，皮橐內充滿空氣而不塌縮，拉動其體又能將其內空氣壓出。

07-1.02　風箱

風箱 (Wind box) 是壓縮空氣來產生氣流的裝置，亦是古中國常見的鼓風冶金設備，經由人力推拉活塞，加大空氣壓力，以及自動開閉活門，連續供給較大的風壓與風量。

《墨經・卷十四・備穴》(前 490-前 221 年) 載：「具鑪橐，橐以牛皮，鑪有兩缶，以"橋"鼓之百十，每亦熏四十什，然炭杜之，滿鑪而蓋之，毋令氣出。」其中的**"橋"**，應是一種用來鼓動橐、樣子像橋的連桿機構，也可能是風箱的前身。

木扇是木頭製作的箱形鼓風器。皮囊鼓風器發展到唐宋時代 (618-1279 年)，逐漸為懸扇式鼓風器的木扇風箱所代替，形狀如《武經總要》(1044 年) 的行爐圖所示，圖 07.02(a)。該扇板上裝有兩根拉桿，並鑿有兩個小方孔，拉桿拉動扇板作壓縮與擴張的擺動運動。壓縮時，進氣門關閉，木箱內的氣體排出；扇板擴張時，木箱內成真空，進氣門開啟，空氣進入。這種風箱雖製作容易，但風量有限，為克服此缺點出現了雙扇式風箱，如敦煌榆林窟西夏 (1038-1227 年) 的壁畫所示，圖 07.02(b)。該風箱靠木質箱體上木板的啟閉運動，造成斷續氣流；為了得到足夠的風力，扇風板比人高，然鼓風效率可能較低。另，《農書》(1313 年) 的臥輪式水排及《熬波圖》(陳椿，1293-1335 年) 中，也繪有鑄鐵用回拉桿雙木扇門風箱，圖 07.02(c)；其後，這種木扇風箱以水力驅動，提高效率。

(a) 插圖《武經總要》　　　　　　(b) 西夏壁畫鍛鐵圖 (敦煌榆林窟)

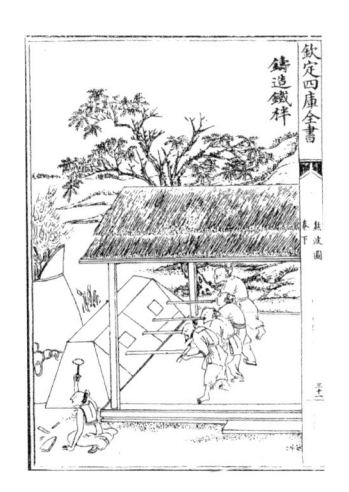

(c) 插圖《熬波圖》
圖 07.02　木扇風箱

古中國有關風箱最早的文字記載，應屬《魯班經》(午榮；明代，1368-1644 年)；此外，《天工開物》(1637 年) 中至少有 13 張以上的插圖有鼓風器的出現，圖 07.03(a) 為其中之一，是個 2 桿 1 接頭的平面傳動機械，包含箱體機架 (1，K_F)，外部的推桿與內部的活塞沒有相對運動，可視為同一機件 (2，K_P)，活塞以滑行接頭 (J^{Px}) 和機架連接，屬構造確定 (類型 I) 的傳動機械，圖 07.03(b) 為構造簡圖。

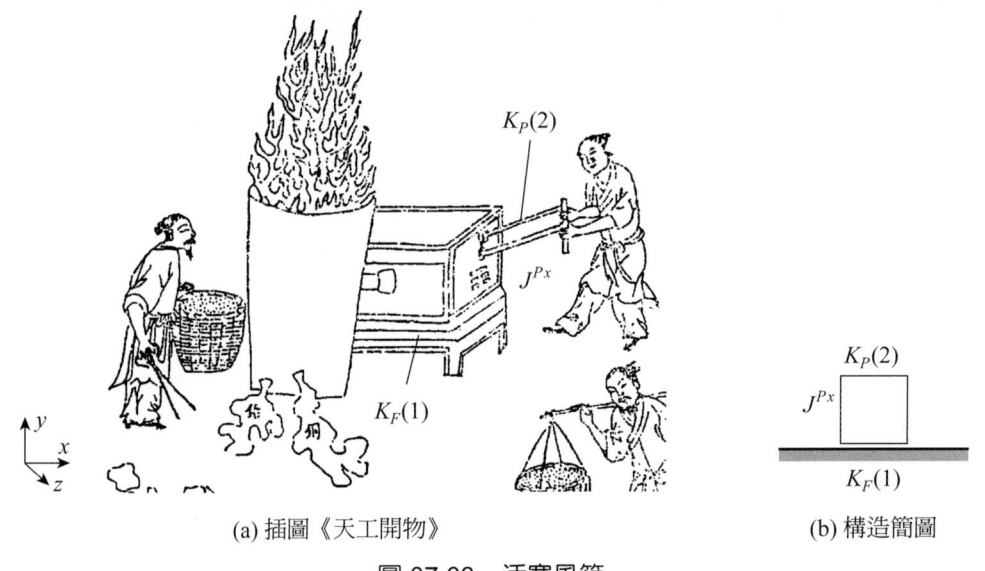

(a) 插圖《天工開物》　　　　　　　(b) 構造簡圖

圖 07.03　活塞風箱

據李約瑟考證 [05]，《演禽斗數三世相書・卷二》(袁天罡，583-665 年) 的打鐵圖與鍛銀插圖中，有鍛爐用的木風箱，圖 07.04；從該書的文字與插圖推斷，木風箱的產生時間不晚於南宋 (1127-1279 年)。再者，《武經總要》(1044 年) 猛火油櫃與消防噴水唧筒的插圖中，亦可看到活塞。由於活塞是木風箱的核心零件，可間接佐證南宋之前已有活塞式木風箱的推斷。

圖 07.04　鍛爐木風箱《演禽斗數三世相書》

宋代 (960-1279 年) 發明的雙動活塞風箱，是一種配有活塞板與拉桿的箱形裝置，於推拉過程中都可以鼓風。另，西方於 16 世紀才用雙動活塞風箱。

用皮囊鼓風，風量與風壓不會很大；用木扇鼓風，風量雖增大，但因密封性差，風壓無法很大；此外，皮囊與木扇送風的間隙大，效率低。活塞風箱的出現，克服了上述缺點，省力且效率高，很快得到普及應用。

07-1.03　水排 (水力鼓風機)

31 年，東漢 (25-220 年) 初年的南陽太守杜詩 (前 ?-38 年)，利用**水排** (Water-driven wind box)，即**水力鼓風機**將空氣送入冶鐵爐，鑄造鐵製農具。水排的原動力為水力，通過曲柄連桿機構，將輸入件的旋轉運動，轉換為往復運動輸出。

水排的名稱有個"水"字，是以水為動力之故；有個"排"字，是因常成排使用。另外，從水排鼓風的構造可知，它只能間歇鼓風，為增加送風時間，必須同時使用多個或成排使用，故曰水排。

《後漢書・郭杜孔張廉王蘇羊賈陸列傳》(約 445 年) 載：「(建武) 七年 (31 年)，(杜詩) 遷南陽太守。性節儉而政治清平，以誅暴立威，善於計略，省愛民役。造作"水排"，鑄為農器，用力少，見功多，百姓便之。」西晉陳壽 (233-297 年)《三國志・魏書二十四・韓暨傳》載：「舊時冶作"馬排"，每一熟石 (熟鐵 120 斤) 用馬百匹，更作"人排"，又費功力，暨乃因長流為"水排"，計其利益，三倍於前。在職七年，器用充實。」韓暨 (159-238 年) 是三國曹魏掌管冶鐵的官員。

自漢代 (前 202-220 年) 起，水排雖普遍應用於冶煉生產，但缺乏文獻記載，難以瞭解其具體構造；然，由同一時期的水碓 (第 05-2.03 節) 構造推測，應是一種輪軸拉桿傳動機械。有關水排傳動機械構造的詳細記述，最早見於元代《農書・卷十九》(1313 年) 載：「《集韻》作"橐"與"鞴"，同"韋囊"，吹火也。後漢杜詩為南陽太守，造作"水排"，鑄為農器，用力少而見功多，百姓便之。注云：冶鑄者為排吹炭，令激水以鼓之也。《魏志》載：朝暨，字公至，為樂陵太守，徙監冶謁者。舊時冶，作"馬排"，每一熟石，用馬百匹；更作"人排"，又費工力，暨乃因長流水為"排"，計其利益，三倍於前。由是器用充實。詔褒美，就加司金都尉。以今稽之，此排古用"韋囊"，今用"木扇"。其制：當選湍流之側，架木立軸，作二臥輪；用水激轉下輪，則上輪所週絃索，通繳輪前旋鼓，棹枝一例隨轉；其棹枝所貫行桄，因而推挽臥軸左右攀耳，以及排前直木，則排隨來去，搧冶甚速，過於人力。又此臥輪式水排的插圖有許多不合理、不清楚的地方，例如旋鼓 (4) 上的絃索 (3) 太粗、棹枝 (4) 的位置錯誤、行桄 (5) 兩端的接頭不確定、直木 (7) 穿過另一攀耳 (6) 等。圖 07.05(b) 為劉仙洲 (1890-1975 年) 復原修正的結果 [03]，雖然解決部分構造不清楚的問題，如將絃索 (3) 直徑改細、更正棹枝 (4) 位置、及修改直木 (7) 穿過攀耳 (6) 的問題，並將行桄 (5) 兩端表示為旋轉接頭。但是以旋轉接頭的方式，仍舊存在著行桄 (5) 如何將棹枝 (4) 的旋轉運動轉換成攀耳 (6) 往復搖擺運動的問題。

由歷史文獻的插圖與文字記載，臥輪式水排可判定為機件與接頭數量確定，但是接頭類型不確定 (類型 II) 的傳動機械。

為方便復原解密，將臥輪式水排的傳動機械分為繩索滑輪機構、空間曲柄搖桿機構、平面雙搖桿機構等三組子機構，以下分別說明之：

01. 繩索滑輪機構包含機架 (1，K_F)、一根與下輪和上輪無相對運動的立軸 (2，K_{U1})、一條絃索 (3，K_T)、一個旋鼓 (4，K_{U2}) 等 4 根機件。在接頭方面，桿 2 以旋轉接頭 (J_{Ry}) 和機架 (K_F) 連接，桿 3 以迴繞接頭 (J_W) 分別和桿 2 與桿 4 連接，桿 4 以旋轉接頭 (J_{Ry}) 和機架 (K_F) 連接。圖 07.06(a) 為構造簡圖。

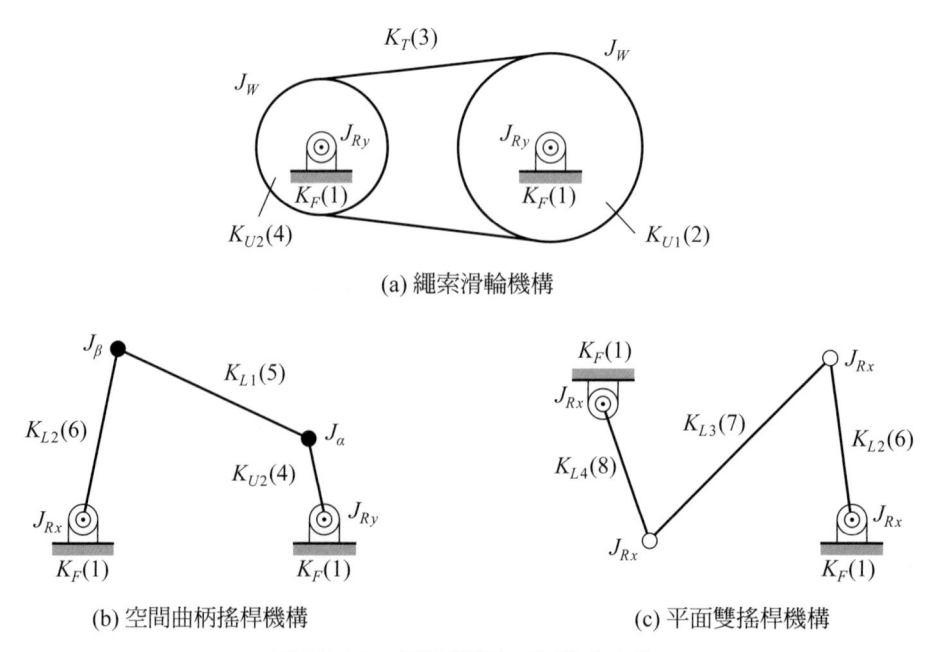

(a) 繩索滑輪機構

(b) 空間曲柄搖桿機構

(c) 平面雙搖桿機構

圖 07.06 構造簡圖－臥輪式水排

02. 空間曲柄搖桿機構包含機架 (1，K_F)、一個與棹枝無相對運動的旋鼓 (4，K_{U2})、一根行桄 (5，K_{L1})、一根與攀耳無相對運動的臥軸 (6，K_{L2}) 等 4 根機件。在接頭方面，桿 4 以旋轉接頭 (J_{Ry}) 和機架 (K_F) 連接，桿 5 以不確定接頭 (J_α 與 J_β) 分別和桿 4 與桿 6 連接，桿 6 以旋轉接頭 (J_{Rx}) 和機架 (K_F) 連接。圖 07.06(b) 為構造簡圖。
03. 平面雙搖桿機構包含機架 (1，K_F)、具右攀耳的臥軸 (6，K_{L2})、一根直木 (7，K_{L3})、輸出桿木扇 (8，K_{L4}) 等 4 根機件。在接頭方面，桿 6 以旋轉接頭 (J_{Rx}) 和機架 (K_F) 連接，桿 7 以旋轉接頭 (J_{Rx}) 分別和桿 6 與桿 8 連接，桿 8 也以旋轉接頭 (J_{Rx}) 和機架 (K_F) 連接。圖 07.06(c) 為構造簡圖。

　　空間曲柄搖桿機構的功能，主要是將棹枝 (4，K_{U2}) 的旋轉運動藉由行桄 (5，K_{L1}) 的帶動，轉換成臥軸 (6，K_{L2}) 的搖擺運動，行桄兩端的接頭有多種可能，皆可達成上述功能。考慮行桄與棹枝運動的類型與方向，不確定接頭 J_α 有以下三種可能類型：

01. 第一種是行桄相對於棹枝可繞著 x 與 y 軸旋轉，以符號 J_{Rxy} 表示。
02. 第二種是行桄相對於棹枝可以繞著 xyz 軸旋轉，以符號 J_{Rxyz} 表示。
03. 第三種是行桄相對於棹枝可繞著 x 與 y 軸旋轉，並可沿著 z 軸平移，表示為 J_{Rxy}^{Pz}。

再者，考慮行桄與左攀耳運動的類型與方向，不確定接頭 J_β 亦有以下三種可能類型：

01. 第一種是行桄相對於左攀耳可繞著 x 與 y 軸旋轉，以符號 J_{Rxy} 表示。
02. 第二種是行桄相對於左攀耳可以繞著 xyz 軸旋轉，以符號 J_{Rxyz} 表示。
03. 第三種是行桄相對於左攀耳可繞著 x 與 y 軸旋轉，並可沿著 z 軸平移，以符號 J_{Rxy}^{Pz} 表示。

　　根據"古機械復原設計法"，經由指定不確定接頭 J_α (J_{Rxy}、J_{Rxyz}、J_{Rxy}^{Pz}) 與 J_β (J_{Rxy}、J_{Rxyz}、J_{Rxy}^{Pz}) 至圖 07.06(b) 的構造簡圖，解密出 9 個結果。然而，當接頭 J_α 為 J_{Rxy} 時，若接頭 J_β 為 J_{Rxy}，則無法作動。扣除無法作動的構造後，臥輪式水排共有 8 種可行復原設計圖譜，圖 07.07(a)-(h)；其中，圖 07.08(a) 和 (b) 分別為圖 07.07(g) 所對應臥輪式水排的三維模型與復原模型。

07-3　立輪式水排
Vertical-wheel Water-driven Wind Box

　　有關**立輪式水排** (Vertical-wheel water-driven wind box)，《農書》載：「先於排前直

144　古中國傳動機械解密

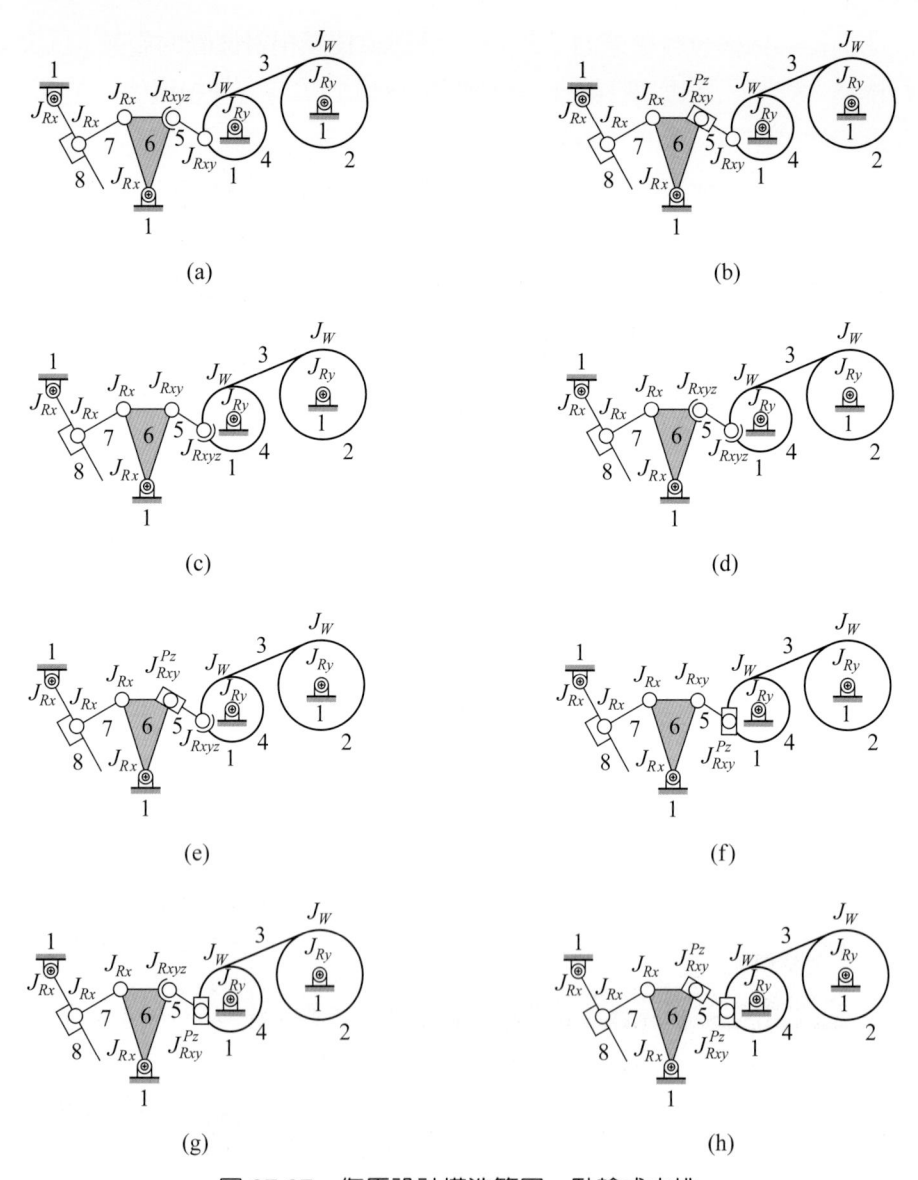

(a)　　　　　　　　　　　　　　(b)

(c)　　　　　　　　　　　　　　(d)

(e)　　　　　　　　　　　　　　(f)

(g)　　　　　　　　　　　　　　(h)

圖 07.07　復原設計構造簡圖—臥輪式水排

出木簨，約長三尺，簨頭豎置偃木，形如初月，上用鞦韆索懸之。復於排前植一勁竹，上帶撐索，以控排扇。然後卻假水輪臥軸所列拐木，自然打動排前偃木，排即隨入；其拐木既落，撐竹引排復回。如此間打，一軸可供數排，宛若水碓之制，亦甚便捷，故併錄此。」由於文字敘述簡要，亦無插圖，無法得知確切的桿件數目以及桿件間的組合與傳動關係，屬於構造不確定 (類型 III) 的傳動機械。

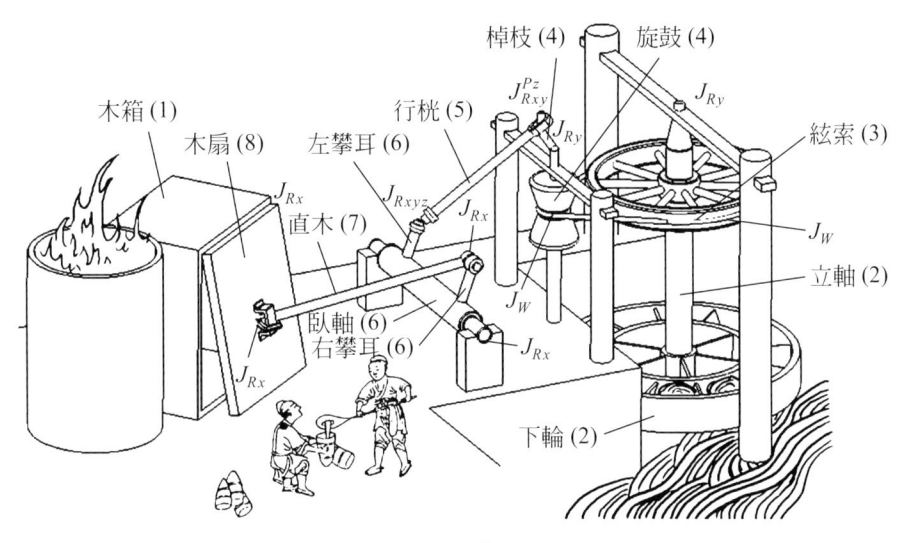

(a) 三維模型

(b) 復原模型

圖 07.08　復原設計－臥輪式水排 [15]

　　圖 07.09(a) 為一立輪式水排的復原設計 [10]，包含機架、立式水輪、拐木、臥軸、鞦韆索、木篝、偃木、排扇、捧索、及勁竹，立式水輪裝在臥軸上。臥軸以水平方向橫貫立式水輪，軸上並嵌著拐木，彼此間無相對運動，可視為同一機件，而具有木篝的偃木 (從動件) 則需配合拐木 (凸輪) 的位置裝設。當水輪受水流驅動運轉時，一併轉

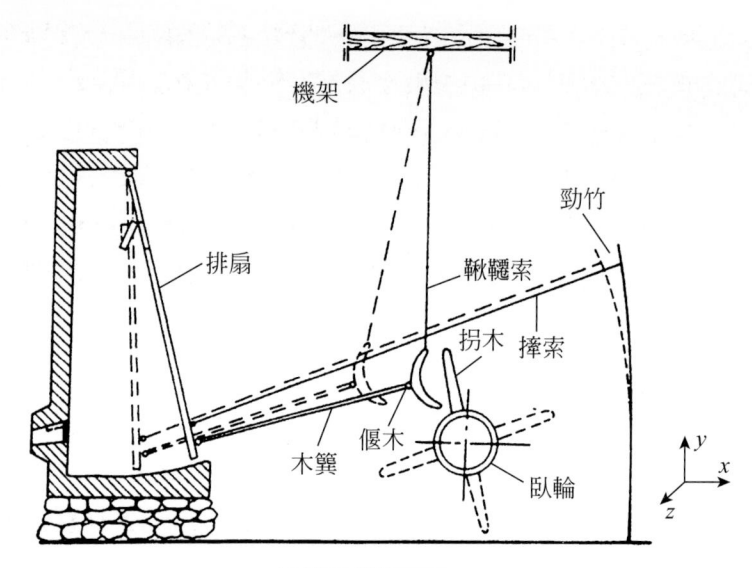

(a) 陸敬嚴復原圖 [10]

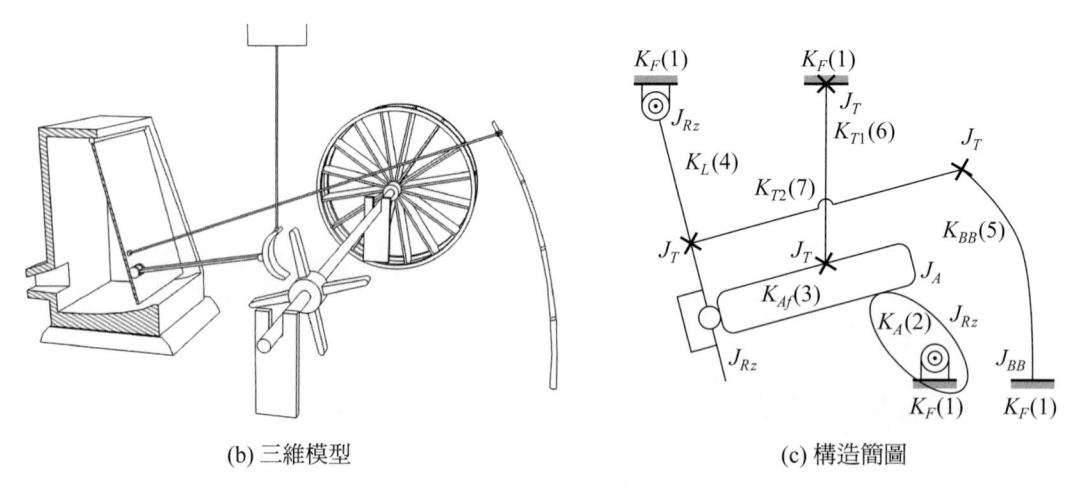

(b) 三維模型

(c) 構造簡圖

圖 07.09　立輪式水排

動臥軸與桹木,並由拐木撥動偃木,進而推動排扇;其中,鞦轡索用於穩定偃木與桹木的傳動。再者,勁竹與撐索的彈力使得偃木和排扇可以回復到原來位置,使排扇產生搖擺運動,發揮鼓風的作用。

　　就傳動特性而言,拐木與偃木的作用相當於凸輪機構。此立輪式水排可視為 7 桿 9 接頭的凸輪機構,包含機架 (1,K_F)、具立式水輪與臥軸的桹木 (2,K_A)、具木簧的偃木 (3,K_{Af})、排扇 (4,K_L)、勁竹 (5,K_{BB})、鞦轡索 (6,K_{T1})、撐索 (7,K_{T2}) 等 7 根機件。在接頭方面,桿 2 以旋轉接頭 (接頭 (J_{Rz}) 及凸輪接頭 (J_A) 分別和機架與桿 3 連接；桿 3 以旋轉接頭 (J_{Rz}) 及線接頭 (J_T) 分別和排扇與鞦韆索連接；撐索以線接頭 (J_T) 分別和勁竹與排扇連接；勁竹、排扇、及鞦韆索則分別以竹接頭 (J_{BB})、旋轉接頭 (J_{Rz})、及線接頭 (J_T) 和機架連接。圖 07.09(b)-(c) 分別為此立輪式水排的三維模型與構造簡圖。

由於鞦韆索穩定偃木與枊木的運動，以及撐索連接勁竹與排扇的作動，都存在傳動不確定的問題，因此有去除繩索的兩種簡化設計。第一種為去除撐索 (7，K_{T2})，勁竹直接以竹接頭 (J_{BB}) 分別和機架與木簨連接，其餘桿件的連接關係不變，成為 6 桿 8 接頭的設計，圖 07.10(a)-(b) 分別為其電腦模擬圖與構造簡圖。第二種為同時去除鞦韆索 (6，K_{T1}) 與撐索 (桿 7，K_{T2})，勁竹直接以竹接頭 (J_{BB}) 分別和機架與木簨連接，成為 5 桿 6 接頭的設計，圖 07.10(c)-(d) 分別為其三維模型與構造簡圖。此兩種簡化設計，皆可經由調整勁竹的位置與彈力，使枊木更確切地推動偃木，進而讓排扇產生穩定的搖擺運動，達到鼓風的作用。

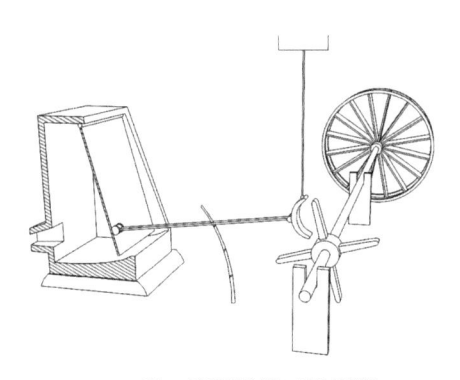

(a) 6 桿 8 接頭機構三維模型

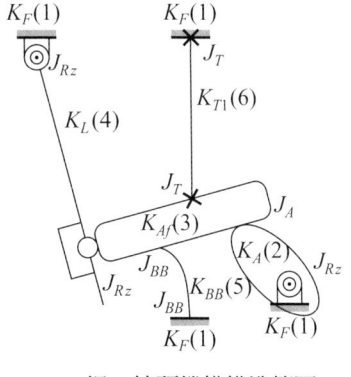

(b) 6 桿 8 接頭機構構造簡圖

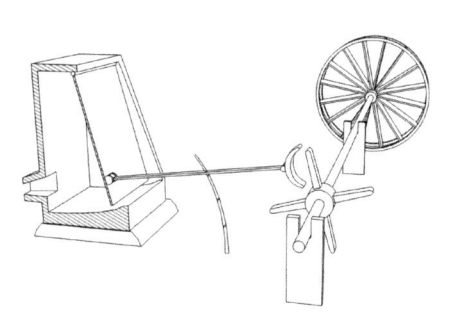

(c) 5 桿 6 接頭機構三維模型

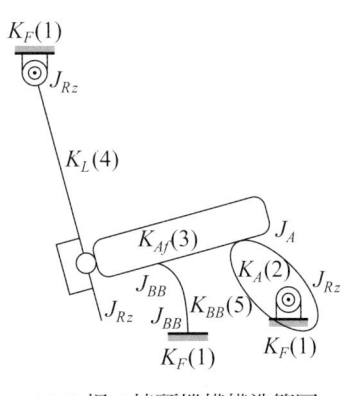

(d) 5 桿 6 接頭機構構造簡圖

圖 07.10　簡化復原設計－立輪式水排

第 08 章

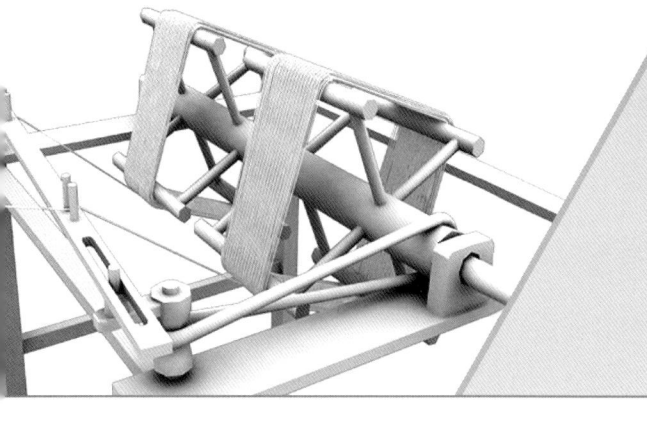

弩
Crossbow

原始社會晚期已有戰爭，有戰爭就有兵器。古中國的**弩** (Crossbow) 是結合凸輪與撓性傳動機構，所發展出應用彈力發射利箭，進而攻擊遠距目標的冷兵器；春秋戰國時期 (前 770-前 221 年) 已普遍使用，直到清代 (1636-1911 年) 仍然是部分軍隊的武器配備。

本章簡述古中國的弓箭，介紹具傳動機械之弩的歷史發展與復原解密設計，包括有憑有據的春秋標準弩，無憑有據、可連發的戰國楚國弩，以及有憑無據的三國諸葛連弩 [15, 40-43]。

08-1 弓箭 Bow and Arrow

弓箭 (Bow and arrow) 為古代發射具有鋒刃的一種遠射兵器，是冷兵器時代最致命的武器，亦是古中國軍隊使用的重要武器之一。**弓** (Bow) 由具彈性的弓臂及有韌性的弓弦構成，**箭** (Arrow) 包括箭頭、箭桿、及箭羽，箭頭為銅或鐵製，箭桿為竹或木質，羽為雕或鷹的羽毛。弓箭的發明，說明先民已懂得利用彈力儲存能量。用手拉弦迫使弓體變形時，就儲存能量；鬆手釋放，弓體會迅速恢復原狀，同時把儲存的能量釋放出來，將搭在弦上的箭彈射出去。

古中國的先民，約 2.8 萬年前已經使用弓箭。1963 年，山西朔縣峙峪村的舊石器時代 (約 3 萬 5000-9000 年前) 晚期遺址中，發現一枚用燧石打製的箭鏃。

最早有關弓箭的記載，是帝堯時期 (約前 2356-前 2255 年) 的<u>后羿</u>，用弓箭將天上的 10 個太陽射下 9 個的神話傳說。

商代 (前 1600-前 1046 年) 的甲骨文中，彈字寫法像英文字母 "*B*"，一張弓，弦中部有一小囊，用以盛放彈丸。這種形狀的彈弓，一直廣為流行。最初的發明可能是發射小石子或泥彈丸的彈弓，其後才演變為彈射箭，產生了弓箭。甲骨文中"弓"字的原型，為"反弓"的形象，是個弓身短小、力量增大的複合弓，適合在馬車或馬背上狹小的環境中使用。

周代《詩經・小雅・角弓》載：「騂騂"角弓"，翩翩反矣。」提到角製的弓及反弓的特點。角弓的發射距離不比普通木弓遠，但佔用的空間較小，適合在馬背上或馬車內使用。東周 (前 770-256 年) 的禮器上，有些顯示使用反角弓於騎射，以及步兵手持劍與短弓、立姿射箭的圖案。其後至清代期間，弓箭雖一直使用於軍隊與民間，然其設計與功能，並無重大發展。

08-2　弩 Crossbow

弩，古曾稱**窩弓**，現稱**十字弓** (Crossbow)，是古中國繼弓箭之後，發展出來的一種常規射擊冷兵器，是由**弩機** (Trigger mechanism) 控制、可延時發射、裝有臂的弓。

弓箭使用時，要用一手托弓，另一隻手拉弦，由於命中率不高，其後在弓的基礎上發明了弩。因不需要在拉弦時同時瞄準，對使用者的要求也比較低，裝填時間雖然比弓長很多，但是比弓的射程更遠、殺傷力更強、命中率更高，成為一種威力大的遠距離殺傷武器。就這樣，隨著弓箭的發展，以及戰車與騎兵的需求，產生了弩。

周代 (前 1046-前 256 年) 即用青銅製造弩機，戰國時期已普遍應用。《說文解字・弓部》(100-121 年) 說弩是：「弓有臂者。」早期的詞典《釋名》(190-210 年) 載：「"弩"，怒也，有勢怒也。」《吳越春秋・勾踐十三年》(50-100 年) 載：「古者人民樸質，饑食鳥獸，渴飲霧露，死則裹以白茅，投於中野。孝子不忍見父母爲禽獸所食，故作彈以守之，絕鳥獸之害。故歌曰：『斷竹，續竹，飛土，逐害』之謂也。於是神農皇帝弦木爲弧，剡木爲矢，弧矢之利，以威四方。黃帝之後，楚有弧父。弧父者，生於楚之荊山，生不見父母，爲兒之時，習用"弓矢"，所射無脫。以其道傳於羿，羿傳逢蒙，逢蒙傳於楚琴氏，琴氏以爲"弓矢"不足以威天下。當是之時，諸侯相伐，兵刃交錯，"弓矢"之威不能制服。琴氏乃"橫弓著臂，施機設樞"，加之以力，然後諸侯可服。琴氏傳之楚三侯，所謂句亶、鄂、章，人號麋侯、翼侯、魏侯也。自楚之三侯傳至靈王，自稱之楚累世，蓋以桃弓棘矢而備鄰國也。自靈王之後，射道分流，百家能人用莫得其正。臣前人受之於楚，五世於臣矣。臣雖不明其道，惟王試之。」說明弩是春秋時期 (前 770-前 453 年) 由楚國琴氏改造發明的。

春秋戰國後，弩的製造技術成熟，有不同的類型。秦代 (前 221-前 206 年) 後，基於強弩的出現及騎兵技術的盛行，車在戰爭中的攻擊作用逐漸喪失 (第 09-1 節)。

漢代 (前 202-220 年) 有反映騎射與使用弓弩情景的圖案。東漢 (25-220 年) 後期與西晉 (280-316 年) 初期，引進一種適合兩軍酣戰時在馬背上使用、設計獨特的弓。唐代 (618-907 年) 到明代 (1368-1644 年) 期間，有過成排使用弩手的記錄；弩手分為三排：前排射擊，中排準備，後排上箭。元代 (1260-1368 年)，廣泛採用突厥弓。明代軍隊則偏好使用輕裝甲的輕騎兵，可在飛奔中迅速取箭與搭箭。

古中國的弩，利用弩弓與弓弦的彈力發射弓箭，射擊遠距離的目標，其發射過程包含拉弓弦、置弓箭、釋弓弦、射弓箭等四個步驟。弩主要由弩弓與弩臂兩部分組成，弓上裝弦，臂上裝弩機，兩者配合而放箭。弩臂為木製，前部有一個橫貫的容弓孔，將弓固定在其中。弩臂正面有一條溝形矢道用來放箭，以保證箭在發射後直線前進。木臂後部有一稱為弩機的匣，匣內前面有稱為牙的掛弦鉤，牙的後面裝有稱為望山的瞄準器；牙的下面連接稱為懸刀的扳機。發射時，先將弓弦向後拉，掛在鉤上，把弩箭放在矢道上，瞄準目標後，扣下懸刀，牙就縮下，牙鉤住的弓弦就彈出，箭矢疾射而出。弩上原只有鉤掛弦的牙，並無望山。從戰國時期起，逐漸加長，變成望山，可供瞄準時參考，操縱弩也方便些。起初望山上並無刻度，約前 1 世紀開始，在望山上增加刻度，可校正箭的飛行誤差，提高瞄準的準確性。河北滿城西漢中山靖王劉勝 (前 165-前 113 年) 墓中，出土弩機的望山上有刻度，是現今所見的最早實物。

弩的類型多樣，各個朝代與不同地區有著不同的設計，以下說明春秋標準弩、戰國楚國弩、三國諸葛弩等三種不同類型弩的機械構造與復原解密設計。標準弩使用的時間最早，且範圍最廣；楚國弩是最早的連發弩，但未見於歷史文獻中；宋代 (960-1279 年) 之後，諸葛弩成為軍隊的標準配備，直到甲午戰爭 (1894-1895 年)，清代的士兵仍在使用。

08-3　春秋標準弩 Original Crossbow

標準弩 (Original crossbow) 於春秋 (前 770-前 453 年) 晚期逐漸發展出來，並於戰國時期 (前 453-前 221 年) 開始廣泛使用，一直是古中國軍隊的標準武器配備。最早具有弩機的標準弩，出土於山東省曲阜市，可追溯至前 600 年 [33]。圖 08.01(a) 為《武備志》(1621 年) 中標準弩的插圖，圖 08.01(b) 為西安市西漢 (前 206-8 年) 長安城遺址的銅弩機。

前 341 年，齊國與魏國在馬陵交戰，齊國軍師孫臏在馬陵道兩側埋伏 1 萬多名弩

152　古中國傳動機械解密

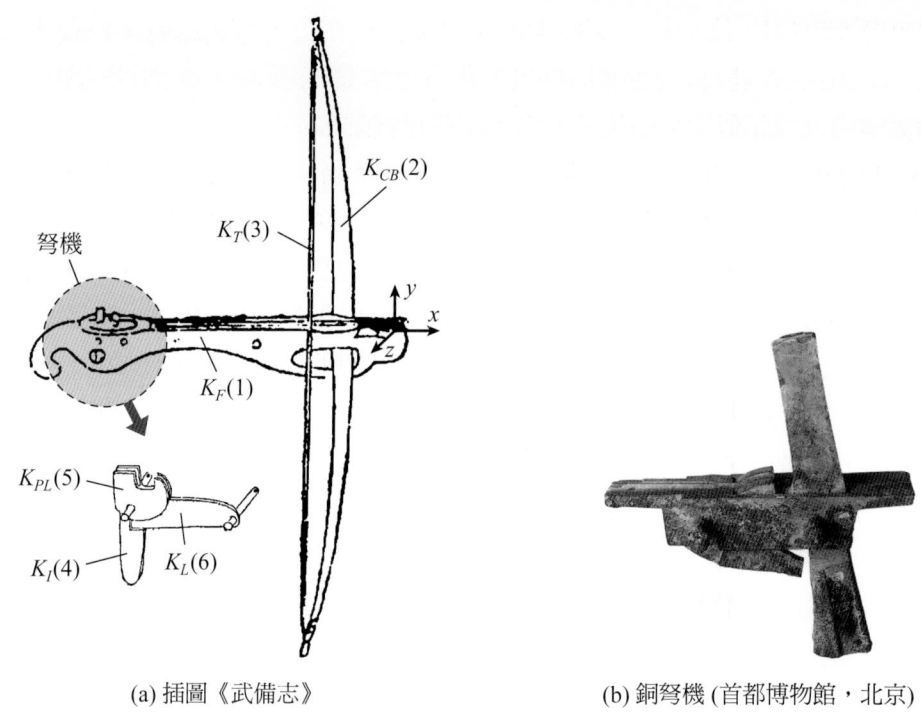

(a) 插圖《武備志》　　　　　　　(b) 銅弩機 (首都博物館，北京)

圖 08.01　標準弩

手，魏軍經過時，萬弩齊發，魏軍慘敗，主將龐涓自刎，此為著名的"馬陵之戰"。

秦代時，弩成為軍隊裝備的重要武器，秦二世 (前 230-前 207 年) 時期的軍隊擁有 5 萬名弩射手。根據秦兵馬俑坑內出土的弩機分析，其形制與戰國弩基本上相同，但弩機的懸刀呈長方形，望山加大加高，增強機件的靈敏度及瞄準的準確性。

《史記·秦始皇本紀》(前 91 年) 載：「九月，葬始皇酈山。始皇初即位，穿治酈山，及并天下，天下徒送詣七十餘萬人，穿三泉，下銅而致槨，宮觀百官奇器珍怪徙臧滿之。令匠作"機弩"矢，有所穿近者輒射之。」指出秦始皇 (前 259-前 210 年) 為修建陵墓動用了 70 餘萬工役，墓中裝滿珍寶，為了安全，令人製作機弩 (伏弩、窩弩)，有人接近，就開弩放箭射殺來人。這種弩可能經由繩索來發射，由墓門來控制，來人推開墓門，就會引發弩射箭。從記載看，它應是最早自動控制發射的弩，不少後人的墓中都使用這種裝置。

基於機械構造的類型，標準弩的發展可以漢代為界，分為前後二個階段。之前的弩機沒有郭 (匣)，其機件直接安裝於木製機架上；之後的標準弩有二個重要改良設計：其一是增加銅製的郭 (匣)；其二是在弩機刻上有射程的度量表[44]。由於弩機機件安裝在銅製的郭,比裝在木製機架能提供更高的張力,弓箭的射程因此大為提升;再者,加裝射程刻度表,可使射手更容易命中目標。漢代之後,各朝代標準弩與弩機的機械構造大致相似,只是尺寸更大,射程也更遠。

　　圖 08.01(a) 標準弩的組成,包含機架、弩弓、弓弦、輸入桿、觸發桿、及連接桿。機架 (1,K_F) 使用堅木製作,鑽有孔洞、缺口、及箭槽,分別用於安裝弩機、弩弓、及弓箭。弩弓 (2,K_{CB}) 為複合弓,使用數片不同性質的木材組合而成,並在表面塗漆防腐,有些還附有精緻美觀的銅飾或玉飾,強度超過一般手持弓。弓弦 (3,K_T) 大多採用筋條、絲繩、或腸衣製作。再者,機架上裝設的弩機為凸輪機構,是標準弩的核心裝置,用於勾住拉緊弓弦;射手完成拉弓弦後,需放置弓箭並托握機架,進行瞄準與射擊。由於弩機可使射手穩定地瞄準目標,射箭的準確度因此大為提升。弩機的組成主要包含郭 (匣,1,K_F)、懸刀 (輸入桿,4,K_I)、牛 (觸發桿,5,K_{PL})、望山 (連接桿,6,K_L) 等 4 根機件,大多以青銅製作,各個零件尺寸精確且具交換性。再者,在接頭方面,包含 1 個竹接頭 (J_{BB})、2 個線接頭 (J_T)、2 個凸輪接頭 (J_A)、及 3 個旋轉接頭 (J_{Rz});因此,標準弩可視為 6 桿 8 接頭的凸輪機構。由於弩與弩機廣泛使用於古中國各地區,標準弩的構造會因不同朝代或地域而產生不同的設計,可歸類為構造不確定 (類型 III) 的傳動機械。

　　基於現代機械原理的觀點,若省略連接桿,弩機仍可經由機架、輸入桿、及觸發桿巧妙的幾何形狀與運動學的關係,勾住弓弦、儲存能量,並藉由輸入桿帶動觸發桿,釋放弓弦與發射弓箭。因此,以具 5 桿與 6 桿 8 接頭的標準弩為例,進行復原解密設計,其構造特性如下:

01. 為 5 桿或 6 桿 8 接頭的凸輪機構。
02. 機架 (K_F) 為多接頭桿。
03. 弩弓 (K_{CB}) 為雙接頭桿,以竹接頭 (J_{BB}) 和機架 (K_F) 連接。
04. 弓弦 (K_T) 為雙接頭桿,以線接頭 (J_T) 和弩弓 (K_{CB}) 連接。
05. 輸入桿 (K_I) 以旋轉接頭 (J_{Rz}) 和機架 (K_F) 連接,且不與弓弦 (K_T) 連接。
06. 觸發桿 (K_{PL}) 以不確定接頭和機架 (K_F) 與輸入桿 (K_I) 連接。
07. 連接桿 (K_L) 以不確定接頭和輸入桿 (K_I) 與觸發桿 (K_{PL}) 連接。

　　基於"古機械復原設計法",及所歸納出的構造特性,考慮不確定接頭 J_1 和 J_2 各有旋轉接頭 J_{Rz} 及凸輪接頭 (J_A) 兩種可能類型,不確定接頭 J_3 亦有旋轉接頭 (J_{Rz}) 與凸輪接頭 (J_A) 兩種可能類型,以及運動與功能的要求後,解密出 12 種滿足古代工藝技術水平的可行復原設計，圖 08.02(a)-(l) 為三維模型圖譜，圖 08.03(a)-(b) 分別為標準弩的電腦建模與復原模型。

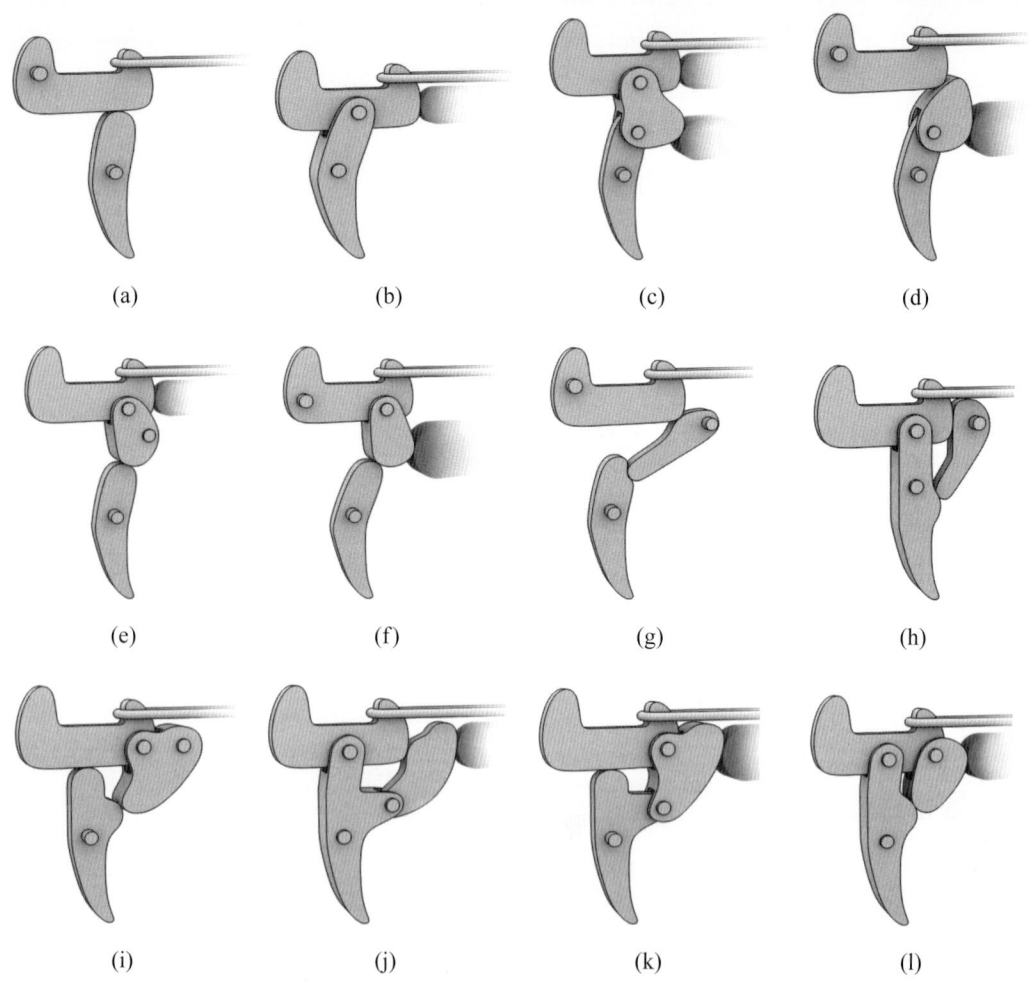

(a)　　　(b)　　　(c)　　　(d)

(e)　　　(f)　　　(g)　　　(h)

(i)　　　(j)　　　(k)　　　(l)

圖 08.02　復原設計：三維模型圖譜－標準弩弩機 [15]

08-4　戰國楚國弩 Chu State Repeating Crossbow

隨著準確度的提升，並期增加射箭的效率，產生了可以藉由操作輸入桿，直接完成四個射箭步驟的**連 (發) 弩** (Repeating crossbow)，圖 08.04。

最早的連弩出土於湖北省江陵縣，可追溯至前 400 年，圖 08.05(a) [45]。由於出土

(a) 電腦建模

(b) 復原模型

圖 08.03　復原設計—標準弩 [15]

地隸屬於戰國時期 (前 453-前 221 年) 的楚國，故稱為**楚國弩** (Chu State repeating crossbow)。然，歷史文獻並無楚國弩的相關紀錄。

根據出土實物，楚國弩的組成包含機架 (1，K_F)、弩弓 (2，K_{CB})、弓弦 (3，K_T)、輸入桿 (4，K_I)、觸發桿 (5，K_{PL})、連接桿 (6，K_L) 等 6 根機件。在接頭方面，包含 1 個竹接頭 (J_{BB})、2 個線接頭 (J_T)、2 個凸輪接頭 (J_A)、及 3 個旋轉接頭 (J_{Rz})，圖 08.05(b)。因此，楚國弩可視為 6 桿 8 接頭的凸輪機構。箭匣固定於機架上，內裝 20 支箭，依序排列在兩個弓箭通道中。觸發桿與連接桿巧妙的裝置於輸入桿上，推動輸入桿往前，連接桿勾住弓弦；拉動輸入桿往後，使觸發桿接觸機架上的開啟點，進而釋放弓弦射箭。每次射箭兩發，箭匣的弓箭因重力依序落下，等待擊發。

由於諸葛弩 (第 08-5 節) 以觸發桿 (箭匣) 取代連接桿，直接勾住弓弦的概念，也可能應用在不同的楚國弩設計中；因此，楚國弩的桿件數可能是 5 桿或 6 桿，屬於構造不確定 (類型 III) 的傳動機械。

圖 08.04 連發弩《天工開物》

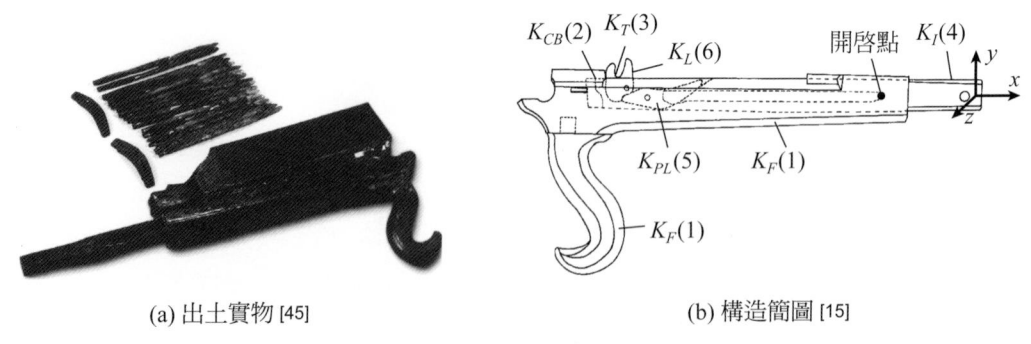

(a) 出土實物 [45]　　　　　　　(b) 構造簡圖 [15]

圖 08.05 楚國弩

以具 5 桿與 6 桿 8 接頭的楚國弩為例，進行復原解密設計，其構造特性如下：

01. 為 5 桿 (桿 1-5) 或 6 桿 (桿 1-6) 8 接頭的凸輪機構。
02. 機架 (K_F) 為參接頭桿。
03. 弩弓 (K_{CB}) 為雙接頭桿，以竹接頭 (J_B) 和機架 (K_F) 連接。
04. 弓弦 (K_T) 為雙接頭桿，以線接頭 (J_T) 和弩弓 (K_{CB}) 連接。

05. 輸入桿 (K_I) 以滑行接頭 (J^{Px}) 和機架 (K_F) 連接，且不和弓弦 (K_T) 連接。
06. 觸發桿 (K_{PL}) 以凸輪接頭 (J_A) 和機架 (K_F) 連接。

基於"古機械復原設計法"，及所歸納出的構造特性，考慮不確定接頭 J_1 (J_{Rz})、J_2 (J_{Rz} 與 J_A)、J_3 (J_{Rz} 與 J_A)、及 J_4 (J_{Rz} 與 J_A) 的可能類型，以及運動與功能的要求後，解密出 7 種滿足古代工藝技術水平的可行復原設計圖譜，圖 08.06(a)-(g) 為三維模型圖譜，圖 08.07(a)-(b) 分別為楚國弩的電腦建模與復原模型。

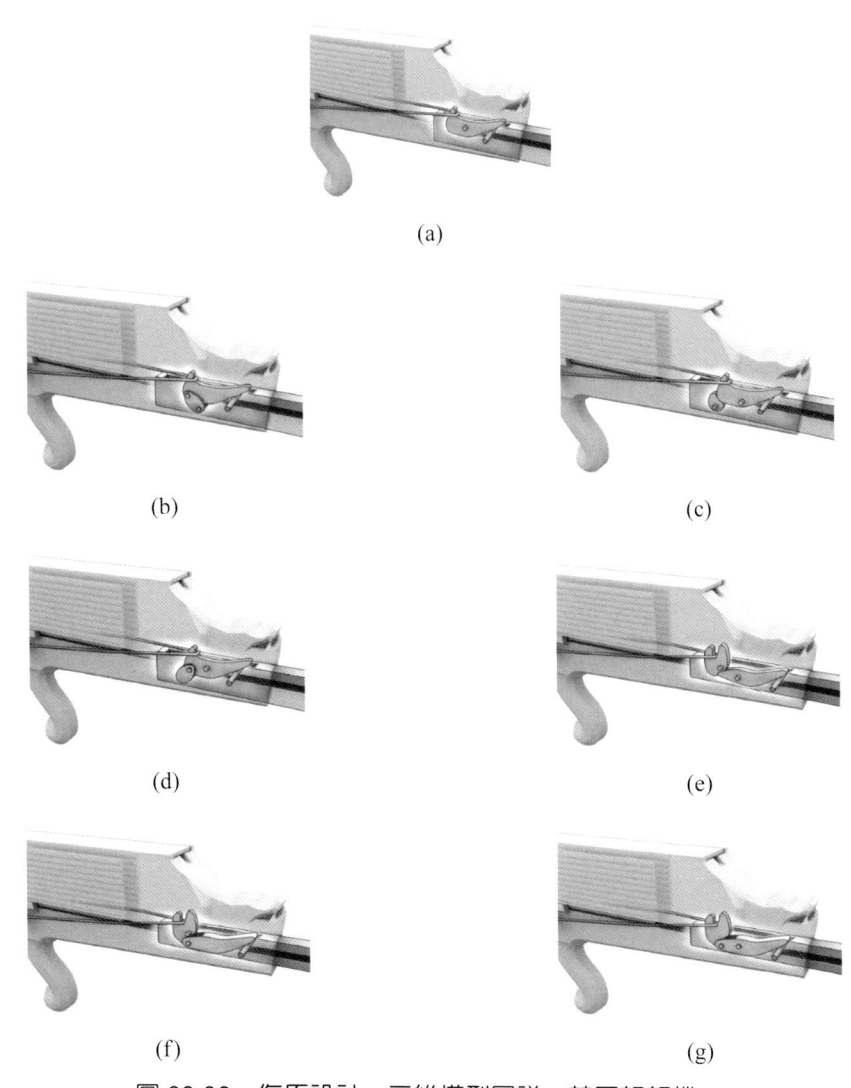

(a)

(b)　　　　　　　　　　　(c)

(d)　　　　　　　　　　　(e)

(f)　　　　　　　　　　　(g)

圖 08.06　復原設計：三維模型圖譜－楚國弩弩機 [15]

(a) 電腦建模

(b) 復原模型

圖 08.07　復原設計－楚國弩 [15]

08-5　三國諸葛弩 Zhuge Repeating Crossbow

《三國志‧蜀書‧諸葛亮傳》(陳壽，233-297 年) 載：「又損益"連弩"，謂之"元戎"，以鐵爲矢，長八寸，一矢十矢俱發。」是另一類型的連發弩，為諸葛亮 (181-234 年) 改進西漢連弩所創作，可連續發射 10 支箭，後人稱為**元戎連弩**或**諸葛弩** (Zhuge repeating crossbow)。

圖 08.08 為《武備志》(1621 年) 中諸葛弩的插圖，其組成包含機架 (1，K_F)、弩弓 (2，K_{CB})、弓弦 (3，K_T)、輸入桿 (4，K_I)、箭匣 (5，K_{PL}) 等 5 根機件。經由輸入桿的搖擺運動，使得箭匣產生往復運動，達到勾住弓弦與釋放弓弦的作用。

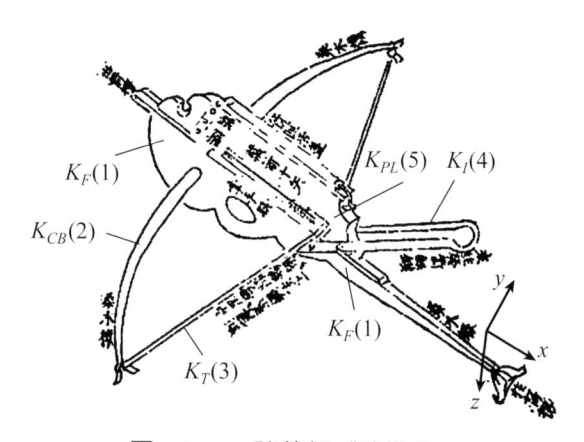

圖 08.08　諸葛弩《武備志》

　　由於歷史文獻對於諸葛弩的箭匣是否可動,並無明確說明,因此可分為可動式箭匣與固定式箭匣兩種類型,皆屬構造不確定(類型 III)的傳動機械,以下進行其復原解密設計。

08-5.01　可動式箭匣

　　若箭匣為可動式,經由輸入桿的搖擺運動,使箭匣產生往復運動,此時箭匣需具備拉住弓弦,並與機架的開啟點配合,完成釋放弓弦的功能,其組成包含機架 (1,K_F)、弩弓 (2,K_{CB})、弓弦 (3,K_T)、輸入桿 (4,K_I)、具拉弓弦功能的箭匣 (5,K_{PL}) 等 5 根機件。

　　經由史料研究,其構造特性如下:
01. 為 5 桿的凸輪機構。
02. 機架 (K_F) 為參接頭桿。
03. 弩弓 (K_{CB}) 為雙接頭桿,以竹接頭 (J_{BB}) 和機架 (K_F) 連接。
04. 弓弦 (K_T) 為雙接頭桿,以線接頭 (J_T) 分別和弩弓 (K_{CB}) 與箭匣 (K_{PL}) 連接。
05. 輸入桿 (K_I) 以不確定接頭和機架 (K_F) 連接。
06. 箭匣 (K_{PL}) 為參接頭桿,以凸輪接頭 (J_A) 及不確定接頭分別和機架 (K_F) 與輸入桿 (K_I) 連接。

　　基於"古機械復原設計法",及歸納出的構造特性,考慮不確定接頭 J_1 (J_{Rz} 與 J^{Px}) 及 J_2 (J_{Rz} 與 J^{Px}) 的可能類型,解密出 3 種滿足古代工藝技術水平的可行復原設計圖譜，圖 08.09(a)-(c) 為其三維模型圖譜，圖 08.10(a) 為電腦建模與動畫模擬，圖 08.10(b) 為復原模型與實射影片。

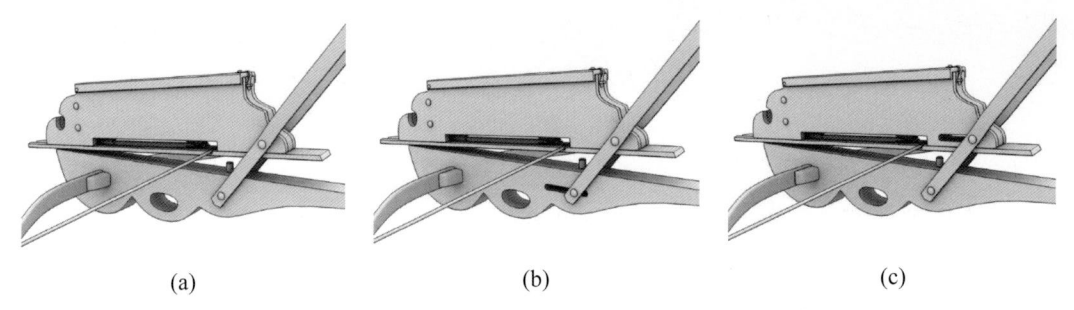

(a)   (b)   (c)

圖 08.09　復原設計：三維模型圖譜－可動式箭匣諸葛弩 [15]

(a) 電腦建模與動畫模擬

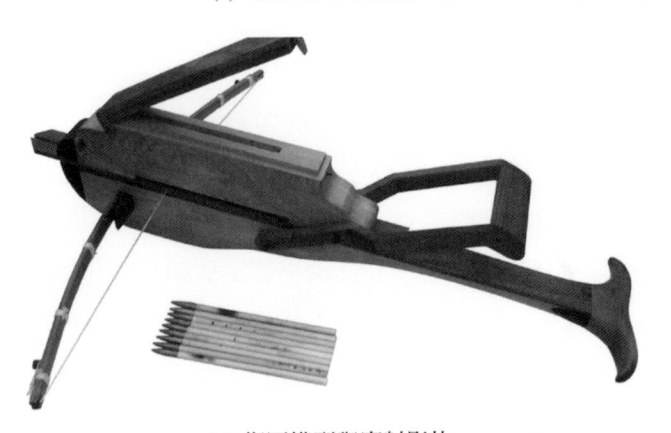

(b) 復原模型與實射影片

圖 08.10　復原設計－可動式箭匣諸葛弩 [蕭國鴻]

08-5.02　固定式箭匣

若箭匣固定在機架上，弓箭落下的過程更穩定，可提升射箭的準確度，此時輸入桿需具備拉住弓弦，並與機架的開啟點配合，完成釋放弓弦的功能，其組成包含機架 (1，K_F)、弩弓 (2，K_{CB})、弓弦 (3，K_T)、輸入桿 (4，K_I) 等 4 根機件。

增加具拉弓弦功能的觸發桿 (5，K_{PL})，可提升射箭效率，並見於其它連發弩的設計中；因此，固定式箭匣諸葛弩機件數可能是 4 桿或 5 桿的傳動機械。

經由史料研究，其不同於可動式箭匣諸葛弩的構造特性如下：

01. 為 4 桿或 5 桿的凸輪機構。
02. 若為 4 桿機構，機架 (K_F) 為雙接頭桿；若為 5 桿機構，則機架 (K_F) 為參 (接頭) 桿。
03. 弓弦 (K_T) 為雙接頭桿，以線接頭 (J_T) 分別和弩弓 (K_{CB}) 與輸入桿 (K_I) 或觸發桿 (K_{PL}) 連接。
04. 觸發桿為參接頭桿，以凸輪接頭 (J_A) 及不確定接頭分別和機架 (K_F) 與輸入桿 (K_I) 連接。

基於"古機械復原設計法"，及歸納出的構造特性，考慮不確定接頭 J_3 (J^{Px} 與 J_A)、J_4 (J_{Rz} 與 J^{Px})、及 J_5 (J_{Rz} 與 J^{Px}) 的可能類型，解密出 5 種滿足古代工藝技術水平的可行復原設計圖譜，圖 08.11(a)-(e) 為三維模型圖譜。

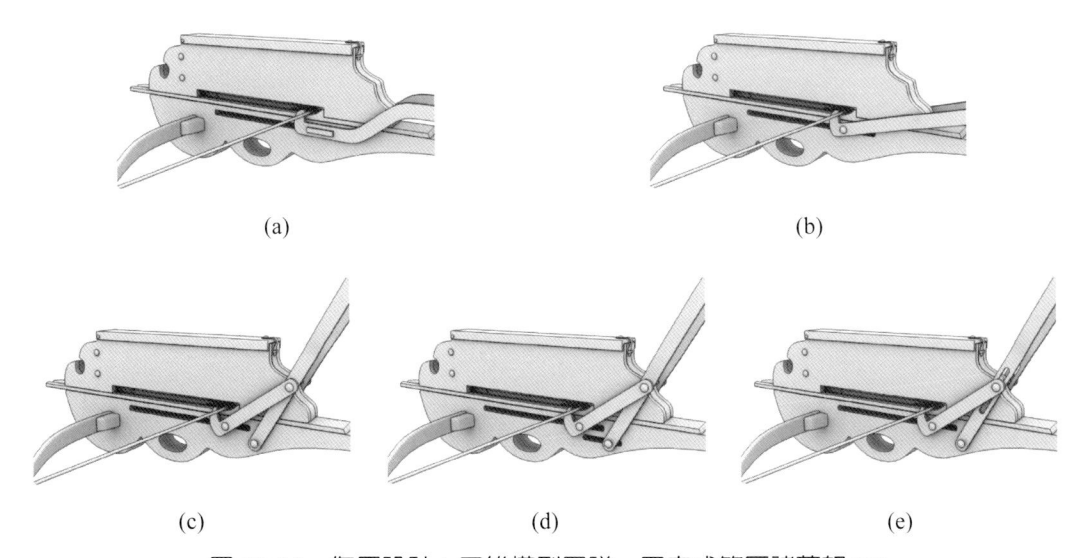

(a)　　　　　　　　　　　(b)

(c)　　　　　　(d)　　　　　　(e)

圖 08.11　復原設計：三維模型圖譜─固定式箭匣諸葛弩 [15]

08-6 後續發展 Latter Development

經過長期發展，宋代 (960-1279 年) 的弩無論在性能、規模、技術上都登峰造極。

神臂弩於宋神宗時期 (1067-1085 年) 問世，是北宋 (960-1127 年) 最知名的良弩，單兵操作的有效射程達 367 公尺。另，同時期歐洲最好單兵十字弓的射程不超過 140 公尺，在英法百年戰爭中鋒芒畢露之英國長弓的有效射程約 228 公尺。

床弩的出現，不晚於東漢 (25-220 年)。北宋的重型床弩，發展到由三張複合弓組合在床架上，號稱"三弓八牛床子弩"，絞軸張弦需要 100 人以上，其箭大如標槍，射程可達 1500 公尺以上，是冷兵器時代最遠的射程紀錄。

從蒙元時代 (1205-1279 年) 開始，弩在軍隊中趨向沒落。蒙古人征服天下的利器是複合反曲弓，發射快、射程遠 (約 320 公尺)，加上蒙古人騎術精湛，擅長快速機動作戰，因此對於蒙古騎兵戰術極其重要。在征服金朝 (1115-1234 年) 的過程中，蒙古人認識到床弩於攻防戰中的功能，遂搜羅宋人來製造與操作床弩，並在第三次西征 (1252-1260 年) 時，發揮了關鍵作用。元代 (1260-1368 年) 立國後，製造出摺疊弩與神風弩等大型弩。其後，隨著火器的應用，弩漸漸衰落，明代 (1368-1644 年) 開始，軍隊逐漸不使用弩為戰鬥武器。

另，前 5 世紀古希臘的步兵，就使用一種藉抵腹器來上弦的腹弩 (Gastraphetes)。由於使用弩不需要太多的訓練與技巧，卻擁有極大的殺傷力，使得很多新兵輕易就能殺死畢生進行訓練的中古歐洲騎士。12 世紀，弩開始在歐洲普及，並發明各種拉弦工具。著名的獅心王理查一世 (Richard I，1157-1199 年) 曾兩次為弩箭所傷，並在第二次身亡。

在熱兵器廣泛運用的現代戰爭中，弩一度銷聲匿跡。然而，由於十字弓 (弩) 發射時無聲光與高熱，既可隱蔽射殺目標 (相對於無消音熱兵器)，又能避免引爆周圍易燃易爆物品，現代再次獲得部分國家軍警部隊的重視，在反恐與特種作戰場發揮作用。

第 09 章

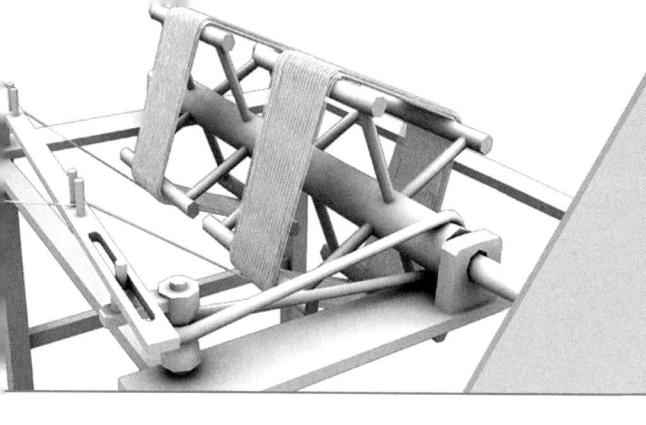

指南車
South Pointing Chariot

周代 (前 1046-221 年) 以前，**指南車** (South pointing chariot) 的功能是辨別行走方向，其後演變成護航皇帝出巡儀仗車隊的一部分，行駛中經由內部的傳動機械，使車上的木人手臂始終指向初始固定的方向。古中國各朝代的指南車，似乎是獨立發明的，且創作實物皆在朝代更替之際損毀或遺失，元代 (1206-1368 年) 後便不見指南車研製成功的記載。由於沒有實物留世或考古遺物，也沒有任何關於內部機巧的明確記載，指南車屬有憑無據 (失傳)、構造不確定 (類型 III) 的傳動機械。20 世紀以來，雖有不少學者專家復原出各種不同類型的指南車，然其原始發明至今仍是個謎。

本章簡介古中國有關車的歷史發展，說明指南車的歷史記載與近代發展，探討其構造特性，並復原解密其傳動機械 [14, 46-48]。

09-1　車 Wagon

車 (Wagon) 把輪子的滾動變成了車身的移動，便利了人類在陸地上的移動，其發明可從車輪 (Wheel) 的演變上得知。新石器時代 (約 10000-4200 年前) 晚期，先民開始借助滾動的木頭 (滾子) 來搬運重物，但要不斷向前移動滾子才有作用，使用不便。後來滾子發展成為無輻的木製車輪 (古稱為輇)，將重物置放其上，形成了早期的車。帶輪輻的車輪出現後，發展成各種車輛。再者，新石器時代的古中國，出現了外形圓、轉速快的製陶陶輪，是最早的輪軸機械；車的原始發明，很可能是受陶輪啟發而創作出來的。

古中國的歷史文獻，把車的發明上推到約 4600 年前的黃帝時代，《淮南子‧卷十六‧說山訓》(前 139 年) 載：「見窾木浮而知為舟，見飛蓬轉而知為"車"，見鳥跡而知著書，以類取之。」再者，《古史考》(譙周，201-270 年) 及《古今圖書集成》

(1726 年) 皆載：「黃帝作"車"，至少昊始駕牛，及陶唐氏制"彤車"，乘白馬，則馬駕之初也。」

也有不少古籍說是夏禹 (前 2081-前 1978 年) 掌車服大夫的奚仲 (約前 22-前 21 世紀) 造車，《世本·作篇·夏》(約前 234-前 228 年) 載：「鯀作城郭。鯀作城。鯀作郭。禹作宮室。禹作宮。奚仲作"車"。夏作贖刑。儀狄造酒。儀狄始作酒醪，辨五味。夏禹之臣。杜康造酒。少康作秫酒。少康作箕箒。箕箒，少康作。杼作甲。」《說文解字·卷十五·車部》(100-121 年) 載：「"車"：輿輪之總名。夏后時奚仲所造。」《管子·形勢解》(前 475-前 220 年) 載：「奚仲之為"車"器也，方圓曲直，皆中規矩鉤繩，故機旋相得，用之牢利，成器堅固。」

商代 (前 1600-前 1046 年) 的車，形制為雙輪、單轅，車廂為長方形，後面開門，雙馬牽引。在安陽殷墟出土、年代最早的車馬坑顯示，有輻條的輪子最遲在商代就已發明，且馬力已經用於挽車 (拉車)。周代 (前 1046-前 221 年) 的車，可分為載人車、載貨車、戰車等三類。戰車發展最快，製車工藝也相當發達，且乘車有嚴格的等級制度，不同階層用不同的車子。漢代 (前 206-219 年) 的車，種類更多，如獨輪車、記里鼓車 (第 10 章)、雙轅車等，且鐵質配件逐漸取代青銅配件。魏晉南北朝時代 (220-589 年)，亦先後出現多種新型車輛。

夏代已有戰車與小規模的車戰，其後至前 3 世紀前的先秦戰爭中，**戰車** (Chariot) 一直是軍隊的主要裝備，不但具主導作用，亦決定當時軍隊的編制、陣形、作戰方式等。隨著春秋時期 (前 770-前 453 年) 奴隸制度的消亡、戰國時期 (前 453-前 221 年) 封建制度的開始，新興地主和自耕農增多，跟在戰車後面跑的徒兵 (步兵) 招募困難，加以防禦工事與器械更加有效，如強弩 (第 08 章) 的出現與騎兵部隊的盛行，車在戰爭中的攻擊作用逐漸喪失。約到漢武帝年間 (前 140-前 87 年)，古籍已無戰車的蹤影，意味著馳騁戰場 2 千多年的戰車已被淘汰。

1980 年，在西安臨潼的秦始皇陵陪葬坑中，發現兩部按 1：2 比例製造的彩繪銅車馬 (Bronze chariot)，造型準確、製作精良、外形美觀，被視為周秦時期主要的車型代表。

鹵簿乃古中國皇帝專用的儀仗，東漢 (25-220 年)《漢官儀》載：「天子出車駕次第謂之"鹵"，兵衛以甲盾居外為前導，皆謂之"簿"，故曰"鹵簿"。」原是指車駕、護衛，後世陸續增加儀仗與樂舞。再者，古代皇帝祭天時的儀仗稱為"大駕"，所使用的儀仗隊伍稱為"大駕鹵簿"，是最為重要、隨行官員和護衛人數最多、儀仗與樂舞最為齊備的鹵簿。儀仗隊中有許多儀仗車，其中的指南車與記里鼓車(第 10 章)，皆具傳動機械特質。

09-2　歷史記載 Historical Record

相傳黃帝戰勝蚩尤於涿鹿，靠的就是可於迷霧中辨識方位的指南車；然，前 3 世紀的戰國時期，才出現指南車的記載，相關古籍不下 40 種，主要有以下 3 則：

- 《古今注・卷上・輿服第一》(崔豹；280-316 年，西晉)

「大駕"指南車"起於黃帝。與蚩尤戰於涿鹿之野。蚩尤作大霧，兵士皆迷，於是作"指南車"以示四方，遂擒蚩尤，而即帝位。」

「舊說周公 (前 ?-前 1032 年) 所作，周公治致太平，越裳氏重譯來貢白雉一，黑雉二，象牙一，使者迷其歸路，周公賜以文錦二匹，"軿車(有帷幕的車子)"五乘，皆為"司南"之制，使越裳氏載之以南。」

- 《三國志・魏書・卷二十九》(陳壽，233-297 年)

「時有扶風馬鈞 (200-265 年)，巧思絕世……先生為給事中，與常侍高堂隆 (?-237 年)、驍騎將軍秦朗爭論於朝，言及"指南車"，二子謂古無"指南車"，記言之虛也。先生曰：『古有之，未之思耳，夫何遠之有！』二子哂之曰：『先生名鈞字德衡，鈞者器之模，而衡者所以定物之輕重；輕重無準而莫不模哉！』先生曰：『虛爭空言，不如試之易效也。』於是二子遂以白明帝 (204-239 年)，詔先生作之，而"指南車"成。此一異也，又不可以言者也，從是天下服其巧矣。」

- 《宋史・卷一百四十九》(1345 年)

「"指南車"，一曰"司南車"。赤質，兩箱畫青龍、白虎，四面畫花鳥，重臺，勾闌，鏤拱，四角垂香囊。上有仙人，車雖轉而手常南指。一轅，鳳首，駕四馬。駕士舊十八人，太宗 (939-997 年) 雍熙四年，增為三十人。仁宗 (1010-1063 年) 天聖五年，工部郎中燕肅 (961-1040 年) 始造"指南車"。肅上奏曰：『黃帝與蚩尤戰於涿鹿之野，蚩尤起大霧，軍士不知所向，帝遂作"指南車"。周成王 (約前 1060-前 1020 年) 時，越裳氏重譯來獻，使者惑失道，周公賜軿車以指南。』其後，法俱亡。漢張衡 (78-139 年)、魏馬鈞 (200-265 年) 繼作之，屬世亂離，其器不存。宋武帝 (363-422 年) 長安，嘗為此車，而制不精。祖沖之 (429-500 年) 亦復造之。後魏太武帝 (408-452 年) 使郭善明造，彌年不就，命扶風馬鈞造，垂成而為善明鴆死，其法遂絕。唐元和中,典作官金公立以其車及"記里鼓車"上之,憲宗(778-820年)閱於麟德殿,以備法駕。歷五代(907-960年)至國朝,不聞得其制者,今創意成之。」「其法:用獨轅車,車箱外籠上有重構,立木仙人於上,引臂南指。用大小輪九,合齒一百二十。足輪二,高六尺,圍一丈八尺。附足立子輪二,徑二尺四寸,圍七尺二寸,出齒各二十四,齒間相去三寸。轅端橫木下立小輪二,其徑三寸,鐵軸貫之。左小平輪一,其徑一尺二寸,出齒十二;右小平輪一,其徑一尺二寸,出齒十二。中心大平輪一,其徑四尺八寸,圍一丈四尺四寸,出齒四十八,齒間相去三寸。中立貫心軸一,高八尺,徑三寸。上刻木為仙人,其車行,木人指南。若折而東,推轅右旋,附右足子輪順轉十二齒,擊右小平輪一匝,觸中心大平輪左旋四分之一,轉十二齒,車東行,木人交而南指。若折而西,推轅左旋,附左足子輪隨輪順轉十二齒,擊左小平輪一匝,觸中心大平輪右轉四分之一,轉十二齒,車正西行,木人交而南指。若欲北行,或東,或西,轉亦如之。詔以其法下有司製之。」「大觀元年,內侍省吳德仁又獻"指南車"、"記里鼓車"之制,二車成,其年宗祀大禮始用之。其"指南車"身一丈一尺一寸五分,闊九尺五寸,深一丈九寸,車輪直徑五尺七寸,車轅一丈五寸。車箱上下為兩層,中設屏風,上安仙人一執杖,左右龜鶴各一,童子四各執縻立四角,上設關戾。臥輪一十三,各徑一尺八寸五分,圍五尺五寸五分,出齒三十二,齒間相去一寸八分。中心輪軸隨屏風貫下,下有輪一十三,中至大平輪。其輪徑三尺八寸,圍一丈一尺四寸,出齒一百,齒間相去一寸二分五釐,通上左右起落。二小平輪,各有鐵墜子一,皆徑一尺一寸,圍三尺三寸,出齒一十七,齒間相去一寸九分。又左右附輪各一,徑一尺五寸五分,圍四尺六寸五分,出齒二十四,齒間相去二寸一分。左右疊輪各二,下輪各徑二尺一寸,圍六尺三寸,出齒三十二,齒間相去二寸一分;上輪各徑一尺二寸,圍三尺六寸,出齒三十二,齒間相去一寸一分。左右車轅上各立輪一,徑二尺二寸,圍六尺六寸,出齒三十二,齒間相去二寸二分五釐。左右後轅各小輪一,無齒,繫竹並索在左右軸上,遇右轉使插羽,鑾纓,攀胸鈴拂,緋絹扉,錦包尾。」

　　基於歷史文獻記載與傳說,黃帝(約前2600年)與周公(前?-前1032年)皆創製指南車,然相關記載非正史,亦無足夠的證據支持此論述。有些文獻記載,指南車在漢代(前202-220年)已實存在。三國時代(220-280年)至晉朝(265-420年)的正史及其它官方資料,有指南車研製成功的記載,如馬鈞(200-265年)指南車。再者,《宋史》有兩則關於指南車外形與內部構造的說明,包含1027年燕肅及1107年吳德仁所設計的指南車。元代 (1206-1368 年) 之後，便不見指南車研製成功的記載。圖 09.01(a) 為王振鐸於 1937 年所復原的指南車模型 [49]。

(a) 王振鐸型 (1937 年) [49]　　　　　　(b) 插圖《三才圖會》

圖 09.01　指南車

指南車於古代又稱為**司南車**，戰國時期已普遍使用。《韓非子‧有度》(韓非，約前 281-前 233 年) 載：「夫人臣之侵其主也，如地形焉，即漸以往，使人主失端、東西易面而不自知。故先王立"司南"以端朝夕。故明主使其群臣不遊意於法之外，不為惠於法之內，動無非法。」這裡的司南，指的是將湯匙形狀的磁石置於光滑的圓盤上，湯匙在自然的轉動之後，匙柄自動地指向南方。由於使用不便，後來改成漂浮於水面的指南魚，停止後再判斷方向，北宋 (960-1127 年) 時，演變成指南針。元代時，人們利用指南針為海上行船的導航。到了明代 (1368-1644 年)，指南針的應用已相當廣泛。圖 09.01(b) 為《三才圖會》(1607 年) 中指南車的插圖，由於此裝置無輪子，應該是其內含有指示南北向磁針的器物。

09-3　近代發展 Recent Development

18 世紀後，學者開始研究古中國的指南車。起初，指南車常被誤認為是透過內部具磁性指南針的操作。1732 年，法國傳教士宋軍容 (A. Gaubil) [50] 與其他歐洲學者認為，指南車就是羅盤。1834 年，德國學者克拉波特 (J. H. Klaproth) [51] 將指南車翻譯為磁車，以為指南車的木人手常指南，是由藏在體內的磁針控制。1908 年，德裔美籍漢學家夏德 (F. Hirth) [52] 開始注意到指南車與指南針是完全不同的原理與構造，但對於指南車內部是否真能以機械方式來傳動，持懷疑態度。

20 世紀以來，指南車的復原解密研究分為兩大類型：一是強調以《宋史》記載為依據的指南車；二是假設古中國已有差動輪系 (Differential gears) 工藝技術的指南車。前者只有王振鐸根據《宋史》記載，成功復原燕肅指南車；後者則有不少學者專家，各自設計具不同傳動機械的指南車。

1909 年，英國漢學家翟理斯 (H. A. Giles) [53] 將《宋史》中關於燕肅指南車的記載譯成英文。1925 年，英國學者穆爾 (A. C. Moule) [54] 更準確地重新翻譯燕肅指南車的記載，並成功復原出宋代 (960-1279 年) 的指南車，圖 09.02(a)；此設計是一個具有自動離合器的定軸裝置，當車移動且轉向時，轉軸拉動一個具有固定滑輪的繩索，控制小齒輪去調整位於中心的大齒輪與垂直齒輪。1926 年橋本增吉 (M. Hashimoto) [55] 及 1928 年三尚義夫 (Y. Mikami) [56] 的研究，皆支持穆爾的概念。1937 年，王振鐸整理與分析古中國有關指南車的歷史文獻，改良穆爾的設計，並復原出如圖 09.02(b) 所示的指南車 [49]。在穆爾的設計中，車轅是在大平輪之上；王振鐸則是將車轅置於大平輪之下，在車轅與大平輪間增設持轅的平几二，上可承托大平輪的平衡，下可支援車轅的作動。

約 1924 年，英國學者戴科斯 (K. T. Dykes) 提出應用差動輪系指南車的概念，認為穆爾的論述操作不易且複雜，只有差動輪系可達到容易控制且高準確性的優點。然而，戴科斯也承認，未有證據顯示，古中國於相關時期具有差動輪系的工藝技術。英國學者蘭徹斯特 (G. Lanchester) [57] 跳脫歷史資料框架，認為指南車的內部機件構造應是類似汽車的差動齒輪傳動機械，並於 1947 年創作具有差動齒輪機構的指南車，圖 09.03(a)；圖 09.03(b) 為構造簡圖。

由於《宋史》未提及燕肅指南車具有繩索與滑輪的設計，1954 年劉仙洲認為穆爾與王振鐸的設計不符合文獻記載 [58]，並於 1962 年指出鮑思賀型燕肅指南車的構造更為合理 [03]，圖 09.02(c)。1977 年，學者思利維斯克 (A. C. Sleeswyk) [59] 提出具有自動離合器、齒輪、棘輪、及棘爪的定軸輪系指南車，圖 09.02(d)，轉向時，棘爪與棘輪及齒輪嚙合，經由機件輸出運動；此設計複雜，且古中國也未見這些機件的使用與

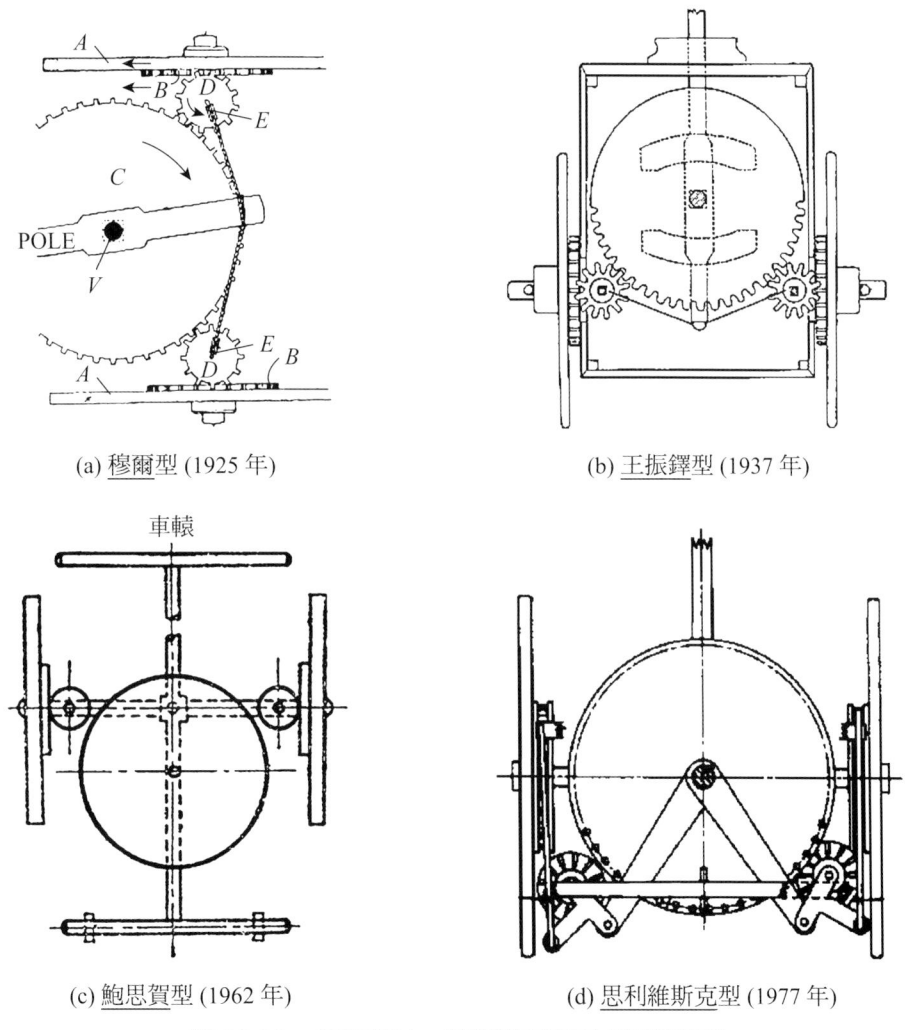

(a) 穆爾型 (1925 年) (b) 王振鐸型 (1937 年)

(c) 鮑思賀型 (1962 年) (d) 思利維斯克型 (1977 年)

圖 09.02　復原設計－燕肅型指南車 (定軸輪系)

記載。

　　1970 年代末期開始，陸續有學者專家提出關於指南車傳動機械的設計，如 1979 年的盧志明 [60]、1982 年的顏志仁 [61-62]、1986 年的楊衍宗 [63]、1990 年的兩角宗晴 (M. Muneharu) 與岸左年 (K. Satoshi) [64-65]、1996 年的謝龍昌 [66]、1999 年的陳英俊 [67]、及 2006 年的陳俊瑋 [46-48] 等，不勝枚舉。

(a) 復原設計 (1947 年)   (b) 構造簡圖

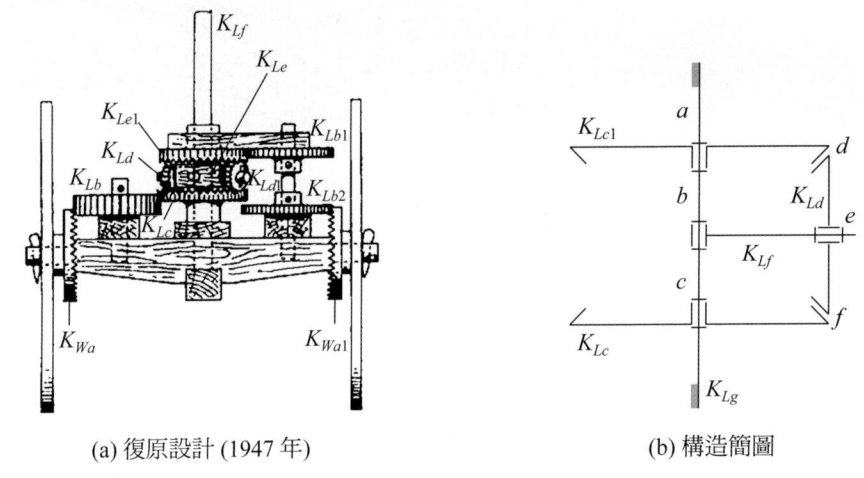

圖 09.03　蘭徹斯特型指南車 (差動輪系)

09-4　傳動機械構造特性 Structural Characteristics of Transmission Machines

　　1994 年，陸敬嚴根據歷史文獻與既有的復原設計，將指南車的傳動機械分成定軸輪系與差動輪系兩類 [68]。**定軸輪系** (Fixed-axis-type) **指南車**較接近《宋史》的記載，具有 1 個自由度，但難以控制木人方向；**差動輪系** (Differential-type) **指南車**具有 2 個自由度，性能與精確性優於定軸輪系指南車。

　　基於史料證物，古中國最晚在秦漢時代 (前 221-220 年)，已有齒輪機構的應用。再者，許多天文儀器與農業機械的創作，都利用齒輪作為傳動機械。據此，多數學者專家認為，指南車內部傳動機械的主要機件是齒輪，其它可能的機件為連桿、繩索與滑輪、摩擦輪等。

　　由於差動輪系指南車具有控制容易及內部構造可彈性變化的優點，因此定軸輪系指南車的復原設計較差動輪系指南車少，其構造特性如下：

01. 在直線前進與轉向移動時，具有不同的構造。
02. 沿著輸出桿的旋轉軸，其構造左右對稱。
03. 當車身轉向時，有一根機件或一條繩索作為離合器。
04. 滑輪的作用為改變繩索的方向。
05. 機構的自由度為 1。

圖 09.04 為王振鐸型指南車 [49]。在轉向階段，一軸拉動繩索控制兩個齒輪上或下的作動，並連接輸出齒輪與兩個輪子。再者，為簡化復原設計，可將滑輪忽略。

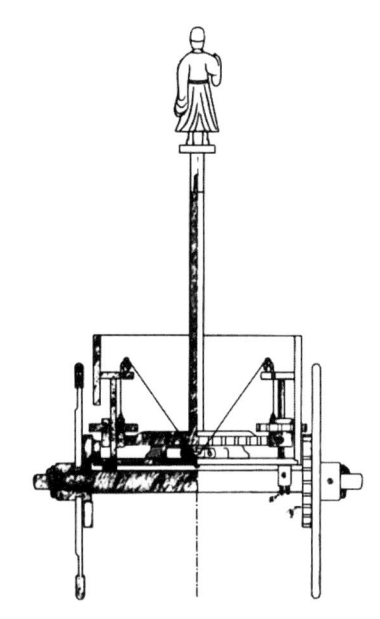

圖 09.04　王振鐸型指南車 (定軸輪系) [49]

09-5　復原設計 Reconstruction Designs

以下基於"古機械復原設計法"機理，系統化推演出符合當代工藝技術水平之指南車的傳動機械，包括二桿定軸輪系指南車、三桿定軸輪系指南車、不同機件定軸輪系指南車、四桿差動輪系指南車、五桿差動輪系指南車、以及不同機件差動輪系指南車。

09-5.01　定軸輪系

二桿定軸輪系

基於現有復原設計的分析，指南車的最少機件數為2。然而，輪子可以直接與輸出機件連接。本設計移除一根輸入桿，進行二桿定軸輪系指南車的復原設計，其構造特性如下：

01. 機件為齒輪與滾子。
02. 機件數為 2。
03. 機構的自由度為 1。

　　基於"古機械復原設計法",及歸納出的構造特性,解密出 2 組具二桿定軸輪系指南車,圖 09.05(a)-(b) 為構造圖,圖 09.06(a)-(b) 為所對應的三維模型。此設計具有最少的機件,是傳動機械最簡單的指南車。

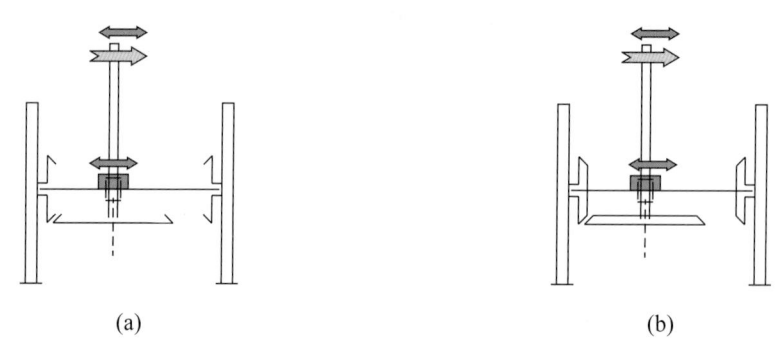

(a)　　　　　　　　　　　　(b)

圖 09.05　復原設計:構造圖—二桿定軸輪系指南車

(a)　　　　　　　　　　　　(b)

圖 09.06　復原設計:三維模型—二桿定軸輪系指南車 [46]

三桿定軸輪系

　　由於指南車可由一根輸入桿、一根輸出桿、及固定桿所組成,故機件數為 3。根據文獻資料,三桿定軸輪系指南車的復原設計,其構造特性如下:

01. 機件為齒輪、滾子、及繩索。
02. 機件數為 3。

03. 機構的自由度為 1。

基於"古機械復原設計法",及歸納出的構造特性,解密出 6 組具三桿定軸輪系指南車,圖 09.07(a)-(f) 為構造圖,圖 09.08(a)-(f) 為所對應的三維模型 [46];其中,圖 09.07(a) 為鮑思賀 [03] 的設計,即圖 09.02(c)。

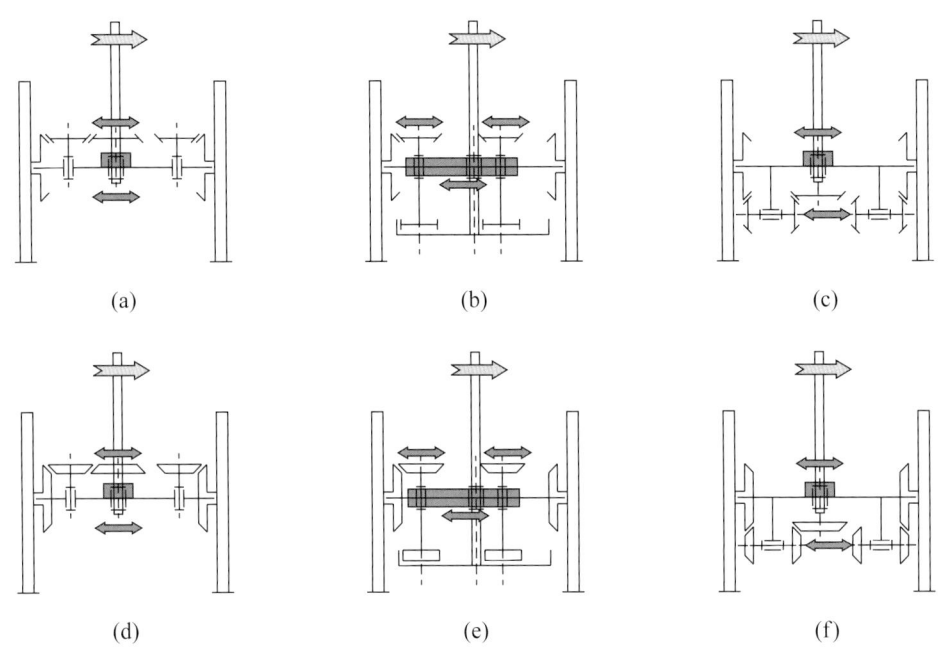

圖 09.07　復原設計:構造圖－三桿定軸輪系指南車

具不同機件定軸輪系

根據文獻資料,具不同機件定軸輪系指南車的復原設計,其構造特性如下:

01. 機件為齒輪、滾子、繩索、及滑輪。
02. 機件數為 4。
03. 機構的自由度為 1。

基於"古機械復原設計法",及歸納出的構造特性,解密出 6 組具不同機件定軸輪系指南車,圖 09.09(a)-(f) 為構造簡圖,圖 09.10(a)-(c) 為前三者對應的三維模型圖譜;其中,圖 09.09(a) 為王振鐸 [49] 的設計,即圖 09.02(b)。

(a)　　　　　　　　　(b)　　　　　　　　　(c)

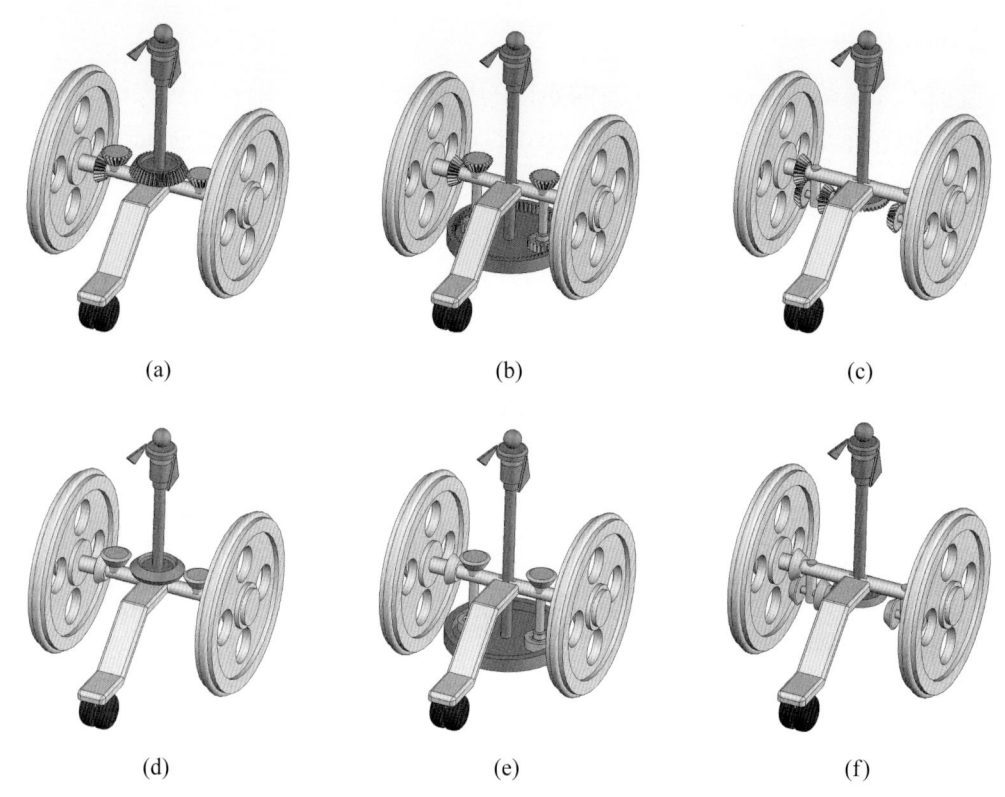

(d)　　　　　　　　　(e)　　　　　　　　　(f)

圖 09.08　復原設計：三維模型－三桿定軸輪系指南車 [46]

09-5.02　差動輪系

四桿差動輪系

　　差動輪系指南車由二根輸入桿、一根輸出桿、及一根固定桿組成，因此至少有 4 根機件數，其構造特性如下：

01. 機件可以是齒輪、滾子、繩索、及滑輪。
02. 機件數為 4。
03. 機構的自由度為 2。

　　基於"古機械復原設計法"，及歸納出的構造特性，解密出 8 組具四桿差動輪系指南車，圖 09.11(a)-(h) 為構造圖，圖 09.12(a)-(h) 為對應的三維模型圖譜；其中，圖 09.11(d) 為 1979 年盧志明的設計 [60]。

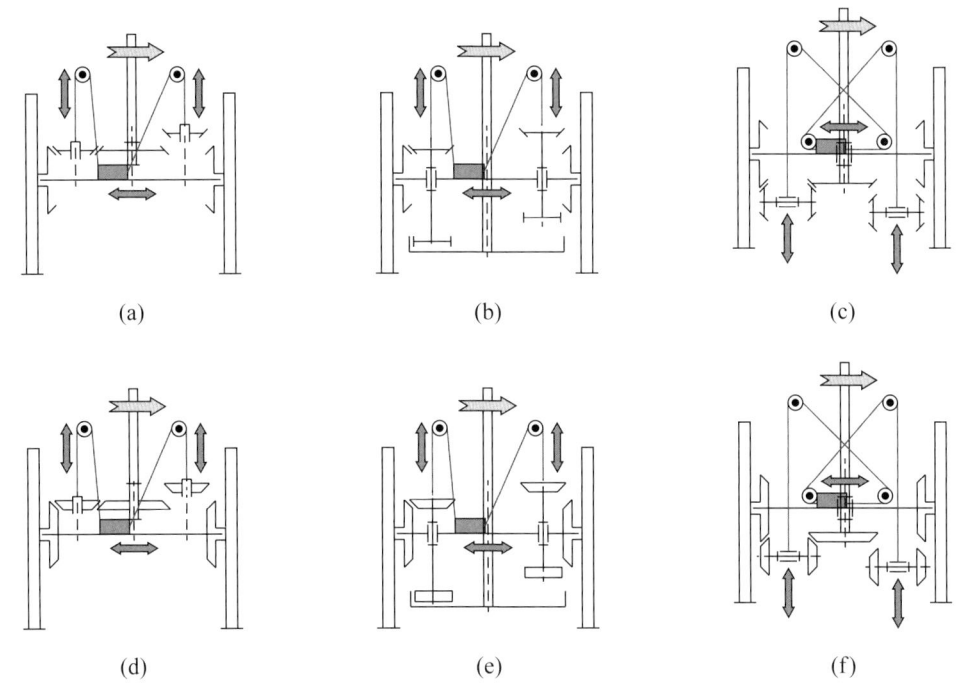

圖 09.09　復原設計：構造圖－具不同機件定軸輪系指南車

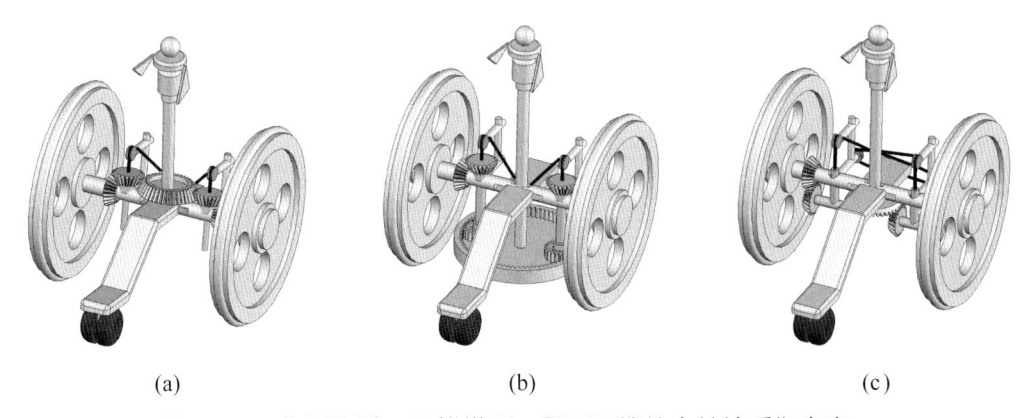

圖 09.10　復原設計：三維模型－具不同機件定軸輪系指南車 [46]

五桿差動輪系

根據文獻資料，五桿差動輪系指南車的復原設計數量最多，其構造特性如下：
01. 機件為齒輪。

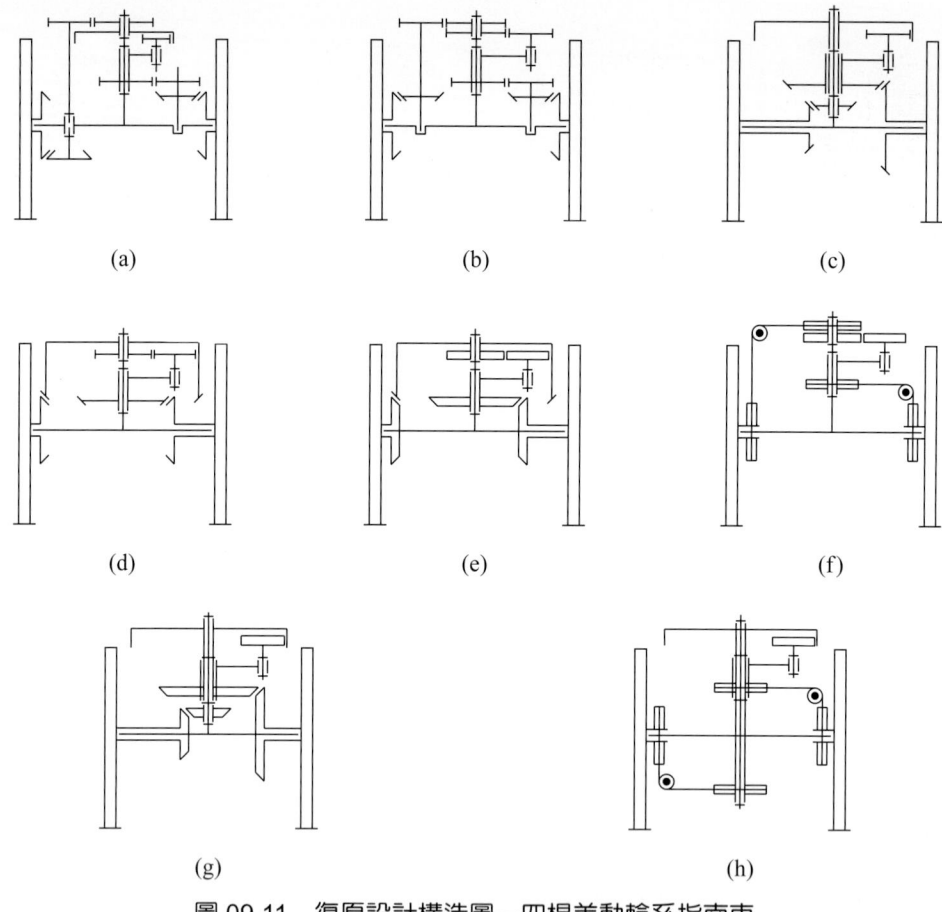

圖 09.11　復原設計構造圖－四桿差動輪系指南車

02. 機件數為 5。
03. 機構的自由度為 2。

　　基於"古機械復原設計法"，及歸納出的構造特性，解密出 18 組具五桿差動輪系指南車，圖 09.13(a_1)-(d_4) 為構造圖，圖 09.14(a_1)-(d_4) 為對應的三維模型圖譜 [46]；其中，圖 09.13(d_1) 為蘭徹斯特的設計 [57]，圖 09.13(a_4) 與 (d_4) 為 1979 年盧志明的設計 [60]，圖 09.13(d_3) 為 1982 年顏志仁的設計 [62]，圖 09.13(a_5) 為 1986 年楊衍宗的設計 [63]，圖 09.13(a_3)、(b_1)、及 (b_2) 則為 1996 年謝龍昌的設計 [66]。此外，圖 09.14(a_6) 的設計構想經齒數設計後，其三維模型如圖 09.15(a) 所示，復原模型與作動影片，如圖 09.15(b) 所示。

| 第 09 章 | 指南車　177

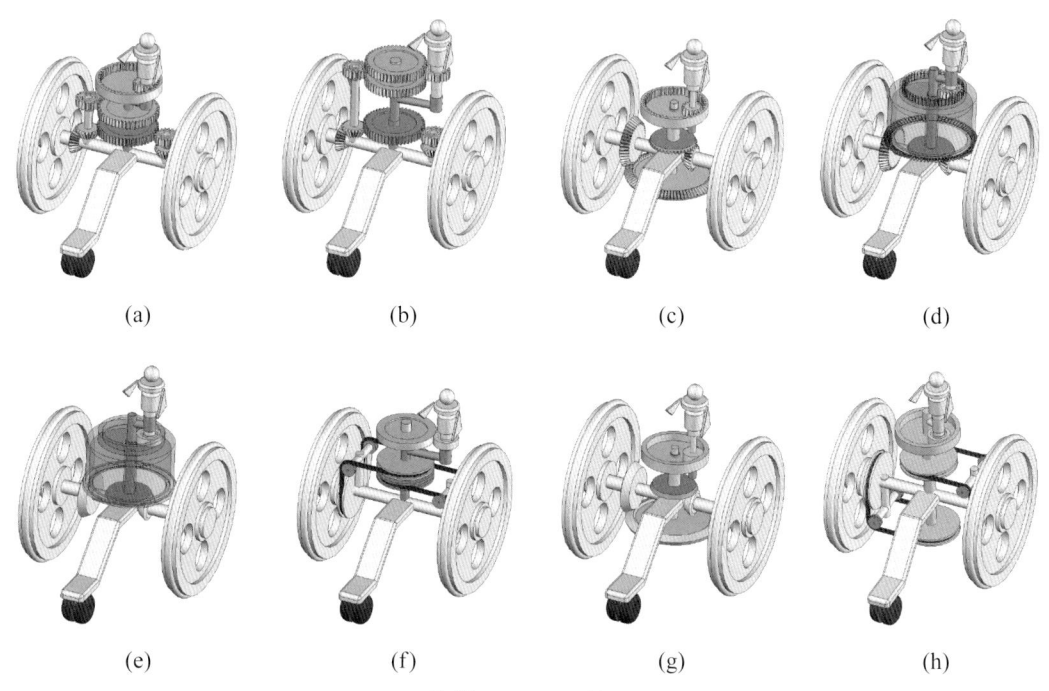

(a)　　　　　　(b)　　　　　　(c)　　　　　　(d)

(e)　　　　　　(f)　　　　　　(g)　　　　　　(h)

圖 09.12　三維模型－四桿差動輪系指南車 [46]

具不同機件差動輪系

根據文獻資料，具繩索、滑輪、及摩擦輪差動輪系指南車，其構造特性如下：

01. 機件為繩索、滑輪、及摩擦輪。
02. 二個摩擦輪以外連接的滾動接頭連接。
03. 機件數為 5。
04. 機構的自由度為 2。

基於"古機械復原設計法"，及歸納出的構造特性，解密出 4 組具繩索、滑輪、及摩擦輪的差動輪系指南車，圖 09.16(a_1)-(b_2) 為構造圖；其中，圖 09.16(b_1) 為陳英俊的設計 [67]，圖 09.17。

(a_1) (a_2) (a_3)

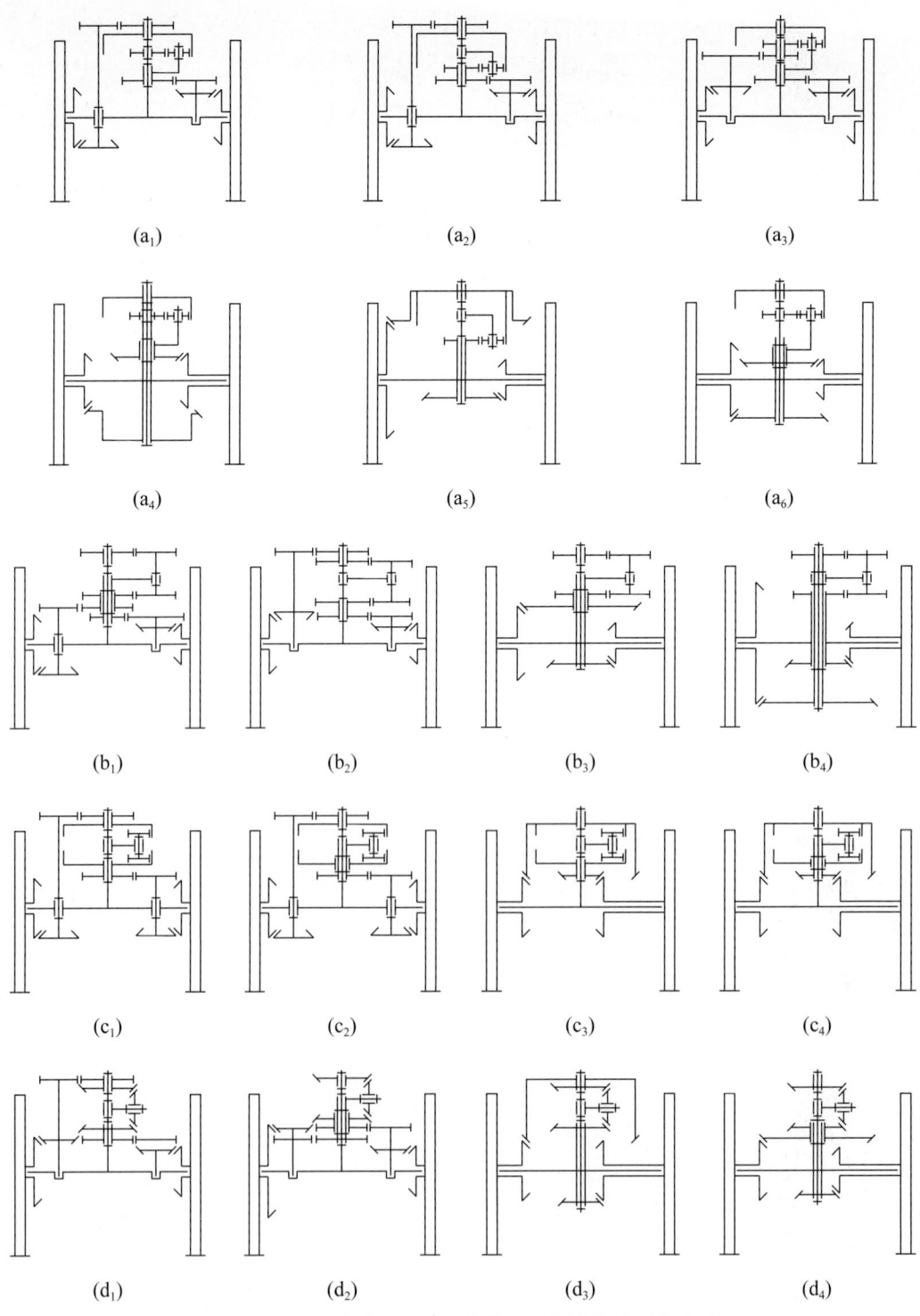

(a_4) (a_5) (a_6)

(b_1) (b_2) (b_3) (b_4)

(c_1) (c_2) (c_3) (c_4)

(d_1) (d_2) (d_3) (d_4)

圖 09.13　復原設計：構造圖－五桿差動輪系指南車

|第 09 章| 指南車　179

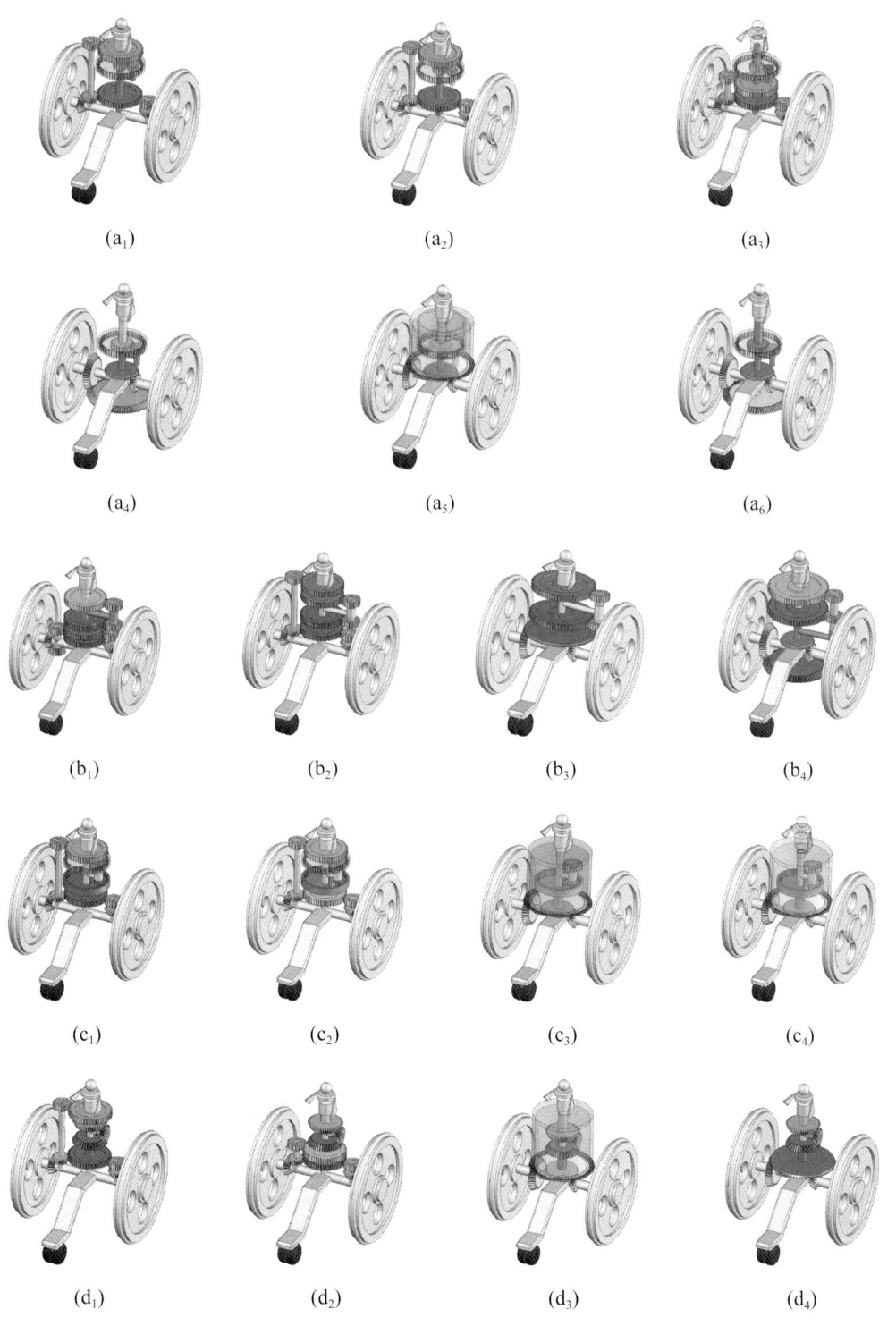

(a₁)　　　　　　　　　(a₂)　　　　　　　　　(a₃)

(a₄)　　　　　　　　　(a₅)　　　　　　　　　(a₆)

(b₁)　　　　　(b₂)　　　　　(b₃)　　　　　(b₄)

(c₁)　　　　　(c₂)　　　　　(c₃)　　　　　(c₄)

(d₁)　　　　　(d₂)　　　　　(d₃)　　　　　(d₄)

圖 09.14　復原設計：三維模型－五桿差動輪系指南車 [46]

180　古中國傳動機械解密

(a) 三維模型　　　　　　　　　　　　(b) 復原模型與作動影片

圖 09.15　復原設計－圖 09.14 (a$_6$) 五桿差動輪系指南車 [46]

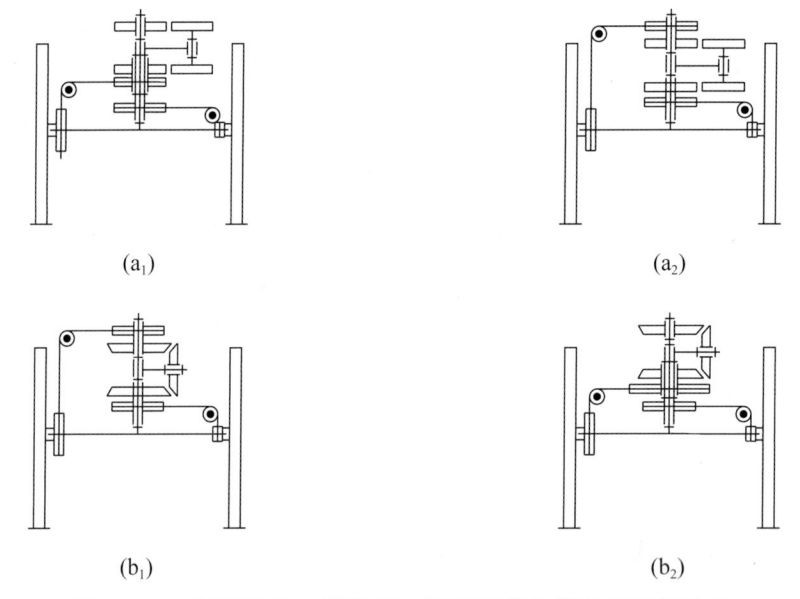

(a_1)　　　　　　　　　　　　(a_2)

(b_1)　　　　　　　　　　　　(b_2)

圖 09.16　復原設計：構造圖－具不同機件差動輪系指南車

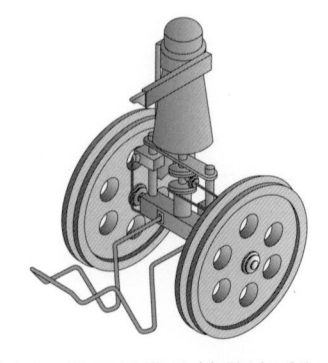

圖 09.17　陳英俊型－具不同機件差動輪系指南車 (1999 年) [67]

第 10 章

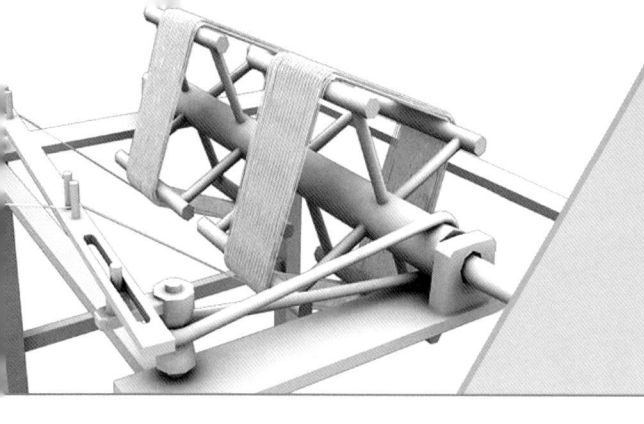

記里鼓車
Hodometer

　　古中國的記里鼓車如同指南車一樣,是護航皇帝出巡儀仗車隊的一部分,能自報行車的里數,其基本原理與近代車輛的機械式里程計(第 10-5.02 節)大致相同。雖有歷史文獻的記載,但由於內容不完整,亦無留世實物,屬有憑無據(失傳)、構造不確定(類型 III)的傳動機械。

　　本章介紹記里鼓車的歷史記載與背景,探討其構造特性,復原解密其傳動機械[69-70],並介紹古西方與近代的機械式里程計。

10-1　歷史記載 Historical Record

　　古中國的**記里鼓車** (Hodometer) 又名**大章車**、**記道車**,經由車輪帶動由齒輪、凸輪、及連桿組成的傳動機械擊鼓,車上木人揮臂擊鼓一次,表示車已行走 1 里 (約 415.8 公尺),揮臂擊鐲或鉦 (皆為古代行軍時用以節制隊伍行進步伐的樂器) 一次,表示車已行走 10 里。

　　歷史文獻有關記里鼓車的發明時間與人物的記載並不一致。《黃帝內傳》(南北朝至隋唐,439-907 年) 載:「……玄女為帝製"司南車"當其前,"記里鼓車"當其後。」雖然指出黃帝時代(約前 2600 年) 就有記里鼓車,但只是傳說。有些學者認為記里鼓車是東漢的張衡 (78-139 年) 所發明,有些則認為創製於晉代 (280-420 年)。

　　西漢 (前 202-8 年) 皇帝出巡時的儀仗車隊中,出現了記里鼓車。圖 10.01 為漢代孝堂山畫像石中的鼓車圖。晉代,記里鼓車為天子之鹵簿儀仗時所用,排在指南車之後。唐宋時代 (618-1279 年),記里鼓車增加較先前繁雜的木人十里擊鐲或鉦。1171 年的金朝 (1115-1234 年),記里鼓車出現在大駕鹵簿中;元代 (1280-1368 年) 的鹵簿儀仗車隊,已不見記里鼓車;明清時代 (1368-1911 年),更不見記里鼓車的記載而失傳。

圖 10.01　鼓車圖 (漢代孝堂山畫像石)

　　雖然歷史文獻有多次研製記里鼓車的記載，但是由於戰亂與改朝換代，致使記里鼓車遺失或損壞，加以文字紀錄不詳，後人難知其究竟。除《宋史》(1345 年) 對記里鼓車有較詳細的記載外，其它文獻的敘述過於簡略，無法瞭解其傳動機械的構造。主要的相關記載有以下 3 則：

- 《古今注・卷上・輿服第一》(280-316 年)
　「……"大章車"，所以識道里也，起於西京 (《西京雜記》)，亦曰"記里車"。車上爲二層，皆有木人，行一里，下層擊鼓；行十里，上層擊鐲。《尚方故事》有作車法。」
由於《古今注》與《西京雜記》(317-420 年) 的成書年代與真實性尚待證實，有學者認爲是後人所杜撰。

- 《宋史・卷一百四十九》(1345 年)
　「"記里鼓車"，一名"大章車"。赤質，四面畫花鳥，重台，勾闌，鏤拱。行一里，則上層木人擊鼓；十里，則次層木人擊鐲。一轅，鳳首，駕四馬。駕士舊十八人，太宗雍熙四年，增爲三十人。仁宗天聖五年，內侍盧道隆上"記里鼓車"之制：『獨轅雙輪，箱上爲兩重，各刻木爲人，執木搥。足輪各徑六尺，圍一丈八尺。足輪一周，而行地三步。以古法六尺爲步，三百步爲里，用較今法五尺爲步，三百六十步爲里。立輪一，附於左足，徑一尺三寸八分，圍四尺一寸四分，出齒十八，齒間相去二寸三分。下平輪一，其徑四尺一寸四分，圍一丈二尺四寸二分，出齒五十四，齒間相去與附立輪同。立貫心軸一，其上設銅旋風輪一，出齒三，齒間相去一寸二分。中立平輪一，其徑四尺，圍一丈二尺，出齒百，齒間相去與旋風等。次安小平輪一，其徑三寸少半寸，圍一尺，出齒十，齒間相去一寸半。上平輪一，其徑三尺少半尺，圍一丈，出齒百，齒間相去與小平輪同。其中平輪轉一周，車行一里，下一層木人擊鼓；上平輪轉一周，車行十里，上一層木人擊鐲。凡用大小輪八，合二百八十五齒，遞相鉤鏁，犬牙相制，周而復始。』詔以其法下有司制之。大觀之制，車箱上下為兩層，上安木人二身，各手執木槌。輪軸共四。內左壁車腳上立輪一，安在車箱內，徑二尺二寸五分，圍六尺七寸五分，二十齒，齒間相去三寸三分五厘。又平輪一，徑四尺六寸五分，圍一丈三尺九寸五分，出齒六十，齒間相去二寸四分。上大平輪一，通軸貫上，徑三尺八寸，圍一丈一尺，出齒一百，齒間相去一寸二分。立軸一，徑二寸二分，圍六寸六分，出齒三，齒間相去二寸二分。外大平輪軸上有鐵撥子二。又木橫軸上關捩、撥子各一。其車腳轉一百遭，通輪軸轉周，木人各一擊鉦、鼓。」

- 《皇朝類苑・卷第五十八》(1127-1279 年，南宋)

「《西京雜記》云："記里鼓車"者，車上有二層，皆有木人，行一里則下一層擊鼓，行十里上層擊鐘，其機法皆妙絕焉。隋開皇九年平陳得此車，唐得而用焉，<u>金公亮</u>重修此車。古製或云數里數也，今皇朝<u>蘇弼</u>重修焉。」

由上可知，唐代 (618-907 年) <u>金公亮</u>和宋代 (960-1234 年) <u>蘇弼</u>皆曾復原記里鼓車，然未詳細描述其機械構造。<u>宋仁宗</u> (1010-1063 年) 的內侍<u>盧道隆</u>及<u>宋徽宗</u> (1082-1135 年) 的內侍<u>吳德仁</u>，分別於 1027 年及 1107 年復原記里鼓車。然《宋史》對於記里鼓車僅描述車輪與齒輪的傳動，未完整描述擊鼓機構。

此外，1925 年，<u>張蔭麟</u> (1905-1942 年) 針對<u>盧道隆</u>和<u>吳德仁</u>製作記里鼓車方法的誤謬，加以更正 [71]。

10-2 傳動機械構造特性 Structural Characteristics of Transmission Machines

基於《宋史》的記載可知，<u>盧道隆</u>復原的記里鼓車，對於各齒輪的排列與齒數有相當的描述，且能一里擊鼓，十里擊鐲或鉦，但對於如何擊鼓的說明並不完整。圖 10.02(a) 為其傳動機械的構造簡圖，為具有 5 根機件與 7 個接頭的機構，其 5 根機件分別為固定桿 (1，K_F)、足輪與立輪 (2，K_I)、下平輪與旋風輪 (3，K_G)、中立平輪與小

184 古中國傳動機械解密

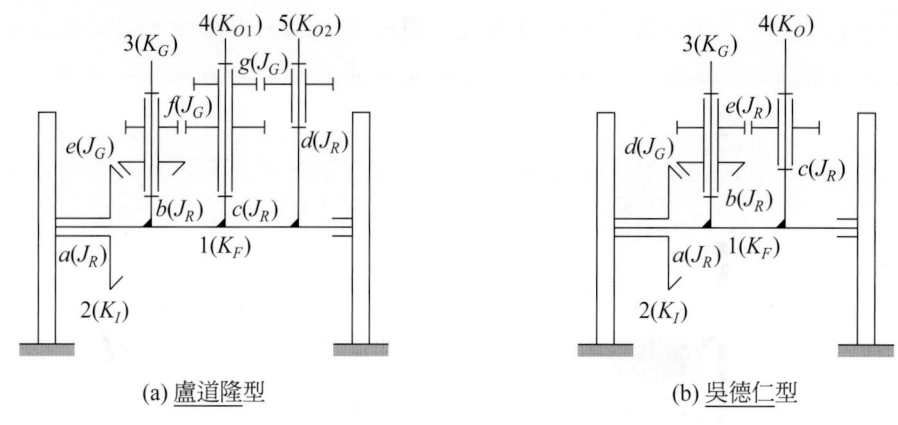

(a) 盧道隆型   (b) 吳德仁型

圖 10.02　《宋史》記里鼓車構造簡圖

平輪 (4，K_{O1})、及上平輪 (5，K_{O2})；而 7 個接頭分別為和 K_F 與 K_I 連接的接頭 (a) 是旋轉接頭 (J_R)、和 K_F 與 K_G 連接的接頭 (b) 是旋轉接頭 (J_R)、和 K_F 與 K_{O1} 連接的接頭 (c) 是旋轉接頭 (J_R)、和 K_F 與 K_{O2} 連接的接頭 (d) 是旋轉接頭 (J_R)、和 K_I 與 K_G 連接的接頭 (e) 是齒輪接頭 (J_G)、和 K_G 與 K_{O1} 連接的接頭 (f) 是齒輪接頭 (J_G)、和 K_{O1} 與 K_{O2} 連接的接頭 (g) 則是齒輪接頭 (J_G)。

　　由《宋史》亦可知，吳德仁復原的記里鼓車，不僅記載各齒輪的排列與齒數，並利用凸輪機件 (鐵撥子與關捩撥子) 帶動木人手臂使其擊鼓，車上的兩個木人同時一里擊鼓或鉦。雖描述了主體機構的構造，但未完整描述擊鼓機構。圖 10.02(b) 為其傳動機械的構造簡圖，是具有 4 根機件與 5 個接頭的機構，其 4 根機件分別為固定桿 (1，K_F)、左足輪與立輪 (2，K_I)、平輪與上大平輪 (3，K_G)、及立軸與外大平輪 (4，K_O)；而 5 個接頭分別為和 K_F 與 K_I 連接的接頭 (a) 是旋轉接頭 (J_R)、和 K_F 與 K_G 連接的接頭 (b) 是旋轉接頭 (J_R)、和 K_F 與 K_O 連接的接頭 (c) 是旋轉接頭 (J_R)、和 K_I 與 K_G 連接的接頭 (d) 是齒輪接頭 (J_G)、和 K_G 與 K_O 連接的接頭 (e) 則是齒輪接頭 (J_G)。

　　1937 年，王振鐸 (1911-1992 年) 基於《宋史》的記載，製作出記里鼓車的模型，圖 10.03(a)。圖 10.03(b) 為其傳動機械的構造簡圖，與吳德仁型記里鼓車的傳動機械相同，皆為 4 桿 5 接頭的機構。王振鐸 [08] 推測記里鼓車的擊鼓與擊鐲或鉦的機構，是一種凸輪機構，其原理如圖 10.03(c) 所示，B 與 B' 為鐵撥子，C 與 C' 為關捩撥子，構造簡圖如圖 10.03(d) 所示，為具有 5 根機件 6 個接頭的機構，其 5 根機件分別為固定桿 (1，K_F)、輸入桿 (2，K_I)、連接桿 1 (3，K_{L1})、連接桿 2 (4，K_{L2})、及輸出桿 (5，K_O)；而 6 個接頭分別為和 K_F 與 K_I 連接的接頭 (a) 是旋轉接頭 (J_R)、和 K_F 與 K_{L1} 連接

| 第 10 章 | 記里鼓車　185

(a) 復原模型 (中國國家博物館，北京)

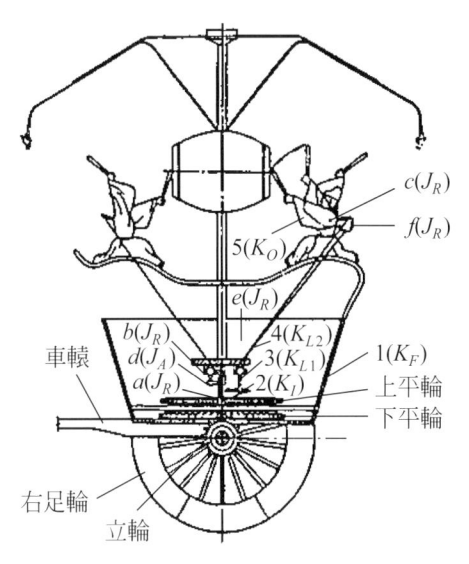

(b) 構造簡圖－傳動機構

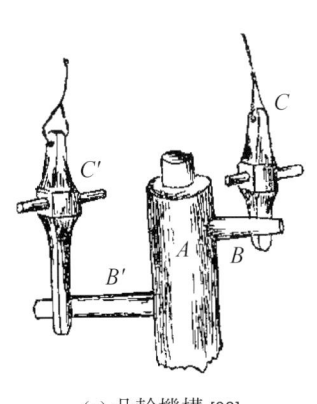

(c) 凸輪機構 [08]

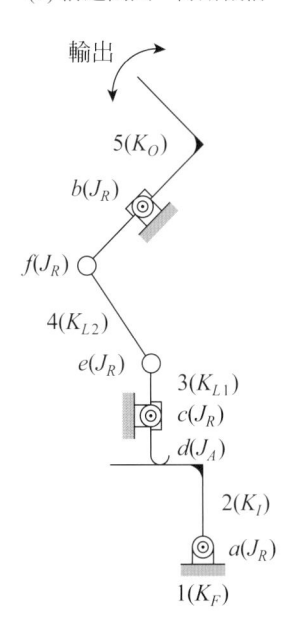

(d) 構造簡圖－擊鼓與擊鐲或鉦

圖 10.03　王振鐸型記里鼓車

的接頭 (c) 是旋轉接頭 (J_R)、和 K_F 與 K_O 連接的接頭 (b) 是旋轉接頭 (J_R)、和 K_I 與 K_{L1} 連接的接頭 (d) 是凸輪接頭 (J_A)、和 K_{L1} 與 K_{L2} 連接的接頭 (e) 是旋轉接頭 (J_R)、和 K_{L2} 與 K_O 連接的接頭 (f) 則是旋轉接頭 (J_R)。

依前述分析，歸納出記里鼓車的基本構造特性如下：

傳動機構

01. 盧道隆型具有 1 個輸入機件與 2 個輸出機件。
02. 吳德仁型具有 1 個輸入機件與 1 個輸出機件。
03. 機件主要是齒輪。

擊鼓機構

01. 具有 1 個輸入機件與 1 個輸出機件。
02. 最少機件數為 3。

10-3　復原設計 Reconstruction Designs

以下根據"古機械復原設計法"機理，系統化復原解密出符合當代工藝技術水平之記里鼓車的傳動機械，包括齒輪機構(4桿、5桿)、擊鼓機構(3桿、4桿、5桿)、及整體機構。

10-3.01　齒輪機構

四桿齒輪機構

本設計以歷史文獻記載"一里擊鼓"的傳動機械為主，有 1 個輸入機件與 1 個輸出機件，構造特性如下：

01. 機件以齒輪為主。
02. 機件數為 4。
03. 機構的自由度為 1。

基於"古機械復原設計法"，及所歸納出的構造特性，解密出 1 組具四桿記里鼓車傳動機械，圖 10.04(a) 為構造簡圖，圖 10.04(b) 為其三維模型，輸出機件使上層的兩個木人同時做擊鼓或鉦的動作。再者，本設計為吳德仁型與王振鐸型記里鼓車的傳動機械，即圖 10.02(b)。

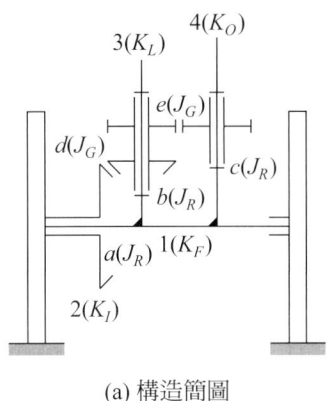

(a) 構造簡圖　　　　　　　　　　(b) 三維模型

圖 10.04　四桿記里鼓車齒輪機構 [69]

五桿齒輪機構

本設計以歷史文獻記載"一里擊鼓，十里擊鐲"的傳動機械為主，有 1 個輸入機件與 2 個輸出機件，構造特性如下：

01. 機件以齒輪為主。
02. 機件數為 5。
03. 機構的自由度為 1。

基於"古機械復原設計法"，及所歸納出的構造特性，解密出 3 組具五桿記里鼓車傳動機械，圖 10.05(a)-(c) 為其構造簡圖與三維模型；其中，圖 10.05(b_1) 為盧道隆的復原設計，即圖 10.02(a)。本設計輸出機件有 2 個，連接上層的兩個木人，使木人分別做擊鼓與擊鐲或鉦的動作。

10-3.02　擊鼓機構

三桿擊鼓機構

由於歷史文獻未完整描述記里鼓車的擊鼓機械，本設計取最少機件 (3 桿)，構造特性如下：

01. 機件的類型不限。
02. 機件數為 3。
03. 機構的自由度為 1。

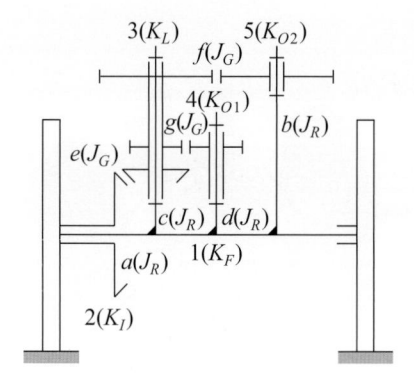

188　古中國傳動機械解密

(a_1) 構造簡圖 　　　　　　　　　　　　　　(a_2) 三維模型

(a) 復原設計 a

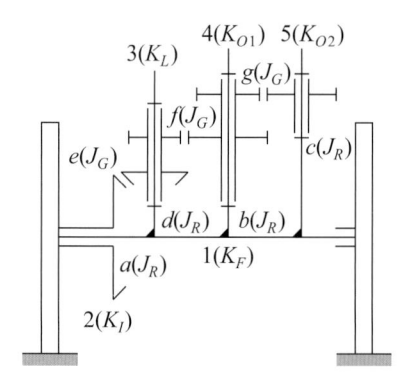

(b_1) 構造簡圖 　　　　　　　　　　　　　　(b_2) 三維模型

(b) 復原設計 b

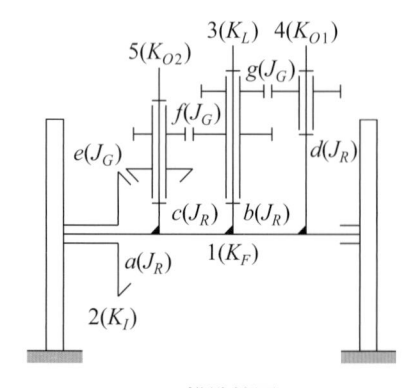

(c_1) 構造簡圖 　　　　　　　　　　　　　　(c_2) 三維模型

(c) 復原設計 c

圖 10.05　五桿記里鼓車齒輪機構 [69]

基於"古機械復原設計法",及所歸納出的構造特性,解密出 1 組具三桿記里鼓車的擊鼓機構,圖 10.06(a)-(b) 為其構造簡圖與三維模型。

(a) 構造簡圖　　　　　　　　　　(b) 三維模型

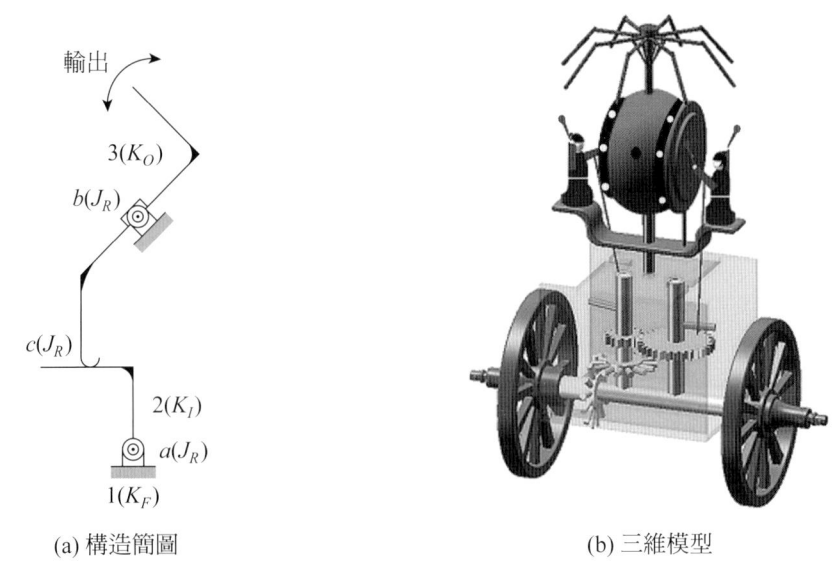

圖 10.06　三桿記里鼓車擊鼓機構 [69]

四桿擊鼓機構

本設計取機件數為 4,構造特性如下:

01. 機件的類型不限。
02. 機件數為 4。
03. 機構的自由度為 1。

基於"古機械復原設計法",及歸納出的構造特性,可得 1 組具四桿記里鼓車擊鼓機構,圖 10.07(a)-(b) 為其構造簡圖與三維模型。

五桿擊鼓機構

本設計基於王振鐸復原之記里鼓車的擊鼓機構,取機件數為 5,構造特性如下:

01. 機件的類型不限。
02. 機件數為 5。
03. 機構的自由度為 1。

(a) 構造簡圖 (b) 三維模型

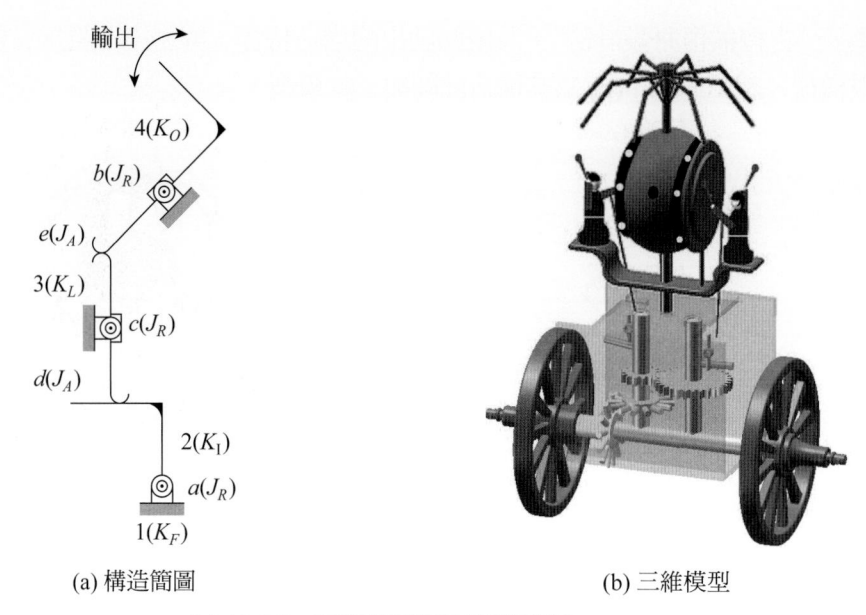

圖 10.07　四桿記里鼓車擊鼓機構 [69]

基於"古機械復原設計法"，及歸納出的構造特性，解密出 4 組具五桿記里鼓車的擊鼓機構。5 桿 6 接頭擊鼓機構的構造簡圖與三維模型分別如圖 10.08(a) 和 (b) 所示 [69]，5 桿 7 接頭擊鼓機構的構造簡圖與三維模型則分別如圖 10.09(a) 和 (b) 所示。

10-3.03　整體機構

圖 10.10(a) 為 1 組具完整記里鼓車傳動機械 (齒輪機構與擊鼓機構) 的三維模型，圖 10.10(b) 則為其復原模型與作動影片。

10-4　古西方里程計 Ancient Western Odometer

古西方**里程計** (Odometer) 出現的時間早於古中國，傳動機械也有些不同。抵達目的地時，只需看箱子內石子的顆粒數，便知行駛的里數；記里鼓車則需記下鼓或鐲鉦聲的次數，才得知所行駛的里數。

古西方的里程計，相傳最早為古羅馬時期的阿基米德所創作，前 264 年曾使用在古羅馬與古迦太基之間的首次布匿戰爭 (Punic war) 上，但並無文獻證實。基於歷史記載，車輛里程計的發明者為古羅馬的希羅 (Heron of Alexandria，10-70 年)，The

| 第 10 章 | 記里鼓車　191

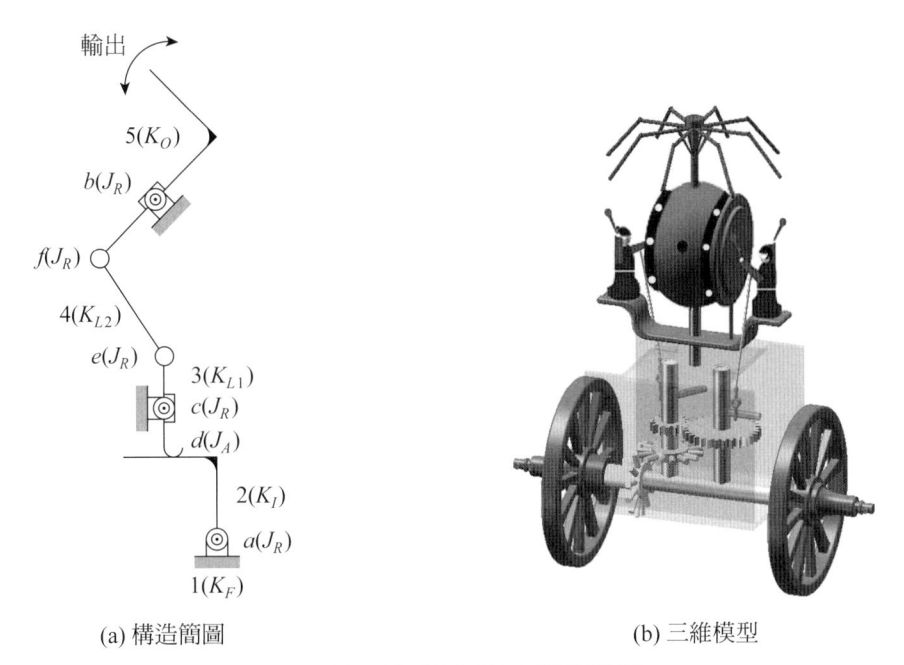

(a) 構造簡圖　　　　　　　　　　　(b) 三維模型

圖 10.08　5 桿 6 接頭記里鼓車擊鼓機構 [69]

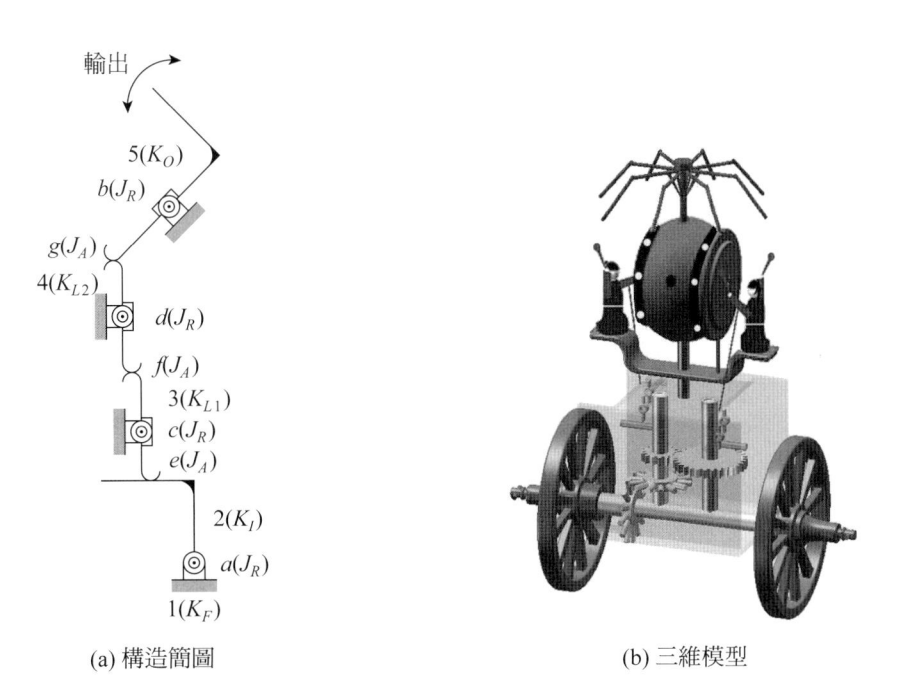

(a) 構造簡圖　　　　　　　　　　　(b) 三維模型

圖 10.09　5 桿 7 接頭記里鼓車擊鼓機構 [69]

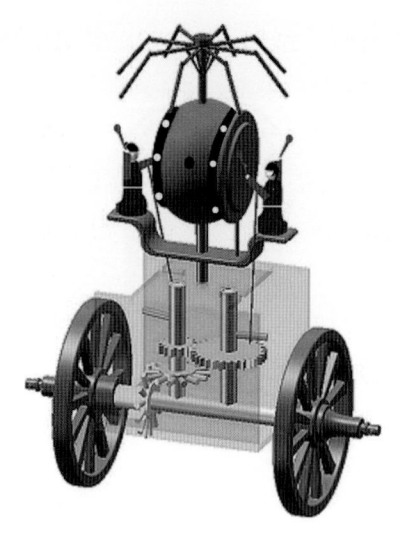

(a) 三維模型　　　　　　　　(b) 復原模型與作動影片 [邱于庭]

圖 10.10　記里鼓車整體傳動機構 [69，邱于庭]

Dioptra of Heron《角度儀》一書描述了希羅的里程計，圖 10.11(a)，利用車輪帶動 5 個傳動軸及 4 組蝸桿與蝸輪傳動 [72]。車箱內有一個小盒子，達到一定里程數時，即有一顆石子掉入盒中。車箱的一側有由 0 到 9 的刻度盤，可得到每一軸轉動的圈數，以換算出里程數。再者，此設計的車輪直徑為 4 呎 (Feet)，車輪轉 400 圈即為 1 羅馬哩 (Roman mile)，相當於現今的 1500 公尺。

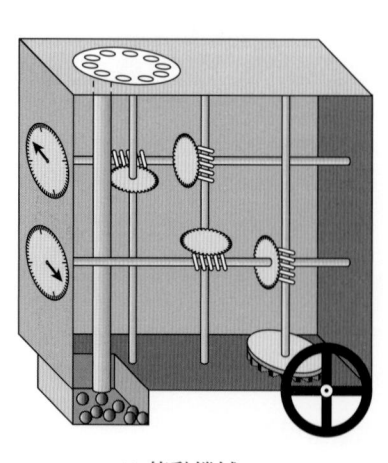

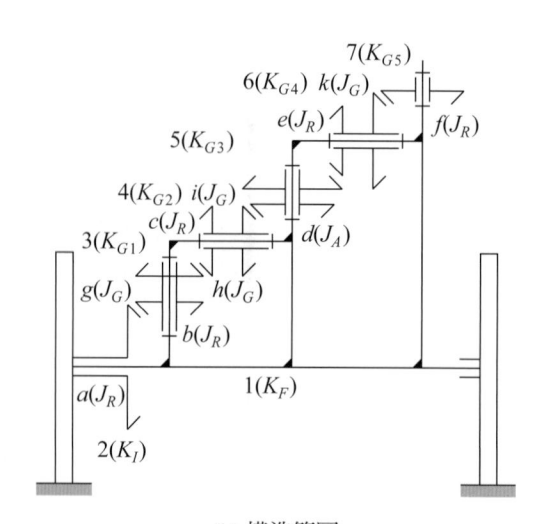

(a) 傳動機械 [72]　　　　　　(b) 構造簡圖

圖 10.11　希羅型里程計

圖 10.11(b) 為希羅型里程計的構造簡圖，為具有 7 根機件與 11 個接頭的機構，其 7 根機件分別為固定桿 (1，K_F)、輸入桿 (2，K_I)、蝸桿與蝸輪組 1 (3，K_{G1})、蝸桿與蝸輪組 2 (4，K_{G2})、蝸桿與蝸輪組 3 (5，K_{G3})、蝸桿與蝸輪組 4 (6，K_{G4})、及蝸桿與蝸輪組 5 (7，K_{G5})；而 11 個接頭分別為和 K_F 與 K_I 連接的接頭 (a) 是旋轉接頭 (J_R)、和 K_F 與 K_{G1} 相連接的接頭 (b) 是旋轉接頭 (J_R)、和 K_F 與 K_{G2} 連接的接頭 (c) 是旋轉接頭 (J_R)、和 K_F 與 K_{G3} 附隨的接頭 (d) 是旋轉接頭 (J_R)、和 K_F 與 K_{G4} 連接的接頭 (e) 是旋轉接頭 (J_R)、和 K_F 與 K_{G5} 連接的接頭 (f) 是旋轉接頭 (J_R)、和 K_I 與 K_{G1} 連接的接頭 (g) 是齒輪接頭 (J_G)、和 K_{G1} 與 K_{G2} 連接的接頭 (h) 是齒輪接頭 (J_G)、和 K_{G2} 與 K_{G3} 連接的接頭 (i) 是齒輪接頭 (J_G)、和 K_{G3} 與 K_{G4} 連接的接頭 (j) 是齒輪接頭 (J_G)、和 K_{G4} 與 K_{G5} 連接的接頭 (k) 則是齒輪接頭 (J_G)。

古羅馬的波利奧 (M. V. Pollio，約前 80~70-15 年) 是第一位將里程計用於船上者。如圖 10.12(a) 的復原設計示意圖 [73]，當船前行時，兩側槳輪軸上的輪齒 (輸入機件) 帶動中間齒輪，再帶動另一作為輸出機件的齒輪，使其上的小石子落入盒子內，以計算出所航行的浬數。波利奧型里程計所對應的構造簡圖，圖 10.12(b)，為具有 4 根機件與 5 個接頭的機構，其 4 根機件分別為固定桿 (1，K_F)、輸入桿 (2，K_I)、齒輪 (3，K_G)、及輸出桿 (4，K_O)；而 5 個接頭分別為和 K_F 與 K_I 連接的接頭 (a) 是旋轉接頭 (J_R)、和 K_F 與 K_G 連接的接頭 (b) 是旋轉接頭 (J_R)、和 K_F 與 K_O 連接的接頭 (c) 是旋轉接頭 (J_R)、和 K_I 與 K_G 連接的接頭 (d) 是齒輪接頭 (J_G)、和 K_G 與 K_O 連接的接頭 (e) 則是齒輪接頭 (J_G)。

(a) 傳動機械 [73]

(b) 構造簡圖

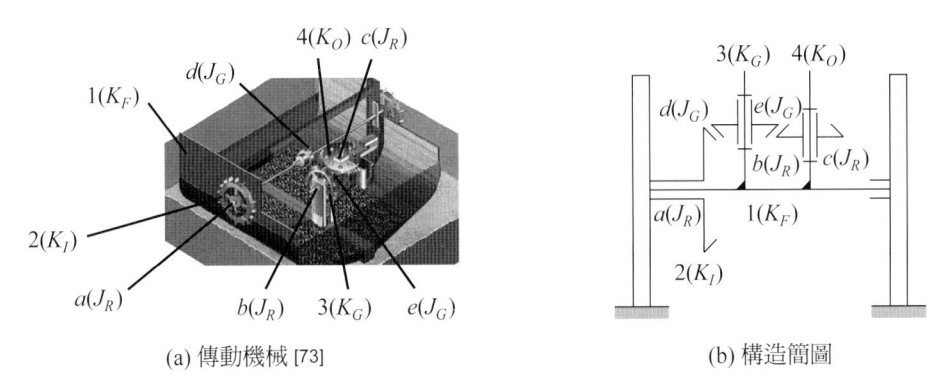

圖 10.12　波利奧型里程計

達文西曾復原里程計，但無法從其手稿中得知內部的傳動機械為何。

圖 10.13(a) 為 1987 年思利維斯克 (A. W. Sleeswyk) 所復原的里程計 [74]。利用車

(a) 傳動機械 [74]　　　　　　　　(b) 構造簡圖

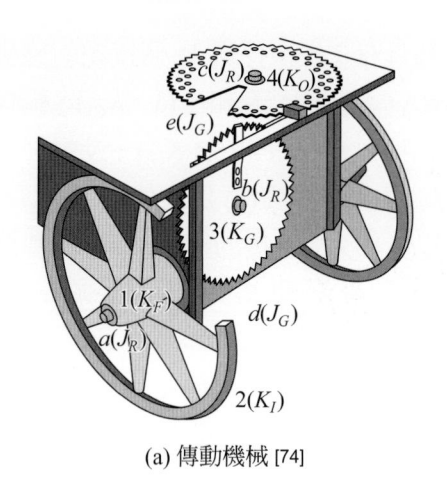

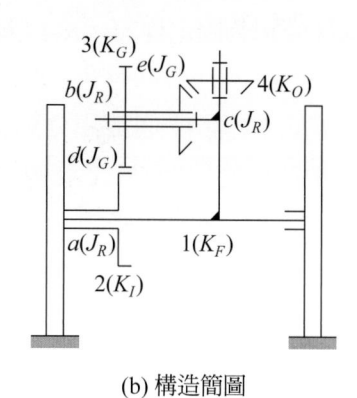

圖 10.13　思利維斯克型里程計

輪帶動齒輪，車輪轉一圈，即撥動立式齒輪，進而帶動上方齒輪，使上方齒輪上的小石子落入車箱內，來達到計算里程數的目的。圖 10.13(b) 為構造簡圖，是具有 4 根機件與 5 個接頭的機構，其 4 根機件分別為固定桿 (1，K_F)、輸入桿 (2，K_I)、齒輪 (3，K_G)、及輸出桿 (4，K_O)；而 5 個接頭分別為和 K_F 與 K_I 連接的接頭 (a) 是旋轉接頭 (J_R)、和 K_F 與 K_G 連接的接頭 (b) 是旋轉接頭 (J_R)、和 K_F 與 K_O 連接的接頭 (c) 是旋轉接頭 (J_R)、和 K_I 與 K_G 連接的接頭 (d) 是齒輪接頭 (J_G)、和 K_G 與 K_O 連接的接頭 (e) 則是齒輪接頭 (J_G)。

10-5　近代機械式里程計
Modern Mechanical Odometer

古西方的里程計可用於陸上或海上，大多利用齒輪或蝸桿與蝸輪傳動機械來計算里程數，後來逐漸應用於測步數的步數計 (Pedometer) 或測速度的速度計 (Speedometer)。現代的里程計以電子裝置取代早期的機械裝置，使得測量的里程數更為準確。以下說明早期機械式自行車與汽車里程計的傳動機械。

10-5.01　機械式自行車里程計

早期的**機械式自行車里程計**由傳動齒輪 (Driving gear)、數字滾筒 (Drum)、及連動齒輪 (Gear wheel) 組成，圖 10.14，安裝在前輪的軸部，由一根固定在前輪輪輻上的小

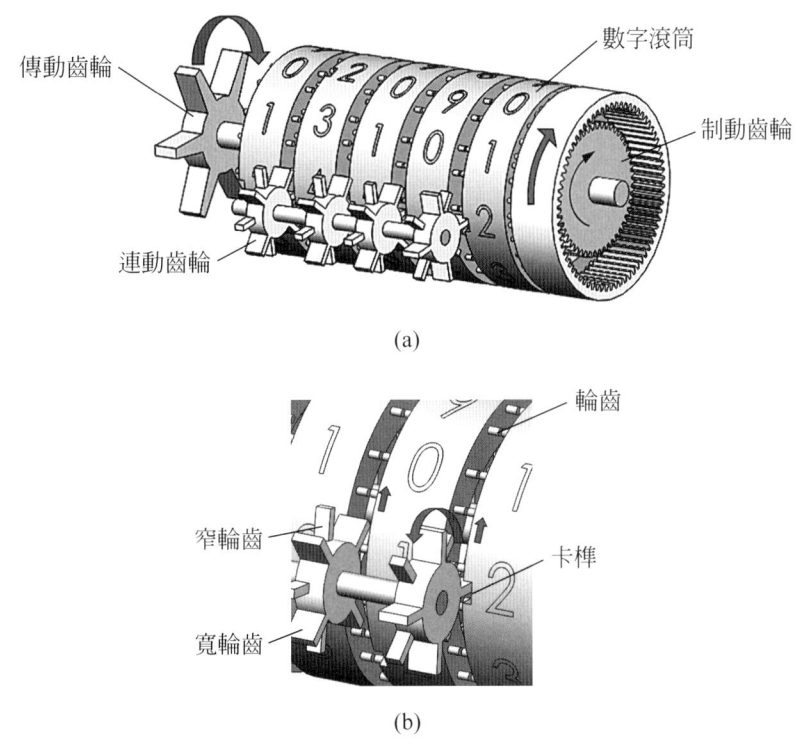

圖 10.14　自行車里程計

釘桿來操縱。內部的制動齒輪 (Reduction gear) 控制數字滾筒的轉動速度，自行車每行駛 100 公尺，最右邊的數字滾筒就會轉動一格。當右邊的第一個滾筒轉完一圈後，在它左側的相鄰滾筒就會轉動一格，依此類推。在這些數字滾筒下方，還有一整排的連動齒輪，每一個連動齒輪都有寬度不同的兩種輪齒交錯排列；這樣的設計讓它們可以在一個滾筒轉完一圈後，同時帶動旁邊的滾筒，讓數字滾筒可以依照十進位制來顯示里程。車輪每轉一圈，傳動齒輪就會轉過一個輪齒。許多里程計可以透過計算傳動齒輪的旋轉次數，得到車輪轉動的圈數，再轉換成車輪行經的路徑有多少里程。

　　數字滾筒的每一個滾筒右側都有 20 個凸出的輪齒，每兩個輪齒對應到一個數字。滾筒上的數字 2 比較特別，左側有一個小缺口，缺口兩旁各有一個凸出的卡榫。

　　除最右側的滾筒外，每一個連動齒輪都與一個滾筒右側的輪齒互相嚙合，其它滾筒因為窄輪齒卡在兩個滾筒輪齒之間，所以不會轉動。當最右側滾筒的數字 9 轉進滾筒頂部的顯示窗時，滾筒上數字 2 旁的卡榫就會推動窄輪齒，使連動齒輪旋轉；接著，窄輪齒後方的寬輪齒會轉進數字 2 左側的缺口，讓左右相鄰的兩個滾筒可以一起轉動，等到右側滾筒繼續向前轉動到數字 0 時，相鄰的左側滾筒就會跟著轉過一個數字的距離。

10-5.02　機械式汽車里程計

　　早期汽車的里程計與車速計是由相同的軸所驅動。這種**機械汽車式里程計**，主要是透過齒輪組的作用，把傳動軸轉動的次數大幅降低，因此里程計與車速計的轉速會比車輪慢許多，並且與車輪的轉動次數維持一定的比例。

　　驅動里程計與車速計的裝置，主要是一根可以轉動的金屬線，稱為軟軸，圖10.15。引擎的動力經過變速器後驅動傳動軸，軟軸則與傳動軸相連，並且延伸到駕駛座前方的儀表板後側。

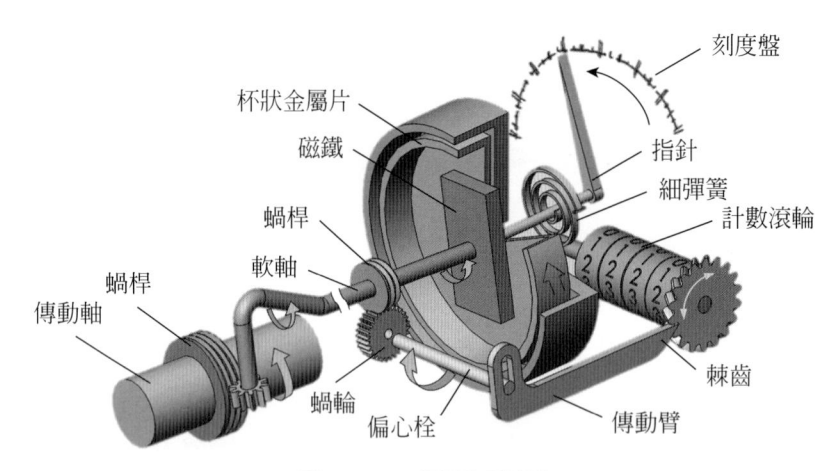

圖 10.15　汽車里程計

　　軟軸由一個小蝸輪驅動，透過與傳動軸上的蝸桿嚙合，讓軟軸的轉動速度比車輪慢許多；軟軸的旋轉帶動一塊磁鐵轉動，產生感應電流；所形成的磁場讓一個杯狀金屬片轉動，帶動指針旋轉，在刻度盤上顯示車速。轉動指針前，軟軸先經過另一組蝸桿與蝸輪再次降低轉速，並帶動計數滾輪，將車輪的累計旋轉次數轉換成里程數。

　　連接在蝸輪上的偏心栓在蝸輪轉動時，會使傳動臂前後移動來推動計數滾輪。計數滾輪裡還有減速用的正齒輪，因此每個滾輪的轉速，都是右方相鄰滾輪轉速的十分之一，於是就能以十進位的方式呈現汽車行駛的公里數。

第 11 章

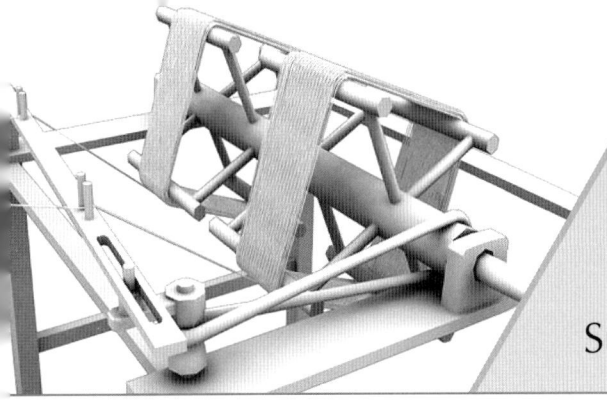

水輪秤漏擒縱器
Su Song's Escapement Regulator

　　古人相信天象與運勢的興衰有關，故重視太陽、月亮、五大行星(水、金、火、木、土)的運行，24節氣晝夜長短的推定，以及各種天文異象(日食、月食、彗星等)的發生。古中國於戰國時期(前475-前221年)進入封建社會後，各朝代的君王基於"受命於天既壽永昌"及"掌握季節變化利農"的政治與社會背景，發展了天象觀測與占星術學來預測解析吉凶及治亂，並制訂曆法以"敬授民時頒告歲月之始"。成書於春秋時期(前770-前476年)的《尚書》中，已記有觀察天象的專門官員。

　　古中國測定天體位置坐標的儀器主要有渾儀(Armillary sphere)和簡儀，演示天象的儀器是渾象(Celestial globe)，還有集多種功能於一身、出現在北宋(960-1127年)開封皇宮的天文鐘塔－水運儀象台。這座世界最早、由機械操作的巨大水鐘，兼具計時與報時功能，不但使人類擺脫銅壺滴漏的古早計時裝置，還可觀測地球、太陽、月亮、及天文星體的位置與活動。

　　水運儀象台反映了11世紀的古中國，在機械工藝技術的最傑出創作，包括水車提水裝置、水輪秤漏擒縱器(定時秤漏裝置、水輪槓桿擒縱機構)、凸輪撥擊報時機構、傳動系統、天文觀象校時裝置等，運用了連桿、齒輪、棘輪、凸輪、及鏈條傳動機構，也使用了滑動軸承，至少領先世界5-6個世紀，尤其是水輪秤漏擒縱器，開啟了近代鐘錶錨狀擒縱器的先河。

　　水運儀象台的創作，記載於歷史文獻中，並著有說明書《新儀象法要》。1127年，金朝軍隊攻陷首都汴梁(開封)時，損壞了水運儀象台。1世紀後，蒙古軍隊入侵金朝首都時，毀壞了實體，至今無留世實物，屬有憑無據(失傳)、構造不確定(類型III)的傳動機械；然，20世紀以來，出現一些復原設計與模型實體。

　　本章介紹水運儀象台天文鐘塔系統，說明其水輪秤漏擒縱器的歷史紀錄、組成、及功能，復原解密傳動機械，並說明與現代機械鐘錶的關聯性 [14, 75-78]。

11-1　水運儀象台 Su Song's Clock Tower

　　天體是一個報時系統，人類觀測日、月、及五大行星的方位，可以知年歲、四季、月日、及時刻。為方便觀測，古人利用日光或星光將天體的運動軌跡，轉換到圭表 (Gnomon) 與日晷 (Sundial) 的晷面上，以達到較準確的報時功能。水鐘利用水來計時，漏刻 (Clepsydra) 是水鐘的一種，利用漏壺中定量的水，通過一定橫截面渴烏 (古代利用虹吸原理的吸水管) 的流量來計量時間，例如將標有時間刻度的箭尺置於漏壺中，根據漏壺水位的升降變化，以箭尺的刻度報時。此外，基於地心說，古代的天文鐘可以顯示時間與天體的資訊，如太陽與月亮的位置、月亮的盈虧、日食、每晚某時星空的方位等。

　　古中國的天文鐘是結合漏刻與天文儀器的自動計時器，利用與近代機械鐘之擒縱調速器功能相同的水輪秤漏擒縱器，來達到間歇性與等時性的計時功能，並有凸輪撥擊機構提供報時功能。天文鐘的發展到宋代已臻完備，代表作是 1086-1092 年期間由北宋刑部尚書**蘇頌**領導**韓公廉**等太史局技術官員所建造的**水運儀象台** (Su Song's clock tower, Water-powered armillary sphere and celestial globe)，儀是渾儀，象是渾象，是座將渾儀、渾象、及具有報時裝置的機械鐘整合在一起，以水力驅動的大型天文鐘塔。

　　蘇頌撰有《新儀象法要》(約 1086-1093 年) 一書 (第 03-4 節)，說明水運儀象台的製造緣起、過程、及其整體與零組件，相當於現代的儀器設計說明書。全書有 63 幅插圖，包括 14 幅天文星圖與 49 幅機械繪圖。每幅插圖附有說明文字，內容包括零組件的名稱、尺寸、構造、及其運動等技術資料。

　　這座天文鐘塔高約 12 公尺、寬約 7 公尺，分成三層，包括上層的渾儀、中層的渾象、以及下層的報時系統司辰與傳動系統三部分，由一套傳動裝置及一組機輪連動，用漏壺水驅動機輪，再帶動渾儀、渾象、及報時系統一起轉動。圖 11.01(a) 為其外觀，內部構造如圖 11.01(b) 所示，包括渾儀 (01)、天衡 (Upper balancing lever)(02)、天池 (Upper reservoir)(03)、平水壺 (Constant-level tank)(04)、渾象 (05)、樞輪 (Driving wheel)(06)、退水壺 (Water-withdrawing tank)(07)、晝夜機輪 (Day and night time keeping wheels)(08)、地極 (Lower bearing beam)(09)、樞臼 (Mortar-shaped end-bearing)(10) 等。

　　渾儀是一個以水力驅動的天文觀測校時裝置，具有可開閉的屋頂，可說是現代天文台望遠鏡觀測室活動屋頂的始祖。渾象置於鐘塔內，是一個演示天體運行的儀器；經由下層樞輪的帶動，使渾儀與渾象的轉動與天體的運行同步，是近代望遠鏡隨同天體同步運行轉儀的先驅。

| 第 11 章 | 水輪秤漏擒縱器　199

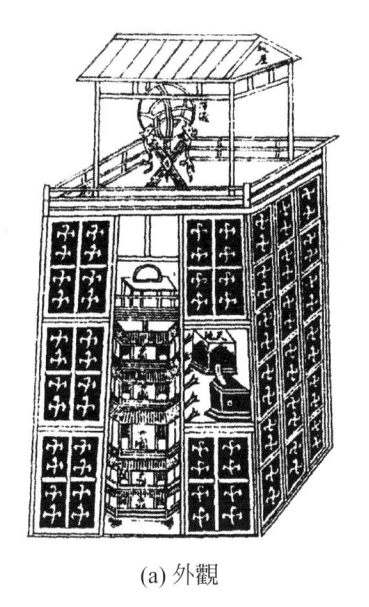

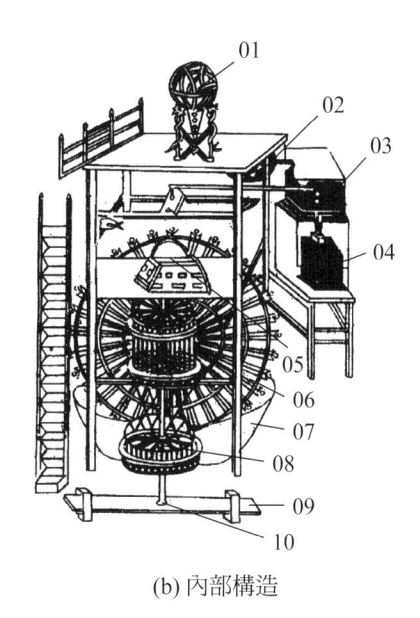

(a) 外觀　　(b) 內部構造

圖 11.01　水運儀象台《新儀象法要》

　　報時系統的五層木閣位於鐘塔前面，每層都有門，以觀看司辰木人的出入，是形象與聲樂相互配合的報時顯示台，圖 11.02(a) 為其外觀。第一小層又名為正衙鐘鼓樓，有木人報出每個時辰 (一天 12 個時辰) 的時初、時正、及時刻；第二小層有 24 個司辰木人，報出時初與時正；第三小層有 96 個木人報刻 (一天 100 刻，1 刻等於 14 分 24 秒)。提供司辰木人在每一晝夜定時以具體形象與樂聲來報時，不僅可以顯示時刻，還能報出昏、旦時刻與夜晚的更點 (一夜 5 更，一更 5 點)。再者，報時系統有鐘、鼓、鈴、鉦等 4 種不同的打擊樂器，有 4 個活動手臂的擊樂木人，並有 158 個穿著緋、紫、綠三種不同服色、持特定示牌的司辰木人，經由多組的凸輪撥擊機構，使各層間的樂聲與示牌相應一致。

　　晝夜機輪是水運儀象台報時系統中的主要傳動機械，有 6 個接頭，包括 2 個齒輪接頭、2 個凸輪接頭、及 2 個旋轉接頭，圖 11.02(b)。基於考量當時的更點制度、十二時刻、及漏刻制等三種時制，並以形象與樂聲自動報時，晝夜機輪共有八重輪，依次為天輪 (Celestial transmission gear)(01)、晝時鐘鼓輪 (Wheel for striking daytime by bell and drum)(03)、時初正司辰輪 (Wheel for puppets reporting the Duodecimal Time Law)(04)、報刻司辰輪 (Wheel for puppets reporting the Clepsydra Time Law)(05)、撥牙機輪 (Time-keeping transmission gear)(06)、夜漏金鉦輪 (Wheel for striking nighttime by gong)(08)、夜漏司辰輪 (Wheel for puppets reporting the Geng Dian Time Law)(09)、及夜

(a) 五層木閣　　　　　　　　　(b) 晝夜機輪

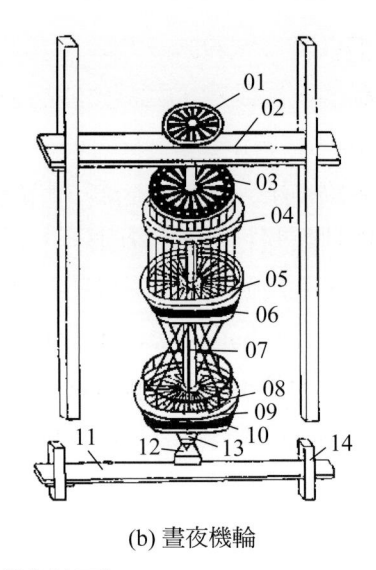

圖 11.02　報時系統《新儀象法要》

漏箭輪 (Wheel for indicator-arrows of the Geng Dian Time Law)(10)；另，有共同的機輪軸 (Time-keeping shaft)(07)，上以天束 (Upper bearing beam)(02) 束之，下以樞臼 (Mortarshaped end-bearing)(12) 承之。撥牙機輪 (06) 以傳動齒輪與天柱中輪嚙合，是報時系統的輸入端，承接擒縱調速器的運動與動力。天輪 (01)、晝時鐘鼓輪 (03)、及夜漏金鉦輪 (08) 皆是輸出端，天輪 (01) 以一齒輪接頭將動力傳到渾象使其隨天運轉，晝時鐘鼓輪 (03) 與夜漏金鉦輪 (08) 以一凸輪接頭作動在木閣上的敲擊機構，以按時刻報時。機輪軸 (07) 與天束 (02) 和樞臼 (12) 的接頭皆為旋轉接頭。天束 (02) 是由兩塊具有半圓缺口的橫木組成，用來夾持機輪軸 (07) 的支撐架。鐵樞臼 (12) 則是承機輪軸 (07) 的纂 (Pointed cap of bearing) (13)，組成一自動對準錐形軸頸軸承，並由地極 (Lower bearing beam) (11) 與地足 (Base stands) (14) 承之。

　　傳動系統位於鐘塔下層後部，由一部巨大水力機械鐘來操控整座鐘塔的運作，運動與動力經由漏壺提供勻速流動的水帶動大水輪 (即樞輪)，驅動具有擒縱調速器的水力機械鐘，進而帶動報時系統，並使渾儀與渾象的轉動與天體的運動保持同步運轉。

11-2　水輪秤漏擒縱器 Waterwheel Steelyard-clepsydra Escapement Regulator

擒縱調速器 (Escapement regulator) 乃機械鐘錶的重要特徵，由振盪器與擒縱機構組成，**振盪器** (Oscillator) 是產生具有均勻週期性運動的裝置，**擒縱機構** (Escapement) 則是運動的控制裝置，靠振盪器的週期振動，使擒縱機構保持精確與規律性的間歇運動，產生調速作用。

古中國擒縱調速器的發展，是建立在對漏刻與槓桿技術的掌握。歷代對漏刻與槓桿機構的研製豐富多樣，在形式、構造、及精確度方面都有進展。漏刻是古中國的主要計時器，利用漏壺輸出均勻的水流，以箭尺來計時，在形制構造上以浮漏與秤漏為主；此外，亦有為改善水漏缺點的水銀漏與沙漏。槓桿機構，則以桔槔 (Labor-saving lever) 與衡器 (Weighing apparatus) 為代表。水運儀象台的**水輪秤漏擒縱器** (Waterwheel steelyard-clepsydra escapement regulator) 由**定時秤漏裝置** (Time steelyard-clepsydra device) 與**水輪槓桿擒縱機構** (Waterwheel lever escapement) 組成，將以衡器作為重量比較機件及力量放大機件的桔槔，整合為擒縱機構來控制水輪的間歇運動，具有近代機械鐘錶擒縱調速器的功能與性能。

古中國發明了最早的擒縱調速器，但受限於歷史文獻的不足，對於創作的時間與人物存在分歧意見 [79-82]；有些學者認為創作者是唐代的一行和尚 (683-727 年) 和梁令瓚，有些認為是北宋的張思訓，有些則認為是北宋的蘇頌和韓公廉。《宋史‧卷八十》(1345 年) 載：「臣崇寧元年邂逅方外之士於京師，自云王其姓，面出素書一，道"機衡"之制甚詳。比嘗請令應奉司造小樣驗之，踰二月，乃成"璿璣"，其圓如丸，具三百六十五度四分度之一，置南北極、崑崙山及黃、赤二道，列二十四氣、七十二候、六十四卦、十干、十二支、晝夜百刻，列二十八宿、并內外三垣、周天星。日月循黃道天行，每天左旋一周，日右旋一度，冬至南出赤道二十四度，夏至北入赤道二十四度，春秋二分黃、赤道交而出卯入酉。月行十三度有餘，生明於西，其形如鉤，下環，西見半規，及望而圓；既望，西缺下環，東見半規，及晦而隱。某星始見，某星已中，某星將入，或左或右，或遲或速，皆與天象脗合，無纖毫差。"玉衡"植於屏外，持扼樞斗，注水激輪，其下為機輪四十有三，鉤鍵交錯相持，次第運轉，不假人力，多者日行二千九百二十八齒，少者五日行一齒，疾徐相遠如此，而同發於一機，其密殆與造物者侔焉。自餘悉如唐一行之制。」對於王黼 (1079-1126 年) 璣衡 (Astronomical clock) 的記載，有描述擒縱調速器的文字，且稱"自餘悉如唐一行之制"。據此，蘇頌的水輪秤漏擒縱器是古中國擒縱調速器傑出之作，但非屬首創。1958 年，李約瑟指出，第一個水輪槓桿擒縱機構是一行和梁令瓚於 720 年前後製成的 [05]。

在古中國擒縱調速器的創作者中，只有蘇頌撰有《新儀象法要》專書，對水輪秤漏擒縱器的構造與機件尺寸有詳盡的記載，並有插圖說明定時秤漏裝置與水輪槓桿擒縱機構，如何相互配合做到等時性與間歇性的計時作用，使其得以流傳。圖 11.03(a) 為重新繪製的立體線圖，標有右天鎖 (Right upper lock)(01)、天關 (Upper stopping device)(02)、左天鎖 (Left upper lock)(03)、天衡 (Upper balancing lever)(04)、天權 (Upper weight)(05)、天條 (Connecting rod)(06)、天池壺 (Upper reservoir)(07)、平水壺 (Constant-level tank)(08)、關舌 (Upper stopping tongue)(09)、退水壺 (Water-withdrawing tank)(10)、樞輪 (Driving wheel)(11)、受水壺 (Water-receiving scoop)(12)、格叉 (Checking fork)(13)、樞衡 (Lower balancing lever)(14)、樞權 (Lower weight)(15) 等機件 [14]。其中，水輪 (即樞輪) 的輪輻外緣，均布著多個受水壺 (12)，透過受水壺承受來自漏壺水鐘均勻水流的重量提供動力。

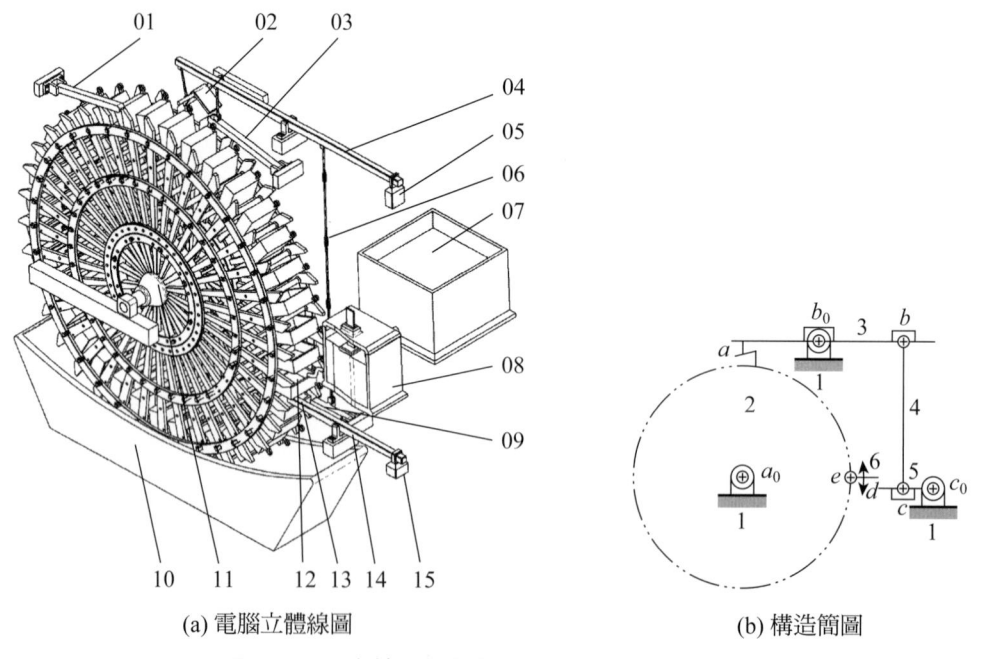

(a) 電腦立體線圖　　　　　　　(b) 構造簡圖

圖 11.03　水輪秤漏擒縱 (調速) 器 (類型 III) [14]

定時秤漏裝置是採用反覆累積、定時釋放能量的方式，調節二級浮箭漏均勻的輸出水流流速，以控制秤漏的週期擺動頻率，使水輪槓桿擒縱機構保持精確與規律性的間歇運動，來達到準確計時作用。《新儀象法要・卷下》載：「平水壺上有準水箭，自河車發水入天河，以注天池壺。天池壺受水有多少緊慢不均，故以平水壺節之，即注樞輪受水壺，晝夜停勻時刻自正。⋯⋯樞衡、樞權各一，在天衡關舌上，正中為關軸

第 11 章 | 水輪秤漏擒縱器　203

于平水壺南北橫桄上，為兩頰以貫其軸，常使運動。首為格叉，西距樞輪受水壺，權隨於衡束，隨水壺虛實低昂。」及「水運之制始於下壺，……天池水南出渴烏，注入平水壺；由渴烏西注，入樞輪受水壺。受水壺之東與鐵樞衡格叉相對，格叉以距受水壺。壺虛，即為格叉所格，所以能受水。水實，即格叉不能勝壺，故格叉落，格叉落即壺側鐵撥擊開天衡關舌，掣動天條；天條動，則天衡起，發動天衡關；左天鎖開，即放樞輪一輻過；一輻逼，即樞軸動。……已上樞輪一輻過，則左天鎖及天關開；左天鎖及天關開，則一受水壺落入退水壺；一壺落，則關、鎖再拒次壺，則激輪右回，故以右天鎖拒之，使不能西也。每受水一壺過，水落入退水壺，由下竅北流入升水下壺。再動河車運水入上水壺，周而復始。」說明水輪秤漏擒縱器的構造與作動方式，其定時秤漏裝置由天池壺(07)、平水壺(08)、受水壺(12)、樞衡(14)、樞權(15)、及格叉(13)組成；其中，天池壺(07)、平水壺(08)、及受水(12)壺組成二級浮箭漏，樞衡(14)、樞權(15)、及格叉(13)組成樞衡槓桿機構。

　　水輪槓桿擒縱機構由棘輪機構與天衡機構組成，接受振盪系統定時擺動的衝力，產生週期的擺動，用以擒、縱樞輪的間歇運動，圖11.04。《新儀象法要·卷下》載：「右天衡一，在樞軸之上中為鐵關軸於東天柱間橫桄上，為駝峰。植兩鐵頰以貫其軸，常使轉動。天權一，掛於天衡尾；天關一，掛於腦。天條一(即鐵鶴膝也)，綴于權裡右垂(長短隨樞輪高下)。天衡關舌一，末為鐵關軸，寄安于平水壺架南北桄上，常使轉動，首綴於天條，舌動則關起。左右天鎖各一，末皆為關軸，寄安左右天柱橫

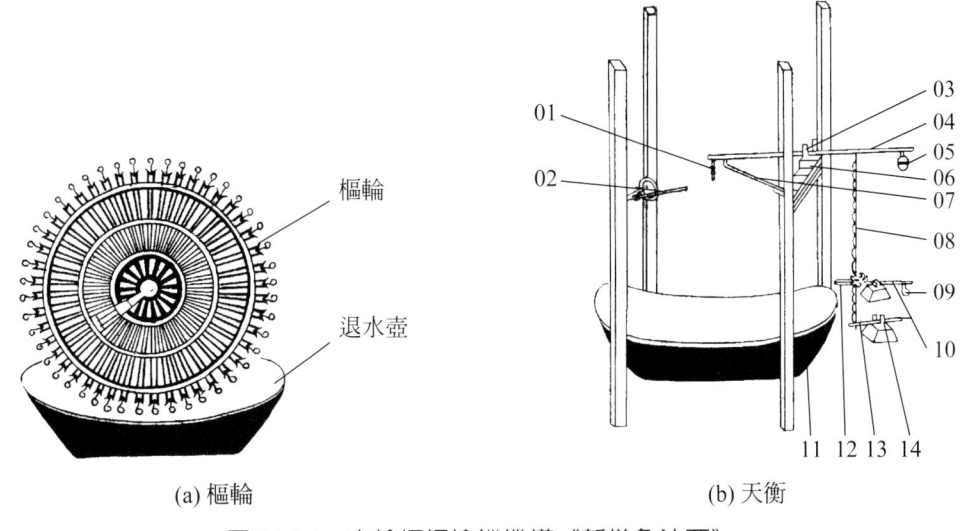

(a) 樞輪　　　　　　　　　　(b) 天衡

圖 11.04　水輪槓桿擒縱機構《新儀象法要》

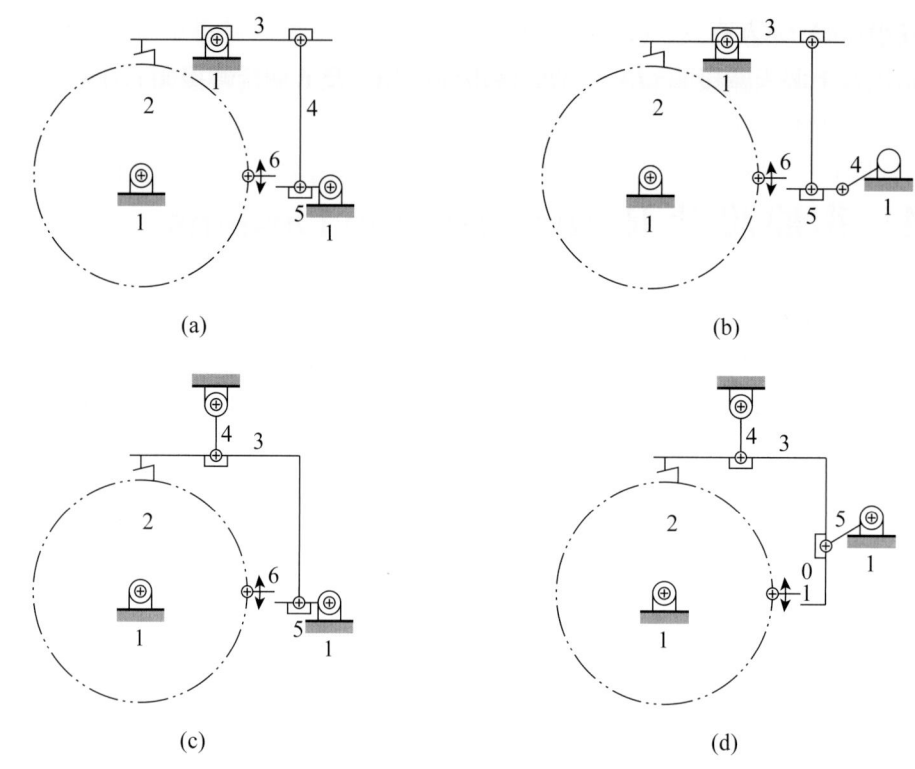

圖 11.05　復原設計：構造簡圖－水輪秤漏擒縱器 I [14]

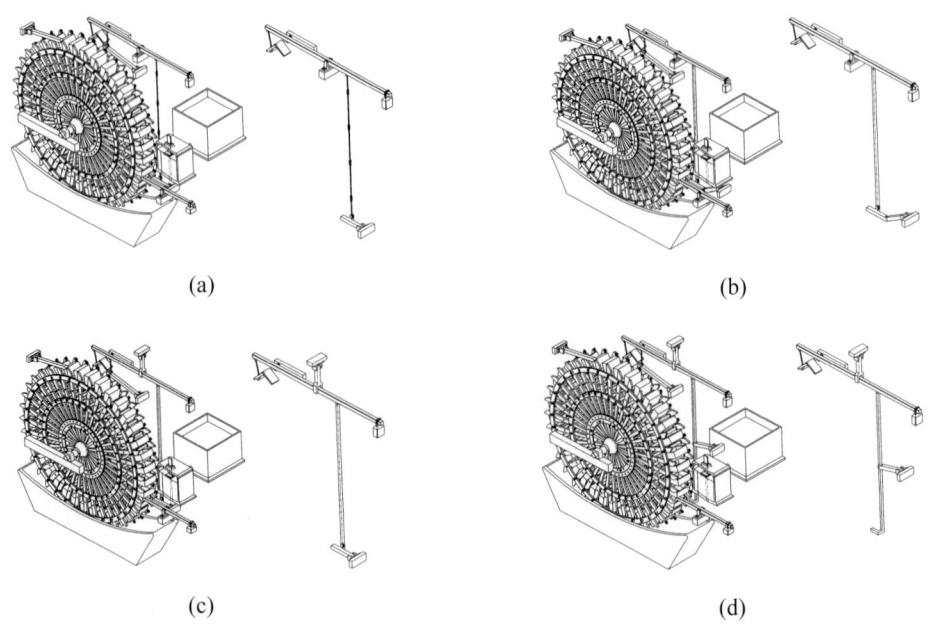

圖 11.06　三維模型－圖 11.05 水輪秤漏擒縱器 [14]

11-4.02　秤漏受水壺不在樞輪上

本案例的設計限制與前案例不同之處如下：

01. 樞輪 (桿 2，K_2) 為雙接頭桿。
02. 受水壺 (桿 6，K_6) 不可與樞輪 (桿 2) 連接。
03. 受水壺 (桿 6) 以旋轉接頭 (J_A) 和機架 (1，K_1) 連接。

根據"古機械復原設計法"機理，基於上述設計限制，可解密出 4 個復原設計，圖 11.07(a)-(d) 為機構構造簡圖，圖 11.08(a)-(d) 為三維模型。

圖 11.09 為對應於圖 11.06(a) 之水輪秤漏擒縱器的復原模型 (1：3 比例)，圖 11.10 為座落於樹谷生活科學館 (臺南) 的復原實物 (1：1 比例) 與作動影片。

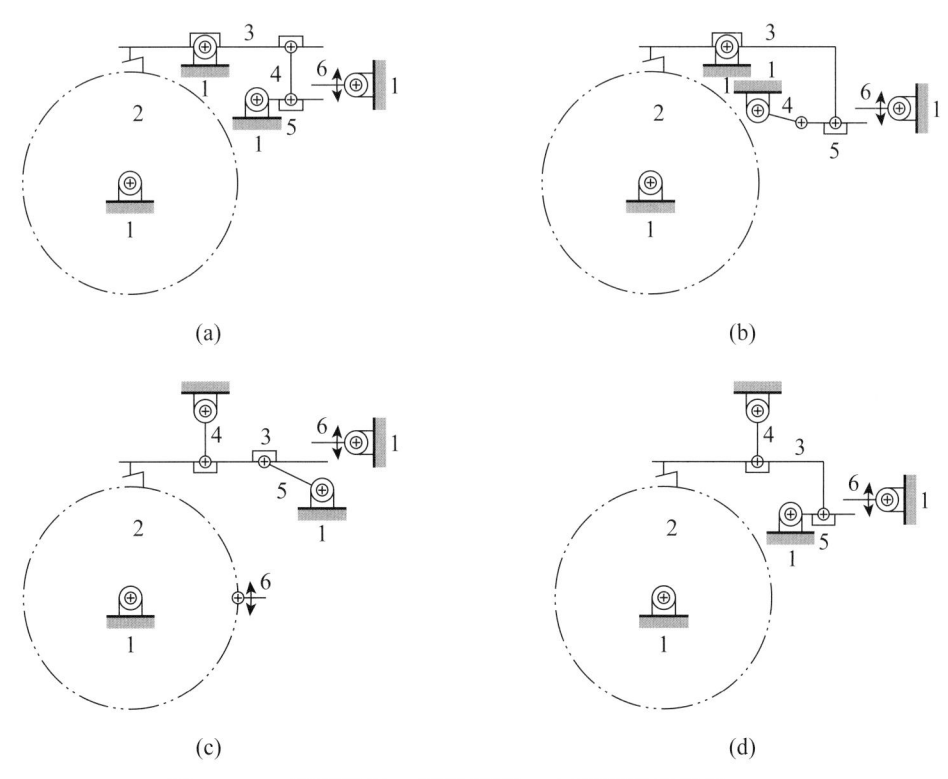

圖 11.07　復原設計：構造簡圖－水輪秤漏擒縱器 II [14]

208　古中國傳動機械解密

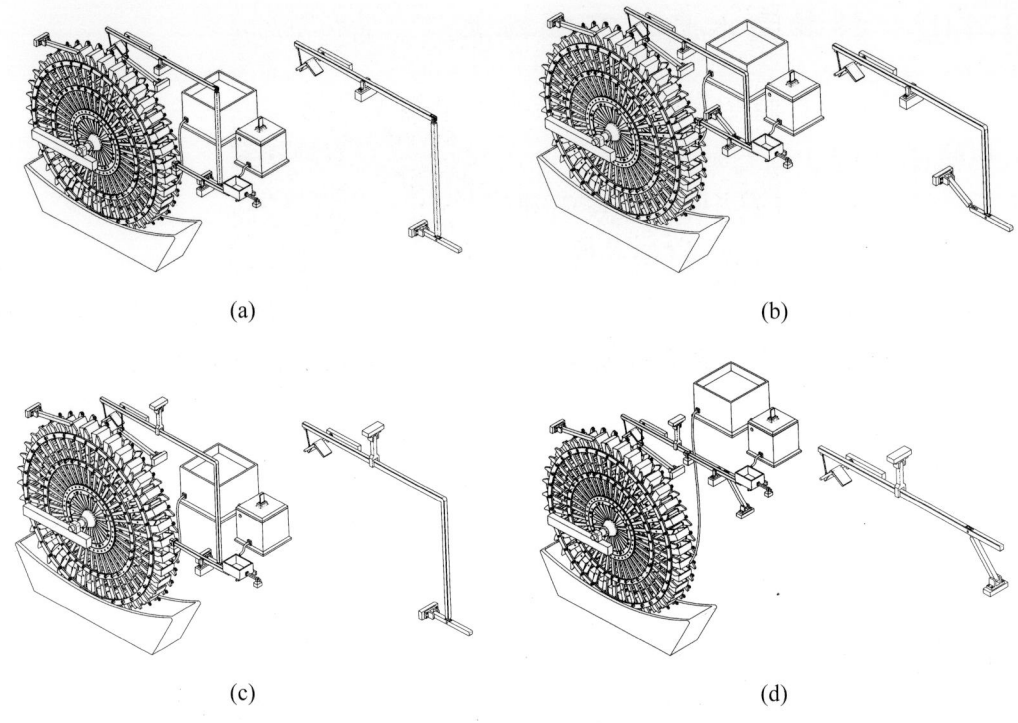

(a)

(b)

(c)

(d)

圖 11.08　三維模型—圖 11.07 水輪秤漏擒縱器 [14]

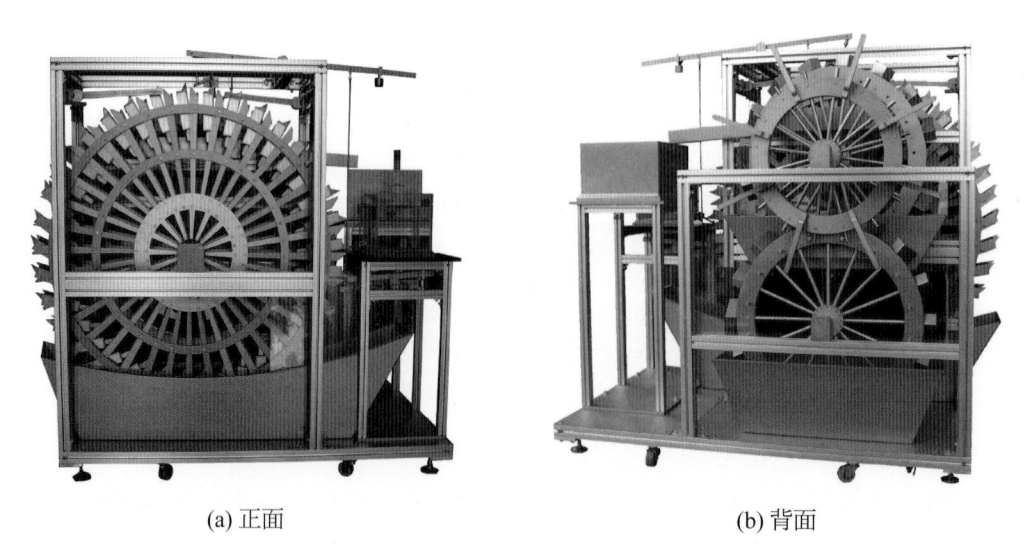

(a) 正面

(b) 背面

圖 11.09　復原模型—圖 11.07(a) 水輪秤漏擒縱器 [14]

圖 11.10　戶外展演與作動影片－圖 11.07(a) 水輪秤漏擒縱器 [林聰益]

11-5　機械鐘錶擒縱調速器
Escapement Regulators of Mechanical Clocks

時間是最重要的科學量。人類自古以來即發明如圭表、日晷、漏刻、水鐘、天文鐘、機械鐘、石英鐘、原子鐘等各種計時裝置。

古今中外的機械鐘，基本上是由動力裝置、振盪裝置、擒縱機構、傳動機構、顯時裝置五個部分所組成；其中，振盪裝置與擒縱機構所組成的擒縱調速器，是機械鐘錶的關鍵技術，決定了計時的精確度。

振盪器的目的，是將時間分為一系列均等的時段。近代機械鐘錶所應用的振盪裝置，可分為重力擺與彈力擺兩類。重力擺是利用質量的離心力及地球萬有引力的共同作用來擺動，如單擺與圓錐擺，適用於地點固定的鐘錶。彈力擺則是利用質量離心力及彈簧張力的共同作用而自行擺動，如帶有遊絲的平衡輪與旋轉擺。不論是重力擺或是彈力擺，都必須透過擒縱機構的動力傳遞，使其不斷的擺動，這點是與水運儀象台的定時秤漏裝置最大不同之處。定時秤漏裝置的動能來自平水壺的均勻水流，是以反覆累積能量、定時釋放能量的方式來達到等時性的要求。

擒縱機構是間歇運動機構。近代機械鐘錶中產生間歇運動的擒縱機構種類不少，通常是將連續的圓周運動轉換為間歇的往復運動，其作用有二：一是把動力分派到振盪器，維持其運作；二是把動力傳給負責顯示時間的指標，以**錨狀擒縱機構** (Anchor escapement) 的應用最廣，圖 11.11 [78, 83]，其擒縱輪是由齒輪系中最後的小齒輪所支撐。擒縱爪將旋轉運動轉換為來回的擺動，並傳到擺輪，使其不停的擺動；另外，擒縱爪也會接收擺動所產生的振動。這樣的節奏同時發生，每一次或半次的振動只會鬆開一個齒，一抽一鬆，互相配合，決定了擒縱輪的速度。再者，擒縱機構控制擒縱輪與齒系的轉速，以防止主發條太快鬆開。

水輪槓桿擒縱機構不必將動力分派至振盪系統，但卻接受振盪系統定時擺動的衝力，來產生週期的擺動。此外，擒、縱樞輪的間歇運動，同樣也有控制樞輪與傳動系統轉速的功能。

擒縱調速器的振盪裝置與擒縱機構間的動作必須非常協調，以節制動力的流量，並使輪系保持等時性的運行。14 世紀初，歐洲發明了第一個擒縱調速器，是一種**擺桿機軸擒縱調速器** (Verge foliot escapement regulator)，圖 11.12 [83]。其振盪裝置是橫桿形式，由於振盪的頻率過慢，每回振盪都會帶來誤差，因此加快振盪頻率，以提高準確程度；直至 17 世紀時，才被鐘擺、遊絲擺輪所取代。與鐘擺、遊絲擺輪相配合的擒縱機構形式非常多樣，如錨狀與反擊式擒縱機構。

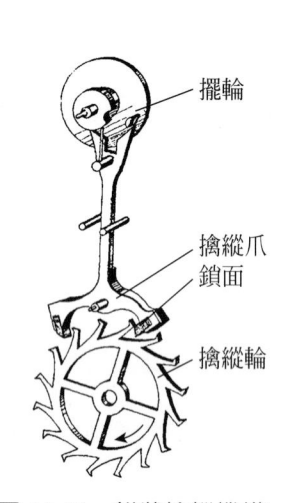

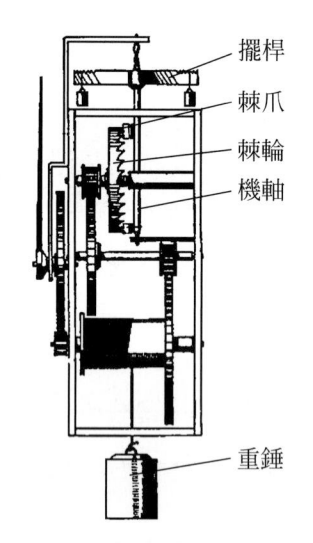

圖 11.11　錨狀擒縱機構 [83]　　　圖 11.12　擺桿機軸擒縱調速器 [83]

20 世紀時，由於微電子元件的發明及對材料的認識，電子鐘錶如雨後春筍般的出現，擒縱調速器不再只是機械形式。1950 年代出現的音叉電子錶，是利用音叉機械式的振盪頻率作為計時的基準，其回應來自驅動線圈的脈動，而擒縱機構則被棘爪機構所取代。1960 年代起，製錶科技掌握石英晶體振盪器的技術，利用高頻率與高穩定度的石英振盪頻率，經由電路驅動類似擒縱機構功能的步進馬達或積體電路，其每日誤差只有 0.1 秒 [84]。另，1950 年代問世的原子鐘，根據原子物理學原理，可以達到每 2000 萬年才誤差 1 秒的計時精度。

第 12 章

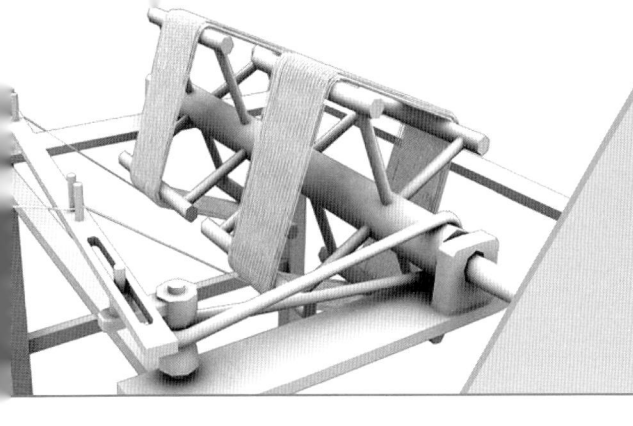

候風地動儀
Zhang Heng's Seismoscope

　　約 45 億年前地球形成後就有地震，5000 多年前群聚生活的人類出現帝國後，歷朝歷代的君王認為地震是凶兆，古中國亦不例外，視其為地不寧，甚至擔憂朝代滅亡；然，對於天然災害的地震會於何時何地發生，卻始終無能為力。

　　3800 多年前的古中國，已有關於地震的紀錄。據《後漢書》(約 445 年) 載，東漢永和三年二月三日 (138 年 03 月 01 日)，張衡發明的驗震器 (Seismoscope) 準確測知甘肅東南部隴西臨洮一帶的一次六級以上大地震。另，歐洲於 18 世紀後才陸續出現有關地震的儀器。

　　這個創作記載於歷史文獻中，但無留世實物，屬有憑無據 (失傳)、構造不確定 (類型 III) 的傳動機械；19 世紀以來，陸續有學者專家提出各種不同理念的復原設計。本章介紹張衡候風地動儀的歷史紀錄與發展，歸納其作動機構的構造特性，並復原解密其傳動機械 [14, 85-90]。

12-1　歷史記載與發展
Historical Record and Development

　　地震是常見的天然災害，古中國各朝代的歷史文獻都有地震的紀錄。由於地震會造成社會不安與糧食缺乏，甚至引發叛亂問題，歷代皇帝對於大地震的發生都非常關切。為了維持統治，當政者需要儘快派送軍隊與食物到災區，若能儘早得知地震的發生，有助於救災與穩定政權。就這樣，誕生了候風地動儀，以下說明其歷史文獻與復原歷程。

12-1.01　歷史記載

根據歷史文獻，東漢的天文官張衡發明了最早的驗震器，名為**候風地動儀** (Zhang Heng's Seismoscope)。這個創作可以判斷地震的發生，亦可偵測出地震的方向。132 年，張衡將其地動儀裝設在首都洛陽；138 年，偵測到位於洛陽西北方 500 多公里外的隴西地震。

東漢紀傳體史書《後漢書‧張衡列傳》(約 445 年) 載：「陽嘉元年 (132 年) 復造"候風地動儀"，以精銅鑄成，圓徑八尺，合蓋隆起，形似酒尊，飾以篆文、山龜、鳥獸之形。中有都柱，傍行八道，施關發機；外有八龍，首銜銅丸，下有蟾蜍，張口承之。其牙機巧制，皆隱在尊中，覆蓋密無際。如有地動，尊則振、龍機發、吐丸，而蟾蜍銜之。振聲激揚，伺者因此覺知。雖一龍發機，而七首不動，尋其方面，乃知震之所在。驗之以事，合契若神。自書典所記，未之有也。當一龍機發，而地不覺動，京師學者咸怪其無徵。後數日驛至，果地震隴西，於是皆服其妙。自此以後，乃令史官記地動所從方起。」這是有關候風地動儀最完整的歷史記載，圖 12.01。

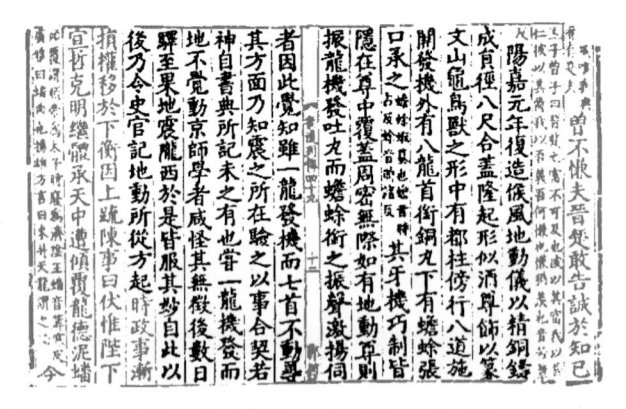

圖 12.01　候風地動儀古籍記載《後漢書‧張衡列傳》

此外，《後漢紀》(317-420 年)、《初學記》(約 728 年)、《後漢書‧孝順孝沖孝質帝紀》(約 445 年)、《太平御覽》(984 年)、《事類賦注》(960-1127 年) 等，亦有地動儀的記載。

12-1.02　歷史發展

古籍對於候風地動儀的外觀有所說明：「……圓徑八尺，合蓋隆起，形似酒尊，飾以篆文、山龜、鳥獸之形……外有八龍，首銜銅丸，下有蟾蜍，張口承之……」，然內部機巧除了「……中有都柱，傍行八道，施關發機……其牙機巧制，皆隱在尊中……」的敘述外，並沒有其它的說明。

地震時，能夠產生隨時間變化之地面運動的紀錄裝置稱為地震儀 (Seismograph)，一般包含感震計、計時系統、記錄系統三部分。早期用來偵測地震發生的裝置稱為驗震器。

有關西方早期地震儀的歷史發展[86]，1703 年，法國科學家弗耶 (J. de la Haute Feuille，1647-1724 年)，發明了歐洲最早的地震儀器；1751 年，義大利神父比納 (Andrea Bina，1724-1792 年) 首次利用擺垂與細沙的相對位置，記錄地面運動；1855 年，義大利物理學家帕爾米耶里 (Luggi Palmiera，1807-1896 年) 提出可測量地震時間的地震儀；1875 年，義大利神父、物理學家賽奇 (Filippo Cecchi，1822-1887 年) 創作出利用擺垂運動與繩索滑輪機構、首架符合現代定義的地震儀。

19 世紀末，開始有學者專家投入關於候風地動儀的研究與復原設計，除外形外，內部傳動機械的作動原理分為懸吊式單擺、直接接觸、倒單擺、固定都柱四種[87]。

1875 年，日本學者服部一三 (Hattori Kazumi) 首先提出其外形，圖 12.02(a)。1883 年，英國學者米爾恩 (John Milne，1850-1913 年) 提出具高凸"都柱"的外形，圖 12.02(b)，並認為如同當時歐洲的地震儀，候風地動儀的感震計應是基於慣性原理 (Principle of inertia)。1931 年，中國地震學家李善邦 (1902-1980 年) 提出候風地動儀的外形，圖 12.02(c)；1978 年，美國地震學家波特 (Bruce A. Bolt，1930-2005 年) 基於米爾恩的構想，提出其復原設計，圖 12.02(d) 為其外形。

有關基於懸吊式單擺原理進行候風地動儀的復原設計，1936 年，中國科技史學者王振鐸 (1911-1992 年) 提出其復原設計，圖 12.03(a)，以懸吊擺的"都柱"為感應元件，當地震波擾動擺垂時，擺垂觸發鄰近的作動機構，使龍口中的金屬球落下。1981 年，李善邦亦提出以懸吊擺"都柱"為感應元件的設計，圖 12.03(b)。1983 年，荷蘭學者思利維斯克與美國學者思芬 (N. Sivin) 提出其復原設計，圖 12.03(c)，以"都柱"為固定機架，整個外吊體掛在"都柱"上；當外體受地震波搖動時，觸動"都柱"，使其上銅球滾至對應的龍口。2006 年，中國學者馮銳等人提出其復原設計，圖 12.03(d)，"都柱"亦是以懸吊擺的方式作為感應元件；當地震波到來時，搖動的擺垂"都柱"觸動其方位的作動機構，使銅球滾至對應的龍口。

有關以直接接觸為感應元件原理進行候風地動儀的復原設計方面，1939 年日本

(a) 服部一三 (1875 年)

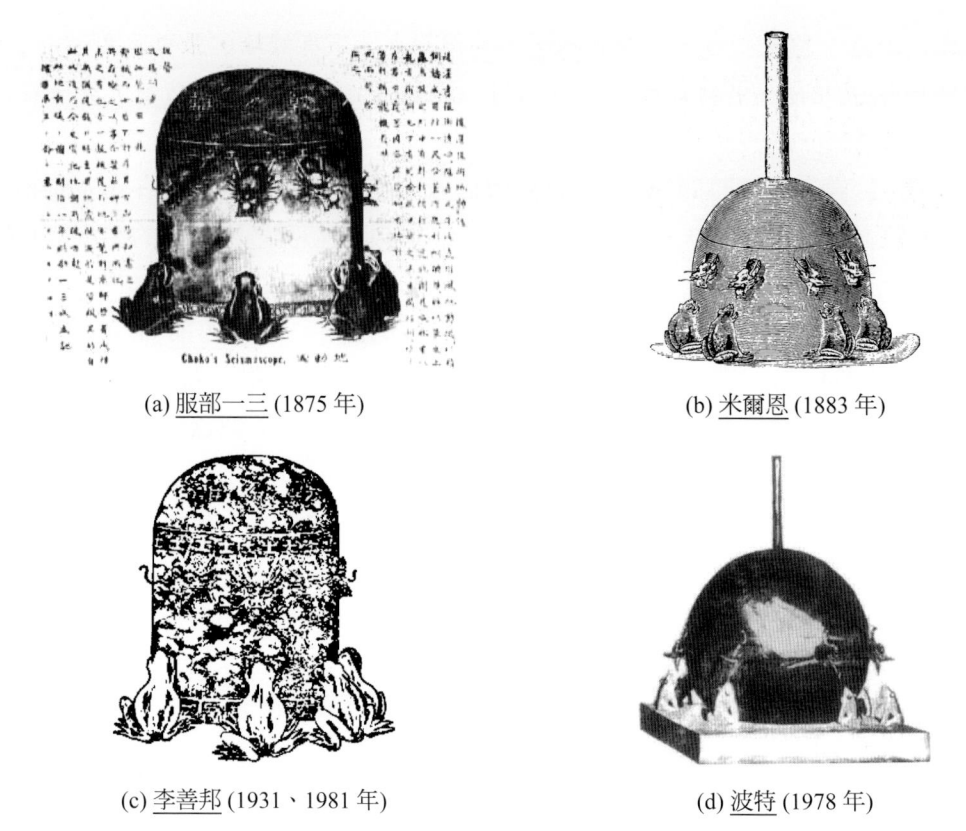

(b) 米爾恩 (1883 年)

(c) 李善邦 (1931、1981 年)

(d) 波特 (1978 年)

圖 12.02　地動儀復原－外形

地震學家中村明恒 (Akitsune Imamura，1870-1948 年)，提出以底部錐尖形的直立"都柱"為感應元件的復原設計，圖 12.04(a)。1994 年，中國學者李志超提出其復原設計，圖 12.04(b)，以圓柱型"都柱"為感應元件，另有 8 顆銅球各在其對應的作動機構上；當地震波到來時，搖動的擺垂"都柱"觸動其方位的作動機構，使銅球滾至對應的龍口。1963 年，王振鐸 (1911-1992 年) 提出另一種復原設計，圖 12.04(c)，包括都柱 (1)、八道 (2)、牙機 (3)、龍首 (4)、銅丸 (5)、龍體 (6)、蟾蜍 (7)、儀體 (8)、儀蓋 (9)、及地盤 (10)，亦以直立的"都柱"作為感應元件；當地震波到來時，失去平衡的"都柱"觸動其方位的作動機構，使銅球滾至對應的龍口。

有關基於倒單擺原理進行候風地動儀的復原設計方面，1937 年，日本地震學家荻原尊禮 (T. Hagiwara，1908-1999 年) 提出其復原設計，圖 12.05(a)，"都柱"以倒單擺的方式作為感應元件；地震波擾動擺垂，使其上方傾倒至周圍八個通道之一，每個通道各有一個通向龍口的滑塊，當"都柱"上方傾倒進入通道並推動滑塊時，滑塊即推

第 12 章 ｜ 候風地動儀　215

(a_1) 外觀　　　　　　　　　　　(a_2) 內部構造

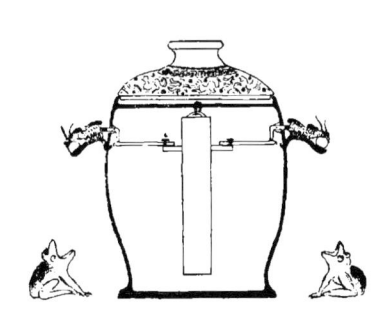

(a) 王振鐸 (1936 年)

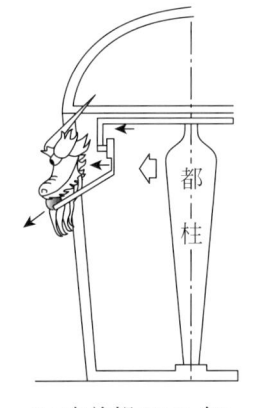

(b) 李善邦 (1981 年) 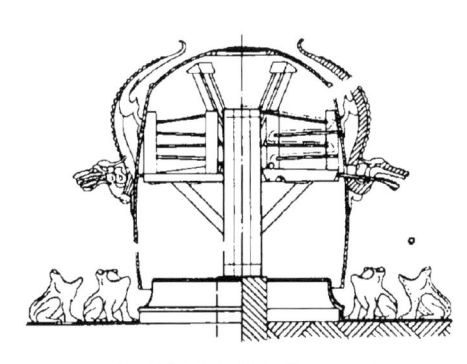　　　　　　(c) 思利維斯克與思芬 (1983 年)

(d_1) 外觀　　　　　　　　　　　(d_2) 內部構造

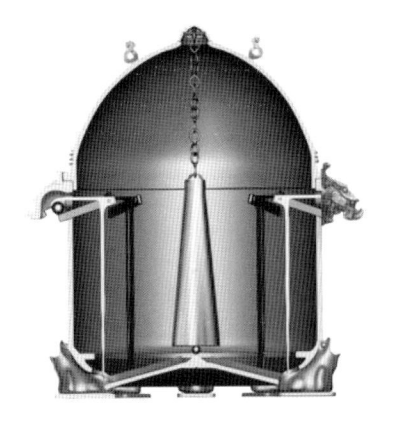

(d) 馮銳團隊 (2006 年)

圖 12.03　地動儀復原－懸吊式單擺

216　古中國傳動機械解密

(a) 中村明恒 (1939 年)

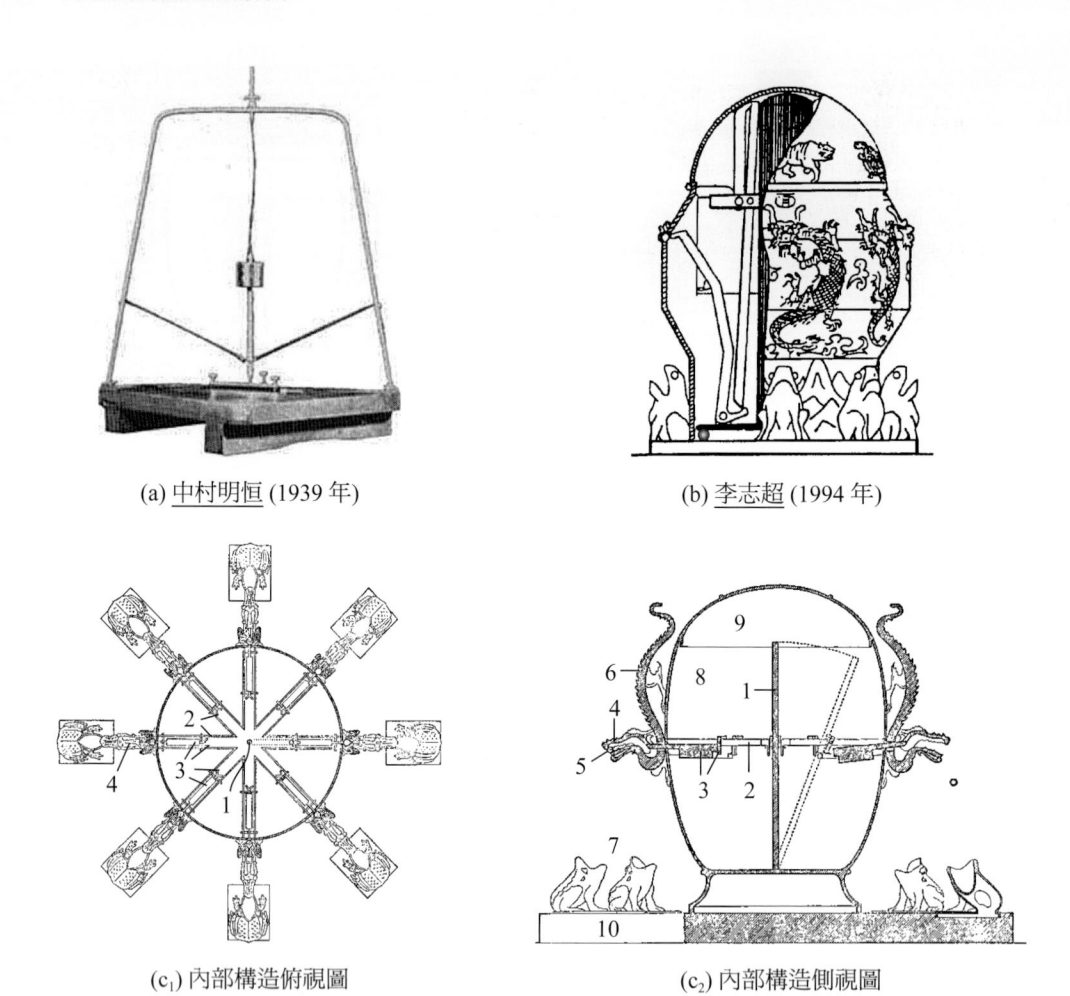

(b) 李志超 (1994 年)

(c₁) 內部構造俯視圖

(c₂) 內部構造側視圖

(c) 王振鐸 (1963 年)

圖 12.04　地動儀復原－直接接觸

出龍口中的銅球。1991 年，中國專家王湔提出其復原設計，圖 12.05(b)，"都柱"亦以倒單擺的方式作為感應元件，用以觸動作動機構使"都柱"傾斜，導致龍口中的銅球墜落。1994 年，中國學者梁紹軍提出其復原設計，圖 12.05(c)；地動儀內底部有一個盛水銀的盤子作為感應元件，其下有一支點、其上連動"都柱"的底部，"都柱"如同有支點的槓桿，當地震波到來時，傾斜的水銀盤子會帶動擺垂"都柱"傾斜、觸動其方位的作動機構，使銅球滾至對應的龍口。

有關基於固定都柱原理進行候風地動儀的復原設計方面，2007 年，臺灣學者蕭國鴻以"都柱"為固定於內底部的機架、其尖頂有顆銅球，2 根直立串連成一直線的靜不

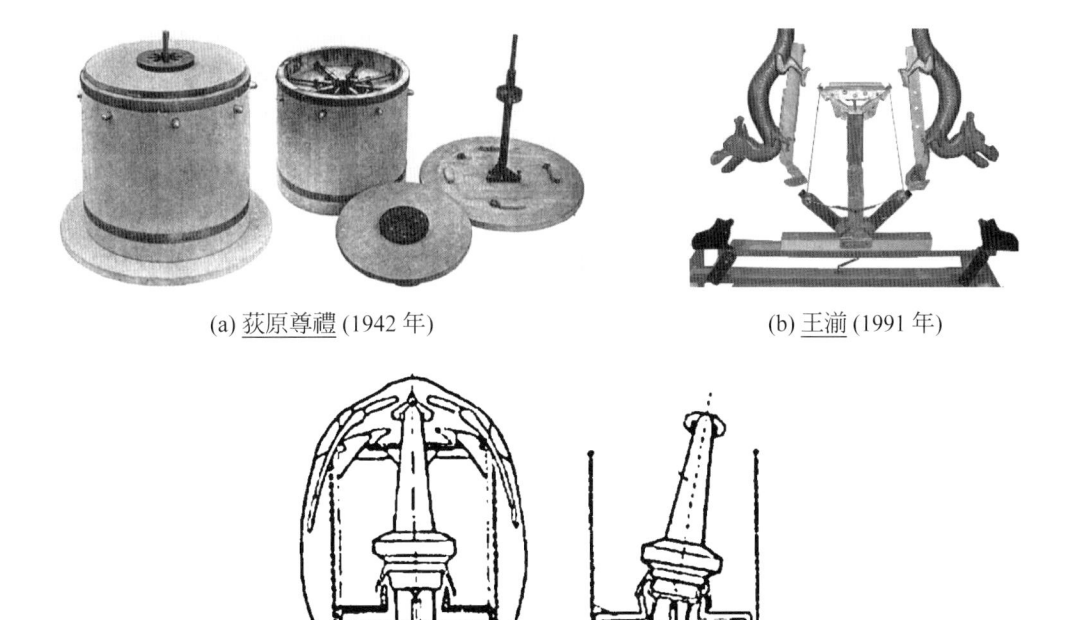

(a) 荻原尊禮 (1942 年) (b) 王湔 (1991 年)

(c) 梁紹軍 (1994 年)

圖 12.05　地動儀復原－倒單擺

定 (Statically indeterminate) 連桿為感應元件，連桿、皮帶、及滑輪為傳動機件，基於"古機械復原設計法"，以及上述歷史紀錄與歷史發展所歸納出傳動機械的構造特性，有系統的解密出多種符合當代工藝技術水平之地動儀的復原設計，圖 12.06 [85]，以下分節 (第 12-2 節及第 12-3 節) 說明之。

圖 12.06　地動儀復原－固定都柱 [85]

12-2 傳動機械構造特性 Structural Characteristics of Transmission Machines

候風地動儀的構造特性，可以根據歷史文獻研究、地震學探討、及西方古地震儀分析歸納得知。

12-2.01 歷史資料

基於歷史文獻的研究，候風地動儀構造特性的歸納，包含《後漢書‧張衡列傳》、古中國機械史、既有復原設計等三個部分。

《後漢書‧張衡列傳》是地動儀最重要的歷史文獻，記載"內部有中央柱(都柱)，中央柱旁邊有八個通道桿"，這是構造特性 1。

通道桿是可以傳送物件的通道，然歷史文獻並無詳細說明。基於早期感震計發展的研究，"當地震發生，一顆置於中央柱上方開啟球可以在通道桿上滾動"的基本概念是合適的，這是構造特性 2。

再者，既有的復原設計，雖然沒有很高的靈敏度與準確性，但是仍有助於瞭解候風地動儀的外形與內部作動原理。

12-2.02 地震波

地震學 (Seismology) 範圍廣闊，地震波與斷層面直接影響地動儀的構造特性。地震所產生的地震波，可分為 P 波 (Primary wave)、S 波 (Secondary wave)、表面波 (Surface wave) 三種類型。P 波的速度最快，在其傳遞路徑上，迫使材料壓縮與伸張，傳遞方向與地震的方向一致；S 波的速度居次，在其傳遞路徑上，迫使材料側向運動，傳遞方向與地震的方向垂直；表面波的速度最慢，沿著地球表面傳遞。最先到達的 P 波，使地面產生的震動稱為初動，是候風地動儀構造特性的一大重點；換言之，若可以偵測初動的方向，就可以測出地震的方向。

雖然有不少原因會造成地面搖動(如火山爆發)，但發生地震的主要原因是斷層的錯動。斷層是沿著岩石的一邊或兩邊剪切式的斷裂，分為正斷層、逆斷層、平移斷層三種類型。斷層面是根據地震波初動所繪製的立體標繪圖，可以藉此推論出斷層的方向與類型；根據斷層面，造成初動的 P 波可以是壓縮的形式或伸張的形式。因此，"不論 P 波是壓縮或伸張的形式，候風地動儀都必須能夠偵測初動的方向"，這是構造特性 3。

12-2.03　西方地震儀

　　藉由分析西方地震儀，可瞭解地震儀的發展與設計機理 [86]。早期的驗震器，主要是偵測地震的發生。1703 年，弗耶設計一個裝有水銀的驗震器，地震發生時，水銀流出並進入周邊的杯子。1751 年，比納將擺垂懸吊在細沙之上，擺垂作動時，可以在細沙上描繪地面運動紀錄。1800 年代，義大利科學家也積極地投入地震儀器的設計。1875 年，賽奇建造了第一台地震儀，使用一南北向與一東西向的兩個擺垂，量測水平運動，並經由繩索與滑輪機構，將擺垂的運動放大三倍後存於紀錄系統，這種擺設方式一直沿用至今。1876 年，米爾恩、格雷 (Thomas Gray)、及艾韋恩 (J. Alfred Ewing) 進行不同擺垂裝置記錄地面運動的實驗；這些在日本的英國科學家，以他們設計的地震儀器建立許多地震觀測站，被譽為是最早具有觀測價值的地震儀器。

　　早期的地震儀以時鐘來提供地震發生的時間，並顯示在地震紀錄紙上。記錄地面運動的方式有多種，最常用的是滾筒式紀錄器。感震系統包含感應元件、放大器、長桿三個基本部分。感應元件反應地面運動，放大器連接感應元件與長桿，長桿的另一端以刻劃點形式，置於紀錄滾筒上。地面的運動經由放大器放大，並藉由長桿記錄於滾筒上。地震發生時，地面運動包含東西向、南北向、垂直向三個方向。一個裝置只能記錄三個運動分量的其中之一。基於上述，可以推斷"候風地動儀有 8 組裝置分別偵測 8 個主要方向，每組裝置包含一個在內部作為感震系統的內部作動機構及一個在外部的紀錄系統"，這是構造特性 4。

　　根據歷史文獻，候風地動儀外部的每一個紀錄系統，明確記載包含一條龍、一顆球、及一隻蟾蜍，但就功能而言，實體的龍是不需要的，其功能是以龍口含住球。因此，可以在尊體表面描繪龍首以取代實際的龍身，球可以放置在尊體中。西方早期的感震系統，通常使用一個或數個槓桿機構作為放大器，而桔槔是古中國最常用的槓桿機構。因此，可以推斷"每一組內部機構至少包含一根中央柱作為固定桿、一根感應桿反應地面運動、一組槓桿機構 (桔槔，包含一根連接桿與一根槓桿) 作為放大器、以及一根通道桿，它是一個自由度為 1 的平面機構"，這是構造特性 5。通道桿連接感震系統與紀錄系統，類似西方古地震儀中的長桿。

12-2.04　構造特性總結

基於上述探討所歸納出候風地動儀內部傳動機械的構造特性，包含一根固定桿、一根感應桿、一根連接桿、一根槓桿桿、及一根通道桿。這個設計至少是一個 5 桿 6 接頭的平面機構，包含一個銷槽接頭 (J_J)、一個滑行接頭 (J_P)、及四個旋轉接頭 (J_R)，這是滿足構造特性 3 的最簡單構形。

總上所述，總結構造特性如下：

01. 內部有一根中央柱 (都柱) 作為固定桿，有 8 根通道桿與中央柱連接。
02. 開啟球被 8 根通道桿包圍停置在中央柱頂上，地震發生時，可在通道桿上滾動。
03. 不論造成初動的 P 波是壓縮波或伸張波，地動儀必須都能偵測。
04. 每個主要方向各有一組裝置，包含一個內部傳動機械為感震系統及一個外部紀錄系統。
05. 每個內部作動機構至少包含一根固定桿、一根感應桿、一根連接桿、一根槓桿桿、及一根通道桿，且：
    (a) 中央柱是固定桿，開啟球放置在固定桿頂上。
    (b) 若初動是壓縮波，感應桿往地震方向傾倒；若初動是伸張波，感應桿往地震反方向傾倒。
    (c) 放大器至少包含一根連接桿與一根槓桿桿，由於連接槓桿桿與固定桿是銷槽接頭，因此槓桿桿可繞著銷滑行與旋轉。銷槽接頭的特性是使槓桿桿往地震方向運動，其目的是不論感應桿傾倒的方向為何，槓桿桿的移動都可以確保跟隨其對應的感應桿。
    (d) 通道桿的功能是連接感震系統與紀錄系統。當槓桿桿作動時，推動通道桿向上，開啟球離開中央柱，並藉由通道桿往尊體外殼滾動，經由兩顆球的碰撞，尊體殼中的球掉落到位於下方的蟾蜍口中。
06. 是一個自由度為 1 的平面機構。

12-3　復原設計 Reconstruction Designs

與許多古中國的發明一樣，張衡的候風地動儀已隨時間失傳了。由於歷史文獻的不足，地動儀內部傳動機械的復原工作具有相當的困難度。

古中國於秦漢時代 (前 221-219 年)，由連桿、繩索、滑輪等機件以及旋轉接頭、滑行接頭、銷槽接頭組成的傳動機械已發展成熟，且有各種不同的應用，尤其在農業、紡織、及軍事技術上 (第 03-02~03 節)。

以下基於"古機械復原設計法"，及所歸納出的構造特性 (第 12-02 節)，系統化解密出具有不同類型且符合當代工藝技術水平的復原設計，包括 5 桿連桿機構及 6 桿繩索與滑輪機構。圖 12.07 為內部傳動機械的作動流程。

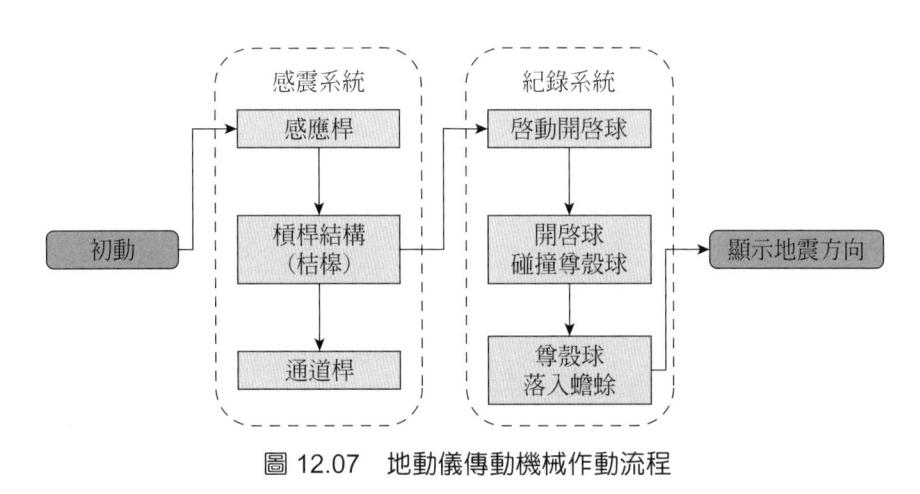

圖 12.07　地動儀傳動機械作動流程

12-3.01　五桿連桿機構

對於 5 桿 6 接頭連桿機構的復原設計，其設計限制如下：

01. 有一根多接頭桿作為機架。
02. 有一根雙接頭桿作為感應桿 2，且感應桿以旋轉接頭 (J_R) 與固定桿 (K_F) 連接。
03. 有一根雙接頭桿作為通道桿 5，且通道桿以滑行接頭 (J_P) 與固定桿 (K_F) 連接。
04. 有一根雙接頭桿作為連接桿 3。
05. 有一根參接頭桿作為槓桿桿 4。

根據"古機械復原設計法"機理，考慮運動與功能需求以及機件與接頭類型維持不變，基於上述設計限制進行復原設計後，解密出 8 個具 5 桿 6 接頭的連桿機構，圖 12.08(a)-(h) 為構造簡圖。

圖 12.09 為 5 桿 6 接頭連桿機構候風地動儀復原設計的三維模型。有 8 組同樣的機構設置在地動儀的 8 個主要方向，圖 12.09(a)。開啟球被 8 個通道桿 (桿 5) 包圍，停置在中央柱 (都柱) 的頂上。圖 12.09(b) 為對應於圖 12.08(a) 構造簡圖的一個完整內

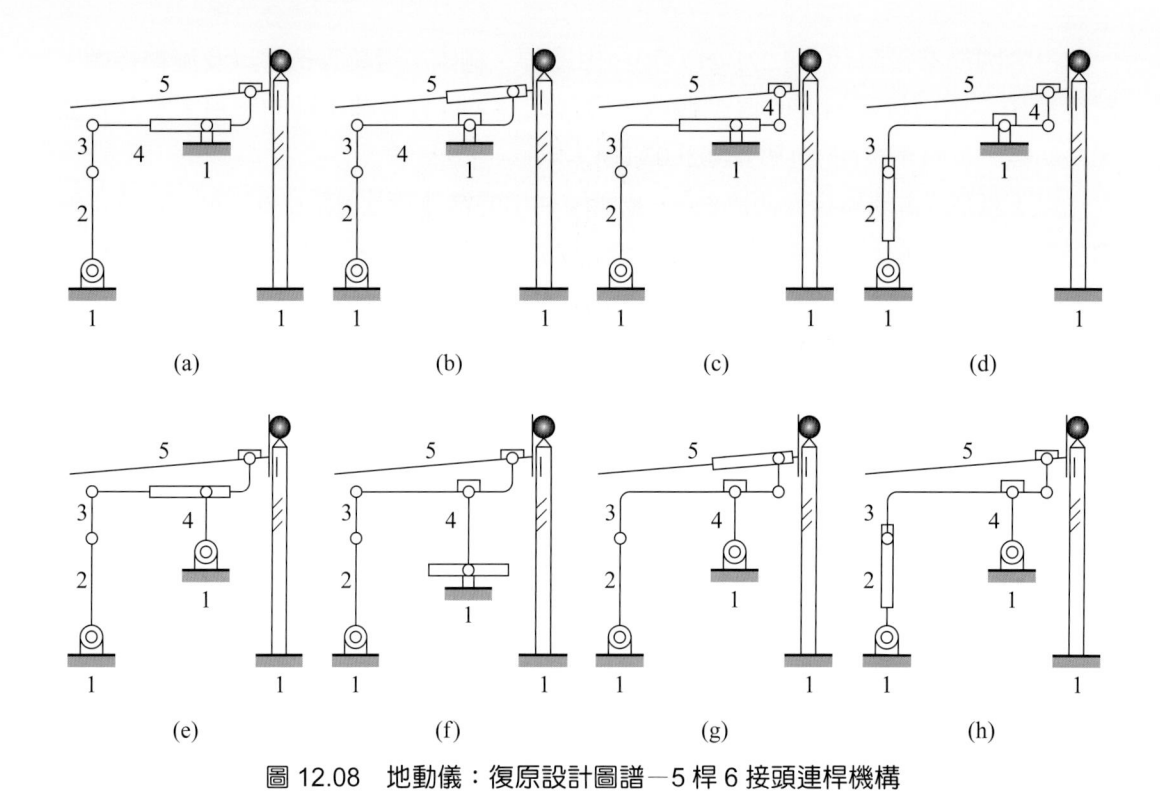

圖 12.08　地動儀：復原設計圖譜－5 桿 6 接頭連桿機構

部機構。感應桿 (桿 2) 偵測壓縮或伸張的 P 波初動，若初動是壓縮波，則感應桿往左邊傾倒，圖 12.09(c)；若初動是伸張波，則感應桿往右邊傾倒，圖 12.09(d)。圖 12.06 為復原設計模型。

12-3.02　六桿繩索與滑輪機構

對於 6 桿 8 接頭繩索與滑輪機構的復原設計，包含一根固定桿 (K_F)、一根感應桿 (2)、一個滑輪 (3)、一條繩索 (4)、一根槓桿桿 (5)、一根通道桿 (6)、一個滑行接頭 (J_P)、一個迴繞接頭 (J_W)、一個銷槽接頭 (J_J)、及五個旋轉接頭 (J_R)，其設計限制如下：

01. 有一根固定桿作為機架 (K_F)，且為肆接頭桿。
02. 感應桿以旋轉接頭 (J_R) 與固定桿連接，且為雙接頭桿。
03. 通道桿以滑行接頭 (J_P) 與固定桿連接，且為雙接頭桿。
04. 滑輪以旋轉接頭 (J_R) 與固定桿連接，且為雙接頭桿。
05. 繩索為參接頭桿，以迴繞接頭 (接頭 J_W) 與滑輪連接，且銷槽接頭不可與繩索連接。

| 第 12 章 | 候風地動儀　223

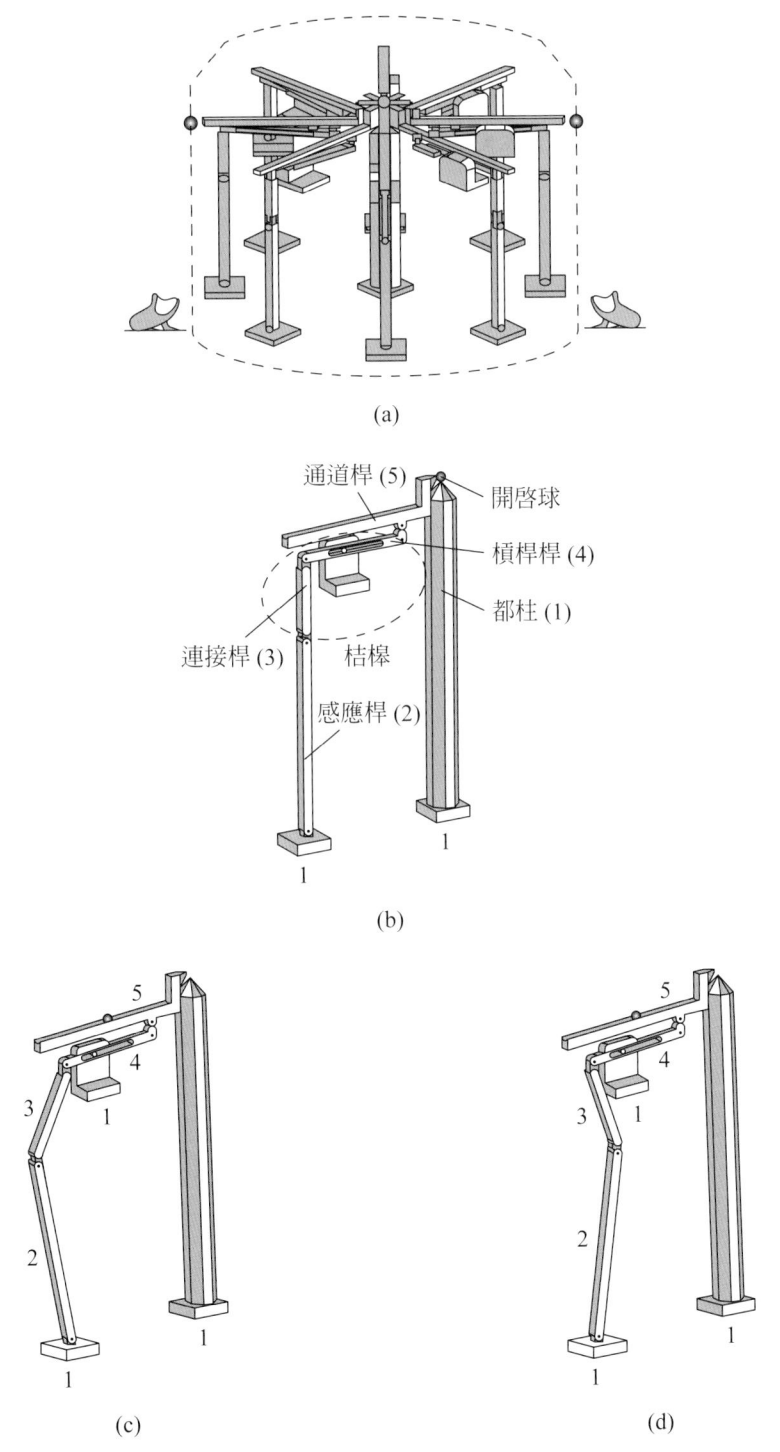

圖 12.09　地動儀：三維模型─5 桿 6 接頭連桿機構 [14]

根據"古機械復原設計法"機理,考慮運動與功能需求以及機件與接頭類型維持不變,基於上述設計限制進行復原設計後,解密出 6 個具 6 桿 8 接頭的繩索與滑輪機構,圖 12.10(a)-(f) 為構造簡圖。

　　圖 12.11(a)-(c) 為圖 12.10(c) 6 桿 8 接頭繩索與滑輪機構候風地動儀復原設計的三維模型。若初動是壓縮波,則感應桿 2 往左邊傾倒,圖 12.11(b);若初動是伸張波,則感應桿 2 往右邊傾倒,圖 12.11(c)。圖 12.12 為復原設計,即圖 12.06 的作動影片。

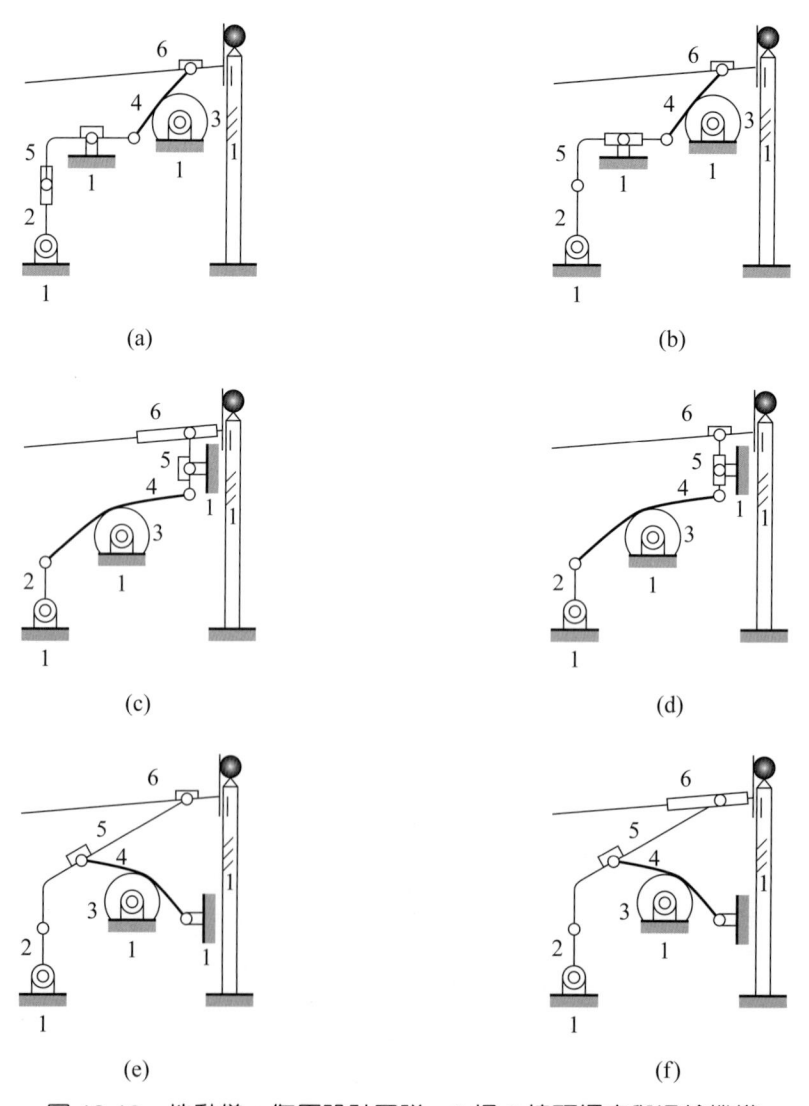

(a)

(b)

(c)

(d)

(e)

(f)

圖 12.10　地動儀:復原設計圖譜－6 桿 8 接頭繩索與滑輪機構

|第 12 章| 候風地動儀　225

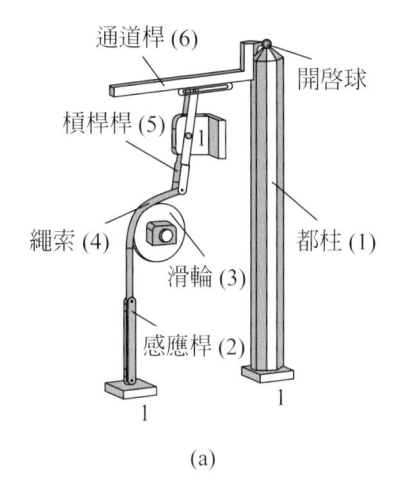

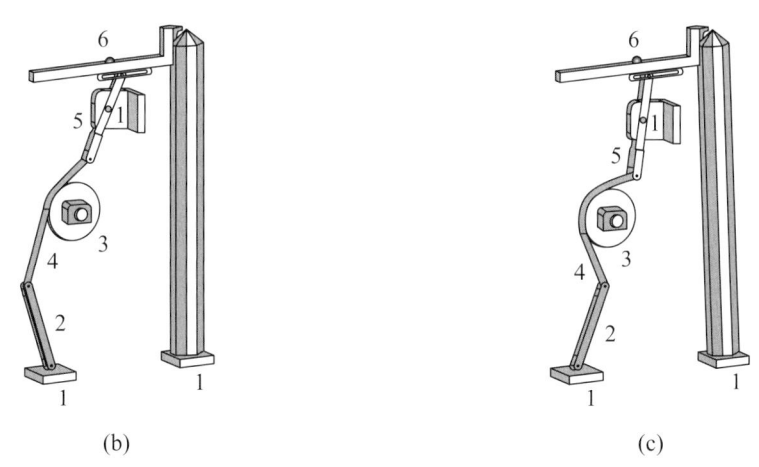

圖 12.11　地動儀：三維模型－6 桿 8 接頭繩索與滑輪機構 [14]

圖 12.12　地動儀作動影片 [蕭國鴻]

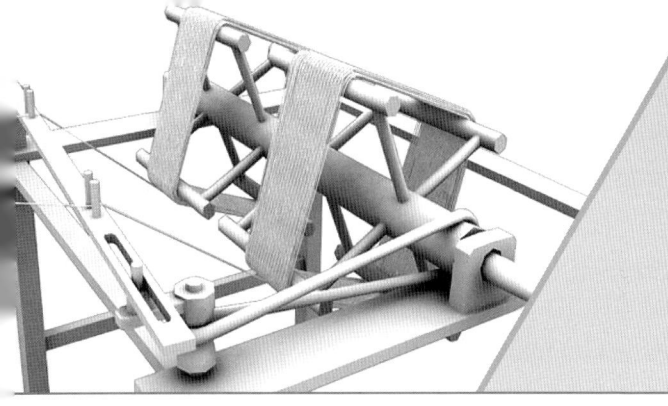

參考文獻
References

01. Yan, H. S., Wang, H. T., Chen, C. W. and Hsiao, K. H., contributed to chapter "Xian-Zhou Liu" in *Distinguished Figures in Mechanism and Mechanism Science: Their Contributions and Legacies*, edited by M. Ceccarelli, pp. 267-278, Springer, Netherlands, ISBN 978-1-4020-6365-7, 2007.
02. 劉仙洲，《中國機械工程史料》，國立清華大學出版事務所，北京市，1935 年。
03. 劉仙洲，《中國機械工程發明史：第一編》，科學出版社，北京市，1962 年。
04. 劉仙洲，《中國古代農業機械發明史》，科學出版社，北京市，1963 年。
05. Needham, J., *Science and Civilisation in China*, Vol. IV: II, Cambridge University Press, Cambridge, 1954.《中國之科學與文明・第四卷・第二冊》，臺灣商務書局，臺北市，1965 年。
06. 萬迪棣，《中國機械科技之發展》，中央文物供應社，臺北市，1983 年。
07. 郭可謙、陸敬嚴，《中國機械史講座》、《中國機械發展史》，機械工程師進修大學，北京市，1985 年。
08. 王振鐸，《科技考古論叢》，文物出版社，北京市，1989 年。
09. 陸敬嚴、華覺明，《中國科學技術史・機械卷》，科學出版社，北京市，2000 年。
10. 陸敬嚴，《中國機械史》，中華古機械文教基金會 (臺南市)，越吟出版社，臺北市，2003 年。
11. 張柏春 (路甬祥主編)，《走進殿堂的中國古代科技史・下・機械技術》，上海交通大學出版社，上海市，2009 年。
12. 黃開亮、郭可謙，《中國機械史圖誌卷》，中國機械工程學會，北京市，2011 年。
13. 陸敬嚴，《中國古代機械文明史》，同濟大學出版社，上海市，2012 年。
14. Yan, H. S., *Reconstruction Designs of Lost Ancient Chinese Machinery*, Springer, Netherlands, ISBN 978-4020-6459-3, 2007. 顏鴻森 (著)，蕭國鴻、張柏春 (譯)，《古中國失傳機械之復原設計》，大象出版社，鄭州市，ISBN 978-7-5347-8482-8，2016 年。
15. Hsiao, K. H. and Yan, H. S., *Mechanisms in Ancient Chinese Books with Illustrations*, Springer,

Netherlands, ISBN 978-3-319-02008-2, ISBN 978-3-319-02009-9 (eBook), 2014. 蕭國鴻、顏鴻森，《古中國書籍具插圖之機構》，東華書局，臺北市，ISBN 978-957-483-849-3，2015 年。蕭國鴻、顏鴻森 (著)，蕭國鴻、張柏春 (譯)。《古中國書籍插圖之機構》，大象出版社，鄭州市，ISBN 978-7-5347-7914-5，2016 年。

16. Zhang, B. and Liu, Y., "An overview on the studies of the history of machinery in China," The 6th International Symposium on History of Machines and Mechanisms, Proceedings of the 2018 HMM IFToMM Symposium on History of Machines and Mechanisms, *Explorations in the History and Heritage of Machines and Mechanisms* (edited by B. Zhang and M. Ceccarelli), Springer Nature Switzerland, 2019, ISBN 978-3-0300-3537-2, pp.64-73.

17. Chen, Y. H. and Yan, H. S., "Reconstruction of unknown automata designs of blossoming flower clock in Forbidden City," *Proceedings of the Institution of Mechanical Engineers, Part C, Journal of Mechanical Engineering Science*, Vol. 231, Issue 7, pp.1354-1368, 2016.

18. 陳羽薰，具代表性演奏裝置自動機之復原研究，博士論文，國立成功大學機械工程學系，臺南市，2018 年 07 月。

19. 林建良，安提基瑟拉機構之系統化復原設計，博士論文，國立成功大學機械工程學系，臺南市，2011 年 07 月。

20. Lin, J. L. and Yan, H. S., *Decoding the Mechanisms of Antikythera Astronomical Device*, Springer-Verlag Berlin Heidelberg, ISBN 978-3-662-48445-6, ISBN 978-3-6624-8447-0 (eBook), 2016.

21. Yan, H. S., "A systematic approach for the restoration of Lu Ban's Wooden Horse Carriage of ancient China," *Proceedings of the International Workshop on History of Machines and Mechanisms Science*, Moscow, Russian, pp.199-204, May 16-20, 2005.

22. Chen, Y. H., Ceccarelli, M. and Yan, H. S., "Reconstruction and analysis of Zhan's Sand Clock in the 14th century," The 6th International Symposium on History of Machines and Mechanisms (HMM 2018), Institute for the History of Natural Scienxes (IHNS), Chinese Academy of Sciences, Beijing, Sept. 26-28, 2018.

23. 顏鴻森、林聰益、陳羽薰、黃正輝，古中國水力天文鐘錶的系統化復原研究，MOST 106-2221-E006-100-MY3，科技部專題研究計畫報告，臺北市，2020 年。

24. Yan, H. S., *Mechanisms-Theory and Applications*, McGraw-Hill Education (Asia), ISBN 978-9-814-66000-6, 2016.

25. 顏鴻森、吳隆庸、黃文敏、吳益彰、藍兆杰著，《現代機構學》，第一版，東華書局，臺北市，ISBN 978-986-5522-04-9，2020 年 09 月。

26. 顏鴻森，《古早中國鎖具之美 (*The Beauty of Ancient Chinese Locks*)》，第三版，成大出版社，臺南市，ISBN 978-986-5635-04-6，2015 年 01 月。顏鴻森，《古早中國鎖具之美：遺落的國家寶藏》，海南出版社，海口市，ISBN 978-7-5543-8921-1，2019 年 11 月。

27. 陳羽薰，三本古中國農業類專書中具圖畫機構之復原設計，碩士論文，國立成功大學機械工程學系，臺南市，2010 年 06 月。
28. Yan, H. S. and Hsiao, K. H., "Structural synthesis of the uncertain joints in the drawings of Tian Gong Kai Wu," *Journal of Advanced Mechanical Design, Systems, and Manufacturing*, Japan Society Mechanical Engineering, Vol. 4, No. 4, pp. 773-784, 2010.
29. Yan, H. S., *Creative Design of Mechanical Devices*, Springer-Verlag, Singapore, ISBN 981-3083-57-3, 2010. 顏鴻森 (著)，姚燕安、王玉新、郭可謙 (譯)，《機械裝置的創造性設計》，機械工業出版社，北京市，ISBN 7-111-08490-X，2002 年。
30. 張柏春，《中國近代機械史簡編》，北京理工大學出版社，北京市，1992 年。
31. Yan, H. S., "A design of ancient China's Wooden Oxen and Gliding Horse," Proceedings of the 10th IFToMM World Congress on the Theory of Machines and Mechanisms, Oulu, Finland, pp.57-62, June 20-24, 1999.
32. 盧本珊、張柏春、劉詩中，"銅岭商周礦用桔槔與滑車及其使用方式"，《中國科技史料》，北京市，第 17 卷，第 2 期，第 73-80 頁，1996 年。
33. 張春輝、游戰洪、吳宗澤、劉元諒，《中國機械工程發明史－第二編》，清華大學出版社，北京市，2004 年。
34. 張柏春，"中國風力翻車構造原理新探"，《自然科學史研究》，北京市，第 14 卷，第 3 期，287-296，1995 年。
35. Sun, L., Zhang, B. C., Lin, T. Y. and Zhang, Z. Z., "An investigation and reconstruction of traditional vertical-axle-styled Chinese great windmill and its square-pallet chain-pump," *International Symposium on History of Machines and Mechanisms*, Springer, Netherlands, 2009.
36. Lin, T. Y. and Lin, W. F., "Structure and motion analyses of the sails of Chinese great windmill," *Mechanism and Machine Theory*, Vol. 48, No. 2, pp. 29-40, 2012.
37. 林聰益、張柏春、張治中、孫烈，《中國立帆式大風車的復原》，中華古機械文教基金會，臺南市，ISBN 978-957-28707-1-6，2020 年。
38. 上海市紡織科學研究所，《紡織史話》，上海科學技術出版社，上海市，1978 年。
39. 蕭國鴻、林建良、陳羽薰、顏鴻森，"農書中水力驅動鼓風裝置 (水排) 之系統化復原綜合"，《技術：歷史與遺產》，王思明、張柏春主編，中國農業科學技術出版社，北京市，第 183-189 頁，2010 年。
40. Hsiao, K. H. and Yan, H. S., "Structural analyses of ancient Chinese crossbows," *Journal of Science and Innovation*, Vol. 2, No. 1, pp. 1-8, 2012.
41. Hsiao, K. H. and Yan, H. S., "Structural synthesis of ancient Chinese Chu State repeating crossbow," *Advances in Reconfigurable Mechanisms and Robots I*, pp. 749-758, Springer, London, 2012.

42. Hsiao, K. H. and Yan, H. S., "Structural synthesis of ancient Chinese Zhuge repeating crossbow," *Explorations in the History of Machines and Mechanisms*, pp. 213-228, Springer, Netherlands, 2012.

43. Hsiao, K. H., "Structural synthesis of ancient Chinese original crossbow," *Transactions of the Canadian Society for Mechanical Engineering*, Vol. 37, No. 2, pp. 259-271, 2013.

44. 鐘少異，《中國古代軍事工程技術史 (上古至五代)》，山西教育出版社，太原市，2008 年。

45. 荊州博物館編，《荊州重要考古發現》，文物出版社，北京市，2009 年。

46. 陳俊瑋，指南車之系統化復原設計，博士論文，國立成功大學機械工程學系，臺南市，2006 年 10 月。

47. Yan, H. S. and Chen, C. W., "A systematic approach for the structural synthesis of differential-type south point chariots," *JSME International Journal*, Series C, Vol. 49, No. 3, pp. 920-929, September 2006.

48. Chen, C. W. and Yan, H. S., "Topological structures of south pointing chariots," Proceedings of the 11th World Congress in Mechanism and Machine Science (IFToMM 2004), Tianjin, China, April 01-04, 2004.

49. 王振鐸，"指南車記里鼓車之考證與模制"，《史學集刊》，科學出版社，北京市，第 3 期，第 1-47 頁，1937 年。

50. Gaubil, A., *Observations mathèmatiques, astro., geogr., chronol., et phys.*, tires des anciens livres chinois, Paris, pp. 94-95, 1732.

51. Klaproth, J., *Lettre á Humboldt sur l'invention de la boussole*, Paris, p. 93, 1834.

52. Hirth, F., "Origin of the mariner's compass in China," *The Ancient History of China*, Columbia Univ. Press, New York, pp. 129-130, 1908.

53. Giles, H. A., "The mariner's compass," *Adversaria Sinica*, No.7, Shanghai, p. 219, 1909.

54. Moule, A. C., "Textual research on the manufacture of Yan Su's and Wu De-ren's south pointing chariots from the Song Dynasty," translated by Zhang Yin-lin, *Qinghua Journal*, Beijing, Vol. 2, pp. 457-467, 1925.

55. Hashimoto, M., "Origin of the compass," *Memoirs of the Research Department of the Toyo Bunko (The Oriental Library)*, Tokyo, No. 1, pp. 67-92, 1926.

56. Mikami, Y., "The chou-jen-chuan of yuan yuan," *Isis*, Chicago, Vol. II, p. 124, 1928.

57. Lanchester, G., "The Yellow Emperor's south pointing chariot," A speech script at the China Society of Britain, London, 1947.

58. 劉仙洲，"中國在傳動機件方面的發明"，清華學報，北京市，第 2 卷，第 40-47 頁，1954 年。

59. Sleeswyk, A. W., "Reconstruction of the south pointing chariots of the Northern Song Dynasty,

escapement and differential gearing in 11th century China," *Chinese Science*, Pennsylvania, pp. 4-36, 1977.
60. 盧志明，"中國古代指南車的分析"，西南大學學報，重慶市，第 2 期，第 95-101 頁，1979 年。
61. 顏志仁，"中國古代指南車的原理與構造"，上海機械學院學報，上海市，第 1 期，第 31-40 頁，1984 年。
62. 顏志仁，"指南車"，中等學校科學與技術，上海市，第 5 期，第 32-33 頁，1982 年。
63. 楊衍宗，"指南車機構設計"，機械工程，臺北市，第 154 期，第 18-24 頁，1986 年。
64. Muneharu, M. and Satoshi, K., "Study of the mechanics of the south pointing chariot-the south pointing chariot with the bevel gear type differential gear train," *Transactions of Japan Society of Mechanical Engineering*, Part C, Vol. 56, pp. 462-466, 1990.
65. Muneharu, M. and Satoshi, K., "Study of the mechanics of the south pointing chariot-2nd report, the south pointing chariot with the external spur-gear-type differential gear train," *Transactions of Japan Society of Mechanical Engineering*, Part C, Vol. 56, pp. 1542-1547, 1990.
66. Hsieh, L. C., Jen, J. Y. and Hsu, M. H., "Systematic method for the synthesis of south pointing chariot with planetary gear trains," *Transactions of Canadian Society for Mechanical Engineering*, Vol. 20, pp. 421-435, 1996.
67. 陳英俊，摩擦傳動指南車，中華民國新型專利第 371043 號，臺北市，1999 年。
68. 陸敬嚴，"指南車研究概述"，《歷史月刊》，臺北市，第 80 期，第 80-84 頁，1994 年。
69. 邱于庭，古中國記里鼓車之系統化復原合成，碩士論文，國立成功大學機械工程學系，臺南市，2009 年 05 月。
70. 邱于庭，顏鴻森，"古中國記里鼓車之系統化復原合成"，《技術：歷史與遺產》，王思明、張柏春主編，中國農業科學技術出版社，北京市，ISBN 978-7-5116-0209-1，第 166-173 頁，2010 年。
71. 張蔭麟，"宋盧道隆吳德仁記里鼓車之造法"，清華學報，北京市，第二卷，第二期，第 635-642 頁，1925 年。
72. Papadopoulos, E., "Heron of Alexandria," *Distinguished Figures in Mechanism and Machine Science*, Springer, Netherland, pp. 217-245, 2007.
73. Russo, F., Rossi, C. and Ceccarelli, M., "Devices for Distance and Time Measurement at the Time of Roman Empire," *International Symposium on History of Machines and Mechanisms*, Springer, Netherland, pp. 101-114, 2009.
74. 顏可維，《世界古代發明，世界知識版》，北京市，1999 年。
75. 林聰益，古中國擒縱調速器之統化復原設計，博士論文，國立成功大學機械工程學系，臺南市，2001 年 12 月。

76. Yan, H. S. and Lin, T. Y.,"A study on ancient Chinese time laws and the time-telling system of Su Song's clock-tower," *Mechanism and Machine Theory*, Vol. 37, No. 1, pp. 15-33, 2002.
77. Yan, H. S. and Lin, T. Y.,"A systematic approach to reconstruction of ancient Chinese escapement regulators," *Proceedings of ASME 2002 Design Engineering Technical Conferences and Computers and Information in Engineering Conference* (DETC'02), Montreal, Canada, September 2002.
78. Yan, H. S. and Lin, T. Y.,"Comparison between the escapement regulators of Su Song's clock-tower and modern mechanical clocks," *Proceedings of HMM2000 - the International Symposium on History of Machines and Mechanisms*, Cassino, Italy, Kluwer Academic Publishers, pp. 141-148, 2000.
79. 管成學、楊榮垓、蘇克福,《蘇頌與新儀象法要研究》,吉林文史出版社,長春市,1991年。
80. 戴念祖,《中國力學史》,河北教育出版社,石家莊市,第 246-270 頁,1988 年。
81. Needham, J., Wang, L. and Price, D. J.,"Chinese Astronomical Clockworks," *Nature*, Vol. 177, p. 600, 1956.
82. 施若穀,"天文鐘與擒縱器的辨析",時計儀器史論叢,第一輯,中國計時儀器史學會,蘇州市,第 68-75 頁,1994 年。
83. Britten, F. J., *Old Clocks and Watches & Their Makers*, E. & F. N. Spon, Ltd., London, 1922.
84. 李志超主編,時計儀器史論叢,第三輯 (中國計時儀器史第三次學術研討會專輯),中國計時儀器史學會,蘇州市,第 8-11 頁,1998 年。
85. 蕭國鴻,張衡地動儀感震機構之系統化復原設計,博士論文,國立成功大學機械工程學系,臺南市,2007 年 06 月。
86. Yan, H. S. and Hsiao, K. H.,"The development of ancient earthquake instruments," *Proceedings of ASME 2006 Design Engineering Technical Conferences - the 30th Mechanisms and Robotics Conferences*, Paper No. DETC2006-99107, Philadelphia, Pennsylvania, September 10-13, 2006.
87. Hsiao, K. H. and Yan, H. S.,"The review of reconstruction designs of Zahang Heng's seismoscope," *Journal of Japan Association for Earthquake Engineering*, Vol. 9, No. 4, pp.1-10, 2009.
88. Yan, H. S. and Hsiao, K. H.,"Reconstruction design of the lost seismoscope of ancient China," *Mechanism and Machine Theory*, Vol. 42, pp.1601-1617, 2007.
89. Yan, H. S. and Hsiao, K. H.,"Structural Synthesis of Zhang Heng's seismoscope with a rope-and-pulley mechanism," *Journal of the Chinese Society of Mechanical Engineers*, Taipei, Vol. 29, No. 2, pp.89-97, April 2008.
90. Hsiao, K. H. and Yan, H. S.,"Structural Synthesis of Zhang Heng's seismoscope with cam-linkage mechanisms," *JSME, Journal of Advanced Mechanical Design, Systems, and Manufacturing*, Vol. 3, No. 2, pp.179-190, 2009.

91. 顏鴻森，"古機械復原設計研究的思路歷程"，2017 機械設計及機械技術史國際會議 (IC-MDHMT-2017)，*Proceedings of the Tenth China-Japan International Conference on Mechanical Design and History of Mechanical Technology*，北京航空航天大學，北京市，70-76 頁，2017 年 08 月 27-29 日。
92. 林寬禮，王湔木牛流馬之改進設計，碩士論文，國立成功大學機械工程學系，臺南市，1995 年 06 月。

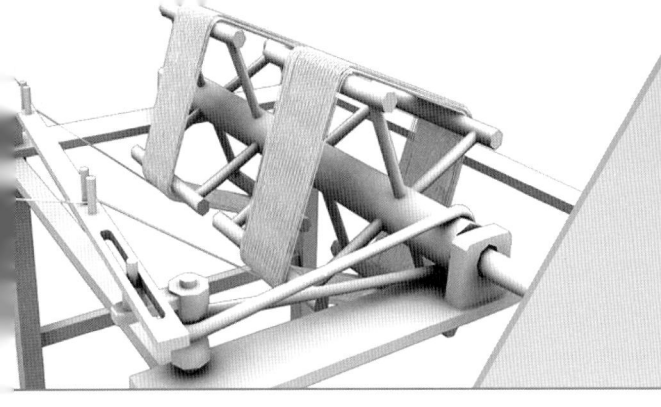

古 籍
Ancient Books

二劃

《入蜀記》(1127-1279 年，南宋)，陸游 (1125-1210 年)[南宋] 撰；蘭州大學出版社，蘭州市，2003 年。

三劃

《三才圖會》(1607 年)，王圻 (1530-1615 年)[明] 撰；莊嚴文化事業公司，臺南市，1997 年。

《三國志》(265-316 年，西晉)，陳壽 (233-297 年)[西晉] 撰；裴松之 [宋] 注，藝文印書館，臺北市，1958 年；臺灣商務印書館，臺北市，1968 年。

四劃

《五燈會元》(1251 年)，釋普濟 (生卒年不詳)，[南宋] 撰；黃山書社，合肥市，2009 年。

《元史》(1370 年)，宋濂 (1310-1381 年)[明] 等撰；黃山書社，合肥市，2009 年。

《天工開物》(1637 年)，宋應星 (約 1587-1666 年)[明] 撰；臺灣商務印書館，臺北市，2011 年。
《天工開物譯注》(1637 年)，宋應星 (約 1587-1666 年) [明] 撰，潘吉星譯注；上海古籍出版社，上海市，1993 年。

《太平御覽》(984 年)，李昉 (925-996 年)[北宋] 等撰；臺灣商務印書館，臺北市，1983 年。

《太平廣記》(978 年)，李昉 (925-996 年)[北宋] 等奉敕撰；臺灣商務印書館，臺北市，1983 年。

《方言》(前 202-8 年，西漢)，揚雄 (前 53-18 年)[西漢] 撰；郭璞 [晉] 注，黃山書社，合肥市，2009 年。

〈木蘭辭〉(386-534 年，北魏)，佚名 [北魏]；撰收錄於《漢魏南北朝樂府》，李純勝著，臺灣商務印書館，臺北市，1966 年。

《水經注》(386-534 年，北魏)，酈道元 (466/472-527 年)[南北朝 - 北魏] 撰；黃山書社，合肥市，2009 年。

《水滸傳》(1368-1644 年，明)，施耐庵 (1269-1370 年)[明] 撰；臺灣古籍出版社，臺北市，2005 年。

五劃

《世本》(約前 234-228 年),先秦史官 [春秋] 修撰;宋衷 [漢] 注,秦嘉謨 [清代] 等輯,中華書局,北京市,2008 年。

《古今注》(280-316 年,西晉),崔豹 (生卒年不詳)[西晉] 撰;臺灣商務印書館,臺北市,1966 年。

《古今圖書集成》(1726 年),陳夢雷 (1650-1741 年)[清] 編;大眾文藝出版社,北京市,2009 年。

《古史考》(220-280 年,三國),譙周 (201-270 年)[三國 - 蜀] 撰;藝文印書館,臺北市,1972 年。

《史記》(前 91 年),司馬遷 (約前 145-前 86 年)[西漢] 撰;馬持盈註,臺灣商務印書館,臺北市,2010 年。

《永樂大典》(1408 年),解縉 (1369-1415 年)[明] 等撰;齊魯書社,濟南市,2001 年。

《氾勝之書》(前 202-8 年,西漢),氾勝之 (約前 32-7 年)[西漢] 撰;宋葆淳 [清] 輯,藝文印書館,臺北市,1971 年。

六劃

《列女傳》(前 202-8 年,西漢),劉向 (前 77-6 年)[西漢] 撰;國立臺灣師範大學出版中心編輯,師大出版中心,臺北市,2012 年。

《老殘遊記》(1903 年),劉鶚 (1857-1909 年)[清] 撰;五南圖書公司,臺北市,2013 年。

《考工記》(前 300-前 100 年),佚名 (相傳周公撰,前 ?-前 1105 年)[西周];戴吾三編著,山東畫報出版社,濟南市,2003 年。

《耒耜經》(618-907 年,唐),陸龜蒙 (公元 ?-881 年)[唐] 撰;張海鵬 [清] 輯,江蘇廣陵古籍刻印社,揚州市,1990 年。

《西京雜記》(317-420 年,東晉),相傳葛洪 (283-343 年)[東晉] 撰;藝文印書館,臺北市,1968 年。

《西遊記》(1368-1644 年,明),吳承恩 (1506-1582 年)[明] 撰;臺灣商務印書館,臺北市,1968 年。

七劃

《吳子》(前 475-前 221 年,戰國),吳起 (前 440-前 381 年)[戰國] 撰;王雲路注譯,三民書局,臺北市,1996 年。

《吳越春秋》(50-100 年),趙曄 (生卒年不詳)[東漢] 撰;張覺撰,知識產權出版社,北京市,2014 年。

《呂氏春秋》(約前 239 年),呂不韋 (前 292-前 235 年)[戰國] 等撰;劉文忠譯注,錦繡出版社,臺北市,1993 年。

《宋史》(1345 年),托克托 (1314-1355 年)[元] 等撰;鼎文出版社,臺北市,1955 年。
《里語徵實》(1873 年),唐訓方 (1810-1877 年)[清] 編;廣陵書社,揚州市,2003 年。

八劃

《事物紀原》(960-1279 年,宋),高承 (生卒年不詳)[宋] 撰;臺灣商務印書館,臺北市,1983 年。
《事類賦》(約 1086-1093 年),吳淑 (947-1002 年)[北宋] 撰;黃山書社,合肥市,2009 年。
《初學記》(618-907 年,唐),徐堅 (659-729 年)[唐] 撰;人民出版社,北京市,2009 年。
《周禮》(前 300-前 100 年),佚名 (相傳周公撰,前 ?-1105 年)[西周];鄭玄 (公元 127-200 年) [東漢] 注,臺灣商務印書館,臺北市,1983 年。
《奇器圖說》(1627 年),鄧玉函 (1576-1630 年) 口譯、王徵 (1571-1644 年) 筆述 [明];中華書局,北京市,1985 年。
《孟子》(前 350-前 250 年),孟子 (前 372-前 289 年)[戰國] 撰;劉熙 [漢朝] 撰,藝文印書館,臺北市,1969 年。
《尚書》(前 770-前 476 年,春秋),佚名 [西周 - 春秋] 撰;諸華、鄧啟銅注釋,東南大學書版社,南京市,2016 年。
《抱朴子》(317-343 年,東晉),葛洪 (283-343 年)[東晉] 撰;臺灣商務印書館,臺北市,1979 年。
《明史》(1739 年),張廷玉 (1672-1755 年)[清] 等撰;臺灣商務印書館,臺北市,1988 年。
《易經》(前 1027-前 771 年,西周),佚名 [西周] 撰 (相傳周文王撰,前 1152-1056 年);南懷瑾講述,老古出版社,臺北市,1985 年。
《武備志》1621 年),茅元儀 (1594-1640 年)[明] 撰;上海古籍出版社,上海市,2002 年。
《武經總要》(1044 年),曾公亮 (999-1078 年)、丁度 (990-1053 年)[北宋] 撰;商務印書館,上海市,1935 年。
《物原》(1368-1644 年,明),羅頎 (生卒年不詳)[明] 撰;中華書局,北京市,1985 年。

九劃

《南齊書》(537 年),蕭子顯 (487-537 年)[南北朝 - 齊] 撰;中華書局,北京市,1972 年。
《後漢紀》(317-420 年,東晉),袁宏 (328-376 年)[東晉] 撰;臺灣商務印書館,臺北市,1975 年。
《後漢書》(約 445 年),范曄 (398-445 年)[南北朝 - 劉宋] 撰;鼎文出版社,臺北市,1977 年。
《皇朝類苑》(1127-1279 年,南宋),江少虞 (生卒年不詳),[南宋] 撰;文海出版社,臺北市,1981 年。
《皇覽》(220-280 年,三國),劉劭 (約 2 世紀 -240 年)、王象 (生卒年不詳)、桓範 (?-249 年)、

韋誕 (179-251 年)、繆襲 (186-245 年) 等 [三國 - 魏] 撰；孫馮翼 [清] 輯，黃山書社，合肥市，2009 年。

十劃
《晉書》(648 年)，房玄齡 (579-648 年) 等 [唐] 撰；臺灣商務印書館，臺北市，1983 年。
《桓子新論》(25-220 年，東漢)，桓譚 (生卒年不詳)[東漢] 撰；藝文印書館，臺北市，1967 年。
《耕織圖》(1696 年)，宮廷畫師焦秉貞 [清] 繪製。
《荀子》(前 475-前 221 年，戰國)，荀子 (約前 316-237 年)[戰國] 撰；熊公哲註譯，臺灣商務印書館，臺北市，1967 年。

十一劃
《商周彝器通考》(1941 年)，容庚 (1894-1983 年)[清 - 民國] 撰；中華書局，北京市，2011 年。
《國語》(前 475-前 221 年，戰國)，左丘明 (生卒年不詳)[春秋] 撰；黃永堂譯注，臺灣書房出版，臺北市，2009 年。
《梓人遺制》(1264 年)，薛景石 (生卒年不詳)[元]；黃山書社，合肥市，2009 年。
《淮南子》(前 139 年)，劉安 (前 179-前 122 年)[西漢] 撰；蕭旭著，花木蘭文化，新北市，2014 年。
《清朝續文獻通考》(1912 年)，劉錦藻 (1862-1934 年)[清] 撰；浙江古籍出版社，杭州市，2000 年。
《莊子》(前 350-前 250 年)，莊子 (前 370-前 287 年)[戰國] 撰；馬美信譯注，錦繡出版社，臺北市，1993 年。
《通典》(801 年)，杜佑 (735-812 年)[唐] 撰；上海交通大學書版社，上海市，2009 年。
《通俗文》(25-220 年，東漢)，服虔 (生卒年不詳)[東漢] 撰；藝文印書館，臺北市，1972 年。

十二劃
《博物志》(280-316 年，西晉)，張華 (232-300 年)[西晉] 撰；黃山書社，合肥市，2009 年。
《欽定授時通考》(1742 年)，弘晝 (1712-1770 年)、鄂爾泰 (1677-1745 年)、張廷玉 (1672-1755 年)[清] 等編；臺灣商務印書館，臺北市，1965 年。
《雲夢睡虎地秦簡》(約前 210 年)，佚名 [戰國] 撰；睡虎地秦墓竹簡整理小組編，文物出版社，北京市，1990 年。
《黃帝內傳》(439-907 年，南北朝 - 隋唐)，佚名 [南北朝 - 隋唐] 撰；收錄於卿希泰主編《中國道教》第三卷；知識產權出版社，上海市，1994 年。
《搜神記》(317-420 年，東晉)，干寶 (286-336 年)[東晉] 撰；黃滌明譯注，臺灣書房，臺北市，2010 年。
《新制諸器圖說》(1627 年)，王徵 (1571-1644 年)[明] 撰；中華書局，北京市，1985 年。

《新儀象法要》(約 1086-1093 年)，蘇頌 (1020-1101 年)[北宋] 撰；陸敬嚴、錢學英譯注，上海市，上海古籍出版社，2007 年。

十三劃

《詩經》(前 11-6 世紀，西周初年 - 春秋中葉)，佚名 [西周 - 春秋中葉] 撰；滕志賢注譯，葉國良校閱，三民書局，臺北市，2000 年。

《農政全書》(1639 年)，徐光啟 (1562-1633 年)[明] 撰；臺灣商務印書館，臺北市，1983 年。

〈農家歌〉陸游 (1125-1210 年)[南宋] 撰；上海古籍出版社，上海市，2005 年。

《農書》(1313 年)，王禎 (1271-1333 年)[元] 撰；中華書局，北京市，1991 年。

《道德經》(前 475-前 221 年，戰國)，李耳 (生卒年不詳)[春秋] 撰；陳鼓應注譯，中華書局，北京市，2010 年。

十四劃

《夢溪筆談》(約 1086-1093 年)，沈括 (1031-1095 年)[北宋] 撰；上海古籍出版社，上海市，2015 年。

《演禽斗數三世相書》(618-907 年，唐)，袁天罡 (583-665 年)[唐] 撰；秦天綱選著，新文豐出版公司，臺北市，1989 年。

《漢官儀》(25-220 年，東漢)，應劭 (生卒年不詳)[東漢] 撰；中華書局，北京市，1985 年。

《漢書》(36-111 年)，班固 (32-92 年) [東漢] 撰；魏連科等注譯，三民書局，臺北市，2013 年。

《管子》管仲 (前 725-前 645 年)[春秋] 撰，劉向 (前 77-前 6 年) 編；支偉成編纂，文听閣，臺中市，2010 年。

《說文解字》(100-121 年)，許慎 (約 58-148 年)[東漢] 撰；段玉裁注，藝文印書館，臺北市，1979 年。

《齊民要術》(533-544 年)，賈思勰 (生卒年不詳)[南北朝 - 北魏] 撰；臺灣商務印書館，臺北市，1968 年。

十五劃

《墨經》(前 475-前 221 年，戰國)，《墨子‧備穴》(前 490-221 年)，墨子 (約前 468-376 年) [戰國] 撰；晁貫之 [宋代] 撰，藝文印書館，臺北市，1966 年。

《熬波圖》(1271-1368 年，元)，陳椿 (1293-1335 年)[元]；藝文印書館，臺北市，1971 年。

《論衡》(80 年)，王充 (27-97 年)[東漢] 撰；韓復智註譯，國立編譯館，臺北市，2004 年。

《魯班經》(1368-1644 年，明)，午榮 (生卒年不詳)[明] 彙編；黃山書社，合肥市，2009 年。

十六劃以上

《戰國策》(前 350-前 6 年)，佚名撰，劉向 (前 77-前 6 年)[西漢] 編；王守謙等譯注，臺灣古籍出社,臺北市,1996 年。

《韓非子》(前 475-前 221 年,戰國),韓非 (約前 281-前 233 年)[戰國] 撰;張覺撰,智慧財產權出版社,北京市,2013 年。

《禮記》(前 475-前 221 年,戰國),孔子 (前 551-前 479 年)[春秋] 撰;王孟鷗註譯,臺灣商務印書館,臺北市,2009 年。

《舊唐書》(945 年),劉昫 (888-947 年)[五代十國 - 後晉] 撰;鼎文出版社,臺北市,1976 年。

《魏書》(554 年),魏收 (506-572 年)[南北朝 - 北齊] 撰;鼎文出版社,臺北市,1975 年。

《釋名》(190-210 年),劉熙 (生卒年不詳)[東漢] 撰;黃山書社,合肥市,2009 年。

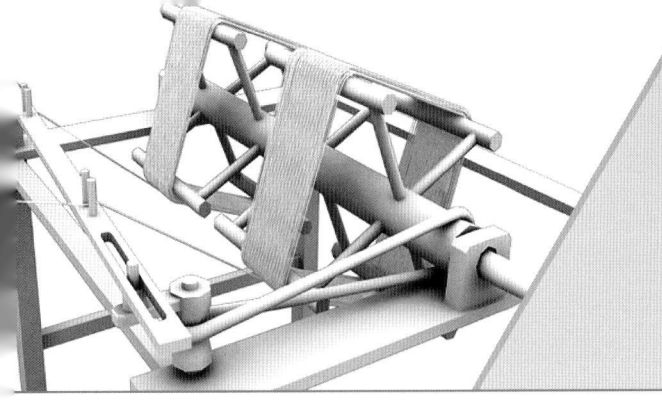

朝代年表
Chronology of Dynasty

原始社會 約 170-1 萬年前	舊石器時代		
約 1 萬年前-前 21 世紀	新石器時代	5000~3000 年前	仰韶文化 (彩陶文化)
~2700 年前	三皇五帝時期 (傳說時代)		
奴隸社會 前 21-前 16 世紀	夏 安邑 (山西夏縣)		
前 16-前 11 世紀	商 亳 (河南商邱)，殷 (河南安陽)		
前 1027-前 771 年	西周 鎬 (陝西西安)		
前 770-前 221 年	東周	前 770-前 476 年 洛邑 (河南洛陽)	春秋
封建社會	雒邑 (河南洛陽)	前 475-前 221 年 咸陽 (陝西咸陽)	戰國
前 221-前 206 年	秦 咸陽 (陝西咸陽)		
前 202-8 年	西漢 長安 (陝西西安)		
9-23 年	新朝 長安 (陝西西安)		
25-220 年	東漢 洛陽 (河南洛陽)		
220-280 年	三國	220-263 年	蜀 成都 (四川成都)
		220-265 年	魏 洛陽 (河南洛陽)
		222-280 年	吳 武昌 (河北武昌) 建業 (江蘇南京)
265-316 年	西晉 洛陽 (河南洛陽)		

317-420 年	東晉 建康 (江蘇南京)	340-439 年	五胡十六國	
420-589 年	南北朝 南京 (江蘇南京) 等	北朝 386-581 年	386-534 年	北魏
			534-550 年	東魏
			535-557 年	西魏
			550-577 年	北齊
			557-581 年	北周
		南朝 420-589 年	420-479 年	宋
			479-502 年	齊
			502-557 年	梁
			557-589 年	陳
589-618 年	隋 大興 (陝西西安)			
618-907 年	唐 長安 (陝西西安)			
907-960 年	五代十國 洛陽 (河南洛陽) 等	五代 907-960 年	907-923 年	梁
			923-937 年	唐
			936-947 年	晉
			947-951 年	漢
			951-960 年	周
960-1126 年	北宋 汴梁 (河南開封)			
1127-1279 年	南宋、遼、金 臨安 (浙江杭州) 等			
1271-1368 年	元 大都 (北京)			
1368-1644 年	明 南京 (江蘇南京)、北京			
1644-1911 年	清 盛京 (遼寧瀋陽)、北京			

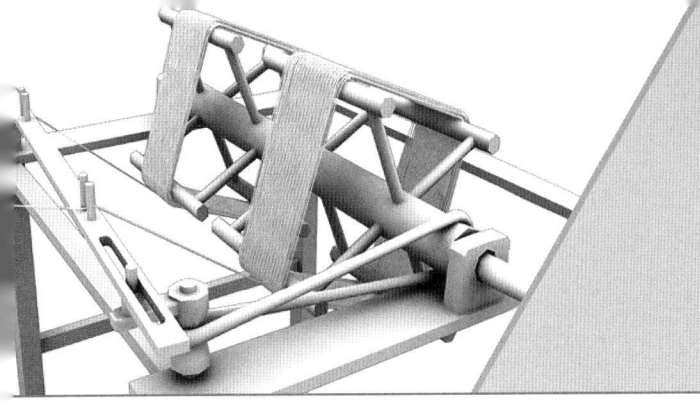

符號
Symbols

C_{pi} 平面機構 i 型接頭拘束度 Number of degrees of constraint of i-type planar joint

C_{si} 空間機構 i 型接頭拘束度 Number of degrees of constraint of i-type spatial joint

F_p 平面機構自由度 Number of degrees of freedom of planar mechanism

F_s 空間機構自由度 Number of degrees of freedom of spatial mechanism

J_A 凸輪接頭 Cam joint

J_{BB} 竹接頭 Bamboo joint

J_C 圓柱接頭 Cylindrical joint

J_G 齒輪接頭 Gear joint

J_H 螺旋接頭 Helical/Screw joint

J_J 銷槽接頭 Pin joint

J_O 滾動接頭 Rolling joint

J_P 滑行接頭 Prismatic joint

J^{Px} 沿 x 軸向滑行接頭 x-axis prismatic joint

J^{Py} 沿 y 軸向滑行接頭 y-axis prismatic joint

J^{Pz} 沿 z 軸向滑行接頭 z-axis prismatic joint

J^{Pxy} 繞 x、y 軸向滑行接頭 x, y axes prismatic joint

J^{Pxyz} 繞 x、y、z 軸向滑行接頭 x, y, z axes prismatic joint

J_{Rz}^{Px} 沿 x 軸向滑行與繞 z 軸向旋轉接頭 x-axis prismatic and z-axis revolute joint

J_{Rx}^{Px} 沿 x 軸向滑行與繞 x 軸向旋轉接頭 x-axis prismatic and x-axis revolute joint

J_{Ryz}^{Pxz} 沿 x、z 軸向滑行及繞 y、z 軸向旋轉接頭 x, z axes prismatic and y, z axis revolute joint

J_R 旋轉接頭 Revolute joint

J_{Rx} 繞 x 軸向旋轉接頭 x-axis revolute joint

J_{Ry} 繞 y 軸向旋轉接頭 y-axis revolute joint

J_{Rz} 繞 z 軸向旋轉接頭 z-axis revolute joint

J_{Rxy} 繞 x、y 軸向旋轉接頭 x, y axes revolute joint

J_{Rxyz} 繞 x、y、z 軸向旋轉接頭 x, y, z axes revolute joint

J_S	球接頭	Spherical joint
J_T	線接頭	Thread joint
J_W	迴繞接頭	Wrapping joint
K_A	凸輪	Cam
K_{Af}	從動件	Follower
K_B	水桶 / 懸吊物	Bucket/suspension
K_{BB}	竹子	Bamboo
K_C	鏈條	Chain
K_{CB}	弩弓	Bow
K_{CR}	軒軸	Reel with a crank
K_F	機架	Frame
K_G	齒輪	Gear
K_{GL}	導絲桿	Guild link
K_H	螺桿	Screw
K_{HT}	束綜	Heddle thread
K_I	輸入桿	Input link
K_K	鏈輪	Sprocket
K_L	連桿	Link
K_{Li}	i 型運動連桿	Kinematic link of type i-type
K_O	滾子	Roller
K_P	滑件	Slider
K_{PL}	觸發桿 / 箭匣	Percussion link/Magazine
K_R	繩索	Rope
K_{RC}	壓緯桿	Reed comb
K_S	錠子	Spindle
K_{Sp}	彈簧	Spring
K_{SL}	天平桿	Scale link
K_T	細線 / 繩索 / 皮帶 / 弓弦	Thread/Rope/Belt/Bowstring
K_{Tr}	踏板	Treadle
K_U	帶輪 / 滑輪 / 卷	Pulley/Wheel/Beam
K_W	扇葉	Fan
K_{WC}	鼓	Cyclinder
N_L	連桿或機件數目	Number of links or members
N_J	接頭數目	Number of joints

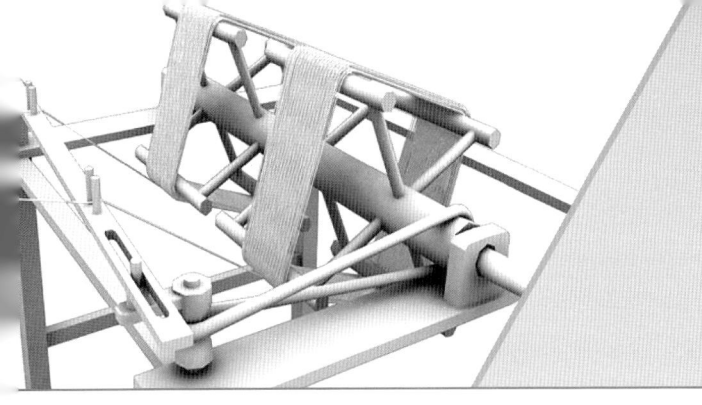

後記
Epilogue

"古機械復原設計"研究的思路與歷程

　　我的專業研究課題為"機構創新設計"與"古機械復原設計",以下回顧與古機械復原設計研究主題結緣的由來,以及成為科研項目的思路與歷程 [91]。大學期間 (1969-1973 年) 想瞭解古機械,但不得其門。留美期間 (1976-1980 年) 經由閱讀西洋專著,間接瞭解中國古機械。1992 年決定研究具機構傳動功能的古機械。1993-1997 年依據我所提出的現代"機構創新設計法"機理,發展出"古機械復原設計法",系統化推演出所有符合史料記載及當代工藝技術水準古機械傳動機構的設計概念;1999 年,針對失傳、不完整、及不確定古機械進行系列復原設計。至 2020 年,計發表有關本主題的各類論文 92 篇及英文專書 3 冊、中文版本 6 冊。

結緣背景－單戀古機械 (1969-1989 年)

　　1969 年至 1973 年在成功大學機械系就讀期間,就想要瞭解古中國的機械。雖曾翻閱《墨經》、《考工記》、《天工開物》等古籍,卻難理解,加以當時在臺灣除李約瑟 (Joseph Needham) 著作的中譯本《中國之科學與文明‧第四卷‧第二冊》[05] 為機械內容外,找不到有關中國古機械的專著。就這樣,大學時期對古機械雖感興趣,然不得其門而入,收穫甚少。

　　1976 年 08 月負笈美國求學期間,不時浸淫圖書館搜尋科技史文獻與書籍,由於當時已具機械專業背景、且所研讀的資料是白話英文,較容易領悟其內容,如有些介紹古西洋省力機械的文獻,會提到《墨經》中之桔槔的槓桿原理。留美期間雖初淺瞭解古機械,然收穫不多。

　　1980 年 08 月在成功大學機械系任教後,想要瞭解中國古機械的欲望絲毫未減,仍然不斷涉獵有關機械工藝史料的文獻,也漸漸瞭解古籍中的論述,如《墨經‧說下‧第四十三》載:「……衡,加重於其一旁必捶,權重相若也。相衡,則本短標長。兩加焉,重相若,則標必下,標得權也……」此為權衡槓桿原理的敘述,文中的"衡"是現代的"槓桿"、"權"是"砝碼"、"本"是"抗力臂"、"標"是"施力臂"等。1980 年代,算是初步瞭解古機械,但僅止於對古機械好奇與興趣的定位,並無投入科研的發想。

跨界物件－情定古機械 (1990-1993 年)

　　1990 年 09 月 01-13 日期間，在機械原理學者陳志新教授的安排下，首次赴上海與北京講學訪問。於上海期間，以"機構創新設計"的系列學術研究及其工程應用為講題，在上海工業大學與上海交通大學演講與座談。其後於北京期間，除在北方車輛研究所與北京理工大學演講之外，亦於 1990 年 09 月 10 日下午，參訪位於朝內大街的中國科學院自然科學史研究所，由副所長華覺明教授接待與主持座談會，與會者有陳久金副所長及張柏春助理研究員等 8 人，交流了二個多小時，對中國古機械發展的體系與輪廓，有初步認識，並獲知數冊關於中國古科技與機械的專著出版，獲益匪淺。

　　1991-1992 年期間，研讀《中國機械工程發明史－第一篇》[03]、《中國機械科技之發展》[06]、《中國機械發展史》[07]、《科技考古論叢》[08] 等專著後，終於得其門而入。

　　就這樣，頓時豁然開朗，多年來我所喜愛，遠在天邊、近在眼前的古機械，就是跨界研究的物件；加以教研專長是機械原理，決定只研究具有機構傳動功能的古機械。

　　1992 年 06-09 月期間，指導成功大學機械系大學部三年級學生林寬禮和林聰益 (現任南台科技大學機械系特聘教授及古機械研究中心主任)，執行國科會 1992 年大學生暑期參與專題研究計畫"燕肅指南車機構傳動之研究"；另，1993 年 06-09 月期間，指導大四學生林聰益，執行國科會 1993 年大學生暑期參與專題研究計畫"北宋蘇頌水運儀象台機械時鐘之研究"。研究內容以史料搜集與研讀，以及既有傳動機械 (即機構) 的分析為主，未涉及復原設計。催化出結合現代機構設計與古代機械工藝之研究的創新思維。

科研加值－邂逅步行機器 (1993 年)

　　1993 年 05 月 13 日，利用首次前往天津大學講學交流的機會，經由該校查建中教授的安排，認識當時在北京豐台訪問工作、新疆工學院機械系高級工程師王湔老師，請教他以實務經驗研製古機械相關事宜，尤其是諸葛亮的木牛流馬與魯班的木車馬。我們一見如故、相談甚歡，決議共同研發中國古代的步行機器，由查建中教授 (籌措經費) 安排王湔老師到天津大學工作、主導古機械原型機的研製，我則在成功大學負責古機械的分析設計學理及電腦模擬。

　　就這樣，經過三年 (1990-1993 年) 的摸索、構思，經歷逐漸瞭解古中國的機械、以具機構傳動的古機械為研究物件、以大學部學生進行中國古機械的分析研究三部曲。1993 年暑假，開啟了以碩士班研究生研發古中國步行機器 (木牛流馬與木車馬) 的系列研究。

木牛流馬 (1993-1995 年) [31]

　　古代有關木牛流馬的記載不少，最早的是西晉陳壽 (233-297 年) 所撰《三國志‧蜀書‧諸葛亮傳》：「亮性常於巧思，損益連弩、木牛流馬，皆出其意」的記載。

　　王湔研製的木牛流馬是四條腳的步行機器，採單側前後腿同步前進的步態，靠人力推動與扶持。此設計有 33 根連桿機件；兩側機構完全相同，各有 17 根桿和 23 個旋轉接頭，扣除機架，後腿以 10 根桿構成，前腿以 4 根桿構成，兩腿間則以 2 根等長的雙接頭桿相連接。

1995 年 01 月 10-23 日期間，安排研究生林寬禮前往天津大學，向王湔學習其木牛流馬的研製技術。據此，林寬禮於 1993 年 09 月至 1995 年 05 月期間，以系統化的工程分析與電腦模擬科技，完成了碩士學位論文"王湔木牛流馬之改進設計"[92]，提高了跨步能力，也降低足部著地的衝擊力；然內容未涉及機構傳動的概念設計。另，1994 年 06-09 月期間，亦指導大學部學生王友竹，執行國科會 1994 年大專學生暑期專題研究計畫"諸葛亮木牛流馬機構之研究"，內容以機構分析為主。

由於諸葛亮所創作的木牛流馬，無實物傳世、無圖形佐證、具可信度歷史文獻少，是否為四條腳步行機器具爭議性，是否為王湔所設計研製機構也無從確定。上述有關木牛流馬的研究，是基於對古機械好奇心的自發性興趣研究，雖然研讀相關文獻，但無暇、無意願、也無能力去判斷其內容的妥適性，與後續提出"古機械復原設計法"內容，關聯性亦不大。再者，由於王湔木牛流馬機構傳動的複雜度高(機件多)，其後並無有關木牛流馬的研究。

木車馬 (1994-1996 年) [21]

古代有關木車馬的記載很少，最早的是東漢王充 (27- 約 97 年) 所撰《論衡‧第八卷‧儒增篇》：「猶世傳言曰：魯班巧，亡其母也。言巧工為母作木車馬，木人禦者，機關備具，載母其上，一驅不還，遂失其母……」的記載。

王湔研製的木車馬由一組四隻腳的步行機器，以及一台維持平衡的拖車所組成，但由現代科技的電動機驅動連桿機構前進 (圖 01.08)；基本上，與魯班木車馬無關。此機器步態介於真實馬匹的步行與慢跑之間、較偏似慢跑；其設計包括四組構造相同、形狀對稱或相同的腿部機構，是一種具 8 根桿和 10 個旋轉接頭的連桿機構。1995 年 01 月 10-23 日期間，安排研究生邱正平前往天津大學，向王湔學習其木車馬的研製技術。據此，邱正平於 1994 年 09 月至 1996 年 05 月期間，以系統化的工程分析與電腦模擬科技，完成了碩士學位論文"波浪型步態機器馬之設計"，除了提出創新的機器馬外，也改良了王湔木車馬的機器性能與仿生能力，可在 15-20 度以上的坡面上，僅依重力、不用電動機驅動連桿機構下坡前進；此結果，似可間接佐證《南齊書‧祖沖之傳》：「以諸葛亮有木牛流馬，乃造一器，不因風水，施機自運，不勞人力……」之敘述的可能性。

另，1995 年 07-12 月期間，指導大學部學生陳柏宏與瞿嘉駿，執行國科會 1995 年大專學生專題研究計畫"戰國魯班木車馬的分析研究"，內容亦以機構分析為主。

舊為今用 (1995-2013 年)

雖然古代是否有以四足步行的木車馬 (與木牛流馬) 具爭議性，但將此問題留給科技史學者與專家未來解決。我以機械工程學者 (非史學家)、興趣研究導向定位，於 1995 年 09 月至 2013 年 09 月期間，另外指導 10 位碩士班學生 (黃凱、陳柏宏、沈煥文、洪芝青、江高竹、劉紹宏、黃智勇、邱于庭、陳羽薰、林冠宇)，有系統的從四連桿型、六連桿型、八連桿型、到十連桿型，從僅具旋轉接頭、到具滑行接頭，進行木車馬復原設計及活化創新的系列研究。

另，基於人才培育面向，以木車馬為主題的系列研究，可訓練學生研讀機械史料、瞭解連桿機構運動設計理論的應用、熟悉電腦分析模擬工具的使用、並動手實做原型機，是培育具機構設計專長碩士生、不可多得的學位論文題材。

最重要的是，此過程走出將既有設計舉一反三的現代"機構創新設計法"延伸，構思出失傳古機械、無中生有之復原設計的基本程序，孕育出"古機械復原設計法"的初步架構。

主題構思－孕育古機械復原設計法 (1997 年)

基於多年來研讀古機械的體認，研究中國古機械的歷程，以及文獻記載與實物存在面的考慮，我於 1997 年將古機械分為：有憑有據、無憑有據、及有憑無據等三類 (第 01-5.01 節)。

有憑有據的古機械雖然文獻資料多、實物亦存在，但是在科研上難有大發現與突破，較不具吸引力；無憑有據的古機械雖然有實物出土，但是對在臺灣的我而言，難以獲得第一手資料，且在時空環境的條件下，相關文物之可及性的困難度高。就這樣，決定以有憑無據的失傳古機械為科研目標物。接下來思考的是，要如何研究失傳古機械、要產出什麼？

由於在機械工程的主流研究是現代"機構創新設計"，於 1980 年所提出將既有設計舉一反三的"機構創新設計法"，基於機構的一般化、運動鏈的數目合成、及機構的特殊化學理，可系統化的推演出合乎設計規範、構造特性、及設計限制之機構的所有設計構想，用以避開既有產品在機構上的專利問題 [29]。因此，以八連桿型王湔木車馬的機構為既有設計，推演出所有八連桿型木車馬的設計構想；其後，更以不同的桿件數 (四桿、六桿、十桿) 與接頭類型 (旋轉接頭、滑行接頭) 為新的設計規範與構造特性，推演出無中生有的創新設計構想。

上述過程，產生了新的發想。若將"機構創新設計法"延伸，可系統化的推演出合乎設計規範、構造特性、及設計限制的失傳古機械之機構的設計構想；兩者看似風馬牛不相及，但其學術機理是一體的。失傳古機械雖無真品留世、即無既有設計，但可研究史籍文獻、瞭解當代工藝技術水準、甚至參考已有的復原設計，分析歸納出標的物的設計規範、構造特性、及設計限制，再基於運動鏈數目合成及特殊化的學理，進行失傳古機械的復原設計。如此，可配合個人在機械工程、機械原理、機構設計的專業研究，跨界失傳古機械，達到學理具創新性、成果具永續性的科研目標。

就這樣，一步一腳印的孕育出"古機械復原設計法"的基本設計程序，並決定以此法為復原 (失傳) 古機械的研究主軸。

機構不留世－有憑無據失傳者 (1999-2007 年)

1999 年起，基於上述"古機械復原設計法"，投入博士生進行傳動機械不存在、失傳古機械的復原研究，分別以無真品留世之蘇頌水運儀像台的水輪秤漏擒縱器、歷代指南車、以及東漢張衡的候風地動儀為案例，以下分別說明之。

水輪秤漏擒縱器 [75-78]

據文獻考證，古中國發明了最早的擒縱調速器，以北宋蘇頌 (1020-1101 年) 於 1088 年所造之水運儀像台的水輪秤漏擒縱器為代表，此發明由定時秤漏裝置與水輪槓桿擒縱機構組成，為天文鐘的運動產生與控制裝置 (第 11-2 節)。蘇頌所撰的《新儀象法要》雖然圖文並茂的對水輪秤漏擒縱器之構造與零件尺寸有詳盡的記載，亦存在少數實體復原品，但並無留世真品為證。

1997 年 09 月，林聰益以臺灣麗偉電腦機械公司 (臺中) 工程師在職進修名義，成為我的博士班學生，並以合成綜合加工機換刀機構之滾齒凸輪設計為研究主題，進度相當順利；然他於 1999 年 04 月決定放棄既有研究成果、離開工作崗位，全職投入水運儀象台水輪槓桿擒縱機構研究。另，就讀博士班時，1999 年 07 月 12-23 日期間，再度前往自然科學史研究所訪問研究；並於同年 08 月 02-09 日期間，前往上海同濟大學陸敬嚴教授所主持的古機械製作室訪問研究。

林聰益於 2001 年 12 月完成了博士學位論文 "古中國擒縱調速器之統化復原設計"[75]，其後並研製出三分之一比例的水輪秤漏擒縱器 (圖 11.09)。此學位論文，奠定了失傳古機械復原研究 "古機械復原設計法" 設計程序的完整架構，用以系統化的推導復原出失傳古機械之機構的設計概念。這套方法是基於自 1980 年來所發展的現代 "機構創新設計法"，將研究失傳古機械零散史料所得到的特定知識及所引發的發散構想，收斂轉化為現代機構設計的設計規範、構造特性、及設計限制，據此合成出完整的一般化鏈與特殊化鏈圖譜，並應用機械演化與變異理論，產生所有符合史料記載及當代工藝技術水準的復原設計，即古機械之機構的設計概念。

2002 年 09 月 30 日，我出席在加拿大蒙特婁 (Montreal) 舉辦的 ASME 27th Biennial Mechanisms and Robotics Conferences，發表 "A systematic approach to the reconstruction of ancient Chinese escapement regulators" 論文 [77]，首次公開介紹 "古機械復原設計法" 及其運用，對後續有關古機械復原設計的系列研究，具承先啟後的作用。

另，林聰益所研製全尺寸的水輪秤漏擒縱器實體復原品，於 2010 年 12 月成為臺南樹谷園區生活科學館的戶外藝術裝置，圖 11.10；並將該主題的後續研發，活化為文創產品。

指南車 [46-48]

古代有關指南車的記載不少，最早的文獻出現於西晉 (265-316 年) 崔豹所撰的《古今注‧卷上‧輿服第一》(第 09-2 節)，其它文獻中有關指南車的功能敘述，大多是皇帝出巡時為顯威儀的鹵簿車。由於史料著重於指南車外形與功能的介紹，對內部產生必要運動之機構未作詳細的描述，加以至今也無古物出土或是真品留世；因此，1900 年代起，雖然有不少國內外學者與專家投入指南車的研究與復原工作，但皆基於不同的論點與設計規範、研製出不同構造的設計構想。

陳俊瑋攻讀碩士學位時，曾於 1999 年 08 月 02-09 日期間，前往上海向陸敬嚴教授請教有關指南車的研究與復原課題。其後，於 1999 年 09 月至 2006 年 10 月期間，完成博士學位論文 "指南車之系統化復原設計"[46]；並於 2002 年 08 月至 2005 年 07 月期間，執行國科會專題研究計畫 "定向裝置概念設計之研究"，此為自 1992 年以來，首件支持古機械科研的正規計畫。本研究基於 "古機械復原設計法" 的設計程序，進行定軸輪系指南車與差動輪系指南車機構構造的系統化復原設計，根據研究史料所歸納出的設計規範、構造特性、及設計限制，經由運動鏈的數目合成、可行一般化鏈圖譜、可行特殊化鏈圖譜、以及具指定特徵之可行特殊化鏈圖譜，得到所有可行的設計構想。在合成定軸輪系指南車上，具 3 桿者得到 5 種設計構想、具 4 桿者得到 3 種設計構想，並研製出一具實體復原品；而在差動輪系指南車的部分，具 4 桿者得到 6 種設計構想、具 5 桿者得到 10 種設計構想，亦研製出一具實體復原品。據此，史上研製成功之各類指南車的內部傳動機構，皆可經由此設計程序推演產生。

候風地動儀 [86-90]

　　張衡 (78-139 年) 創制的候風地動儀是世界上最早的地震儀器，其文獻首現於范曄 (398-445 年) 所撰的《後漢書・張衡傳》(第 12-1.01 節)。由於史籍針對內部作動機構的描述，如"中有都柱"、"牙機巧制"的記載太簡略，加以如同指南車一樣，也無古物出土或是真品留世；因此，1875 年以來，雖然有些國內外學者與專家、甚至團隊投入地動儀的研究與復原，但對感測地震波的"都柱"及內部機構之構造的論點不同，所復原製作的地動儀也相當多元化。

　　蕭國鴻於 2003 年 02 月至 2007 年 06 月期間，完成博士學位論文"張衡地動儀感震機構之系統化復原設計"[85]；並於 2006 年 08 月至 2008 年 07 月期間，執行國科會專題研究計畫"張衡地動儀感震機構之系統化復原設計"。本研究基於"古機械復原設計法"的設計程序，探討地震波、斷層面解、及地震儀器發展史，釐清候風地動儀感震機構的設計原理，解讀"中有都柱"為地動儀中心有一底座固定的機件，推演出所有符合當代工藝技術的可行感震機構"牙機巧制"。並以當代應用普遍的連桿機構為例，合成出 8 種具 5 根桿和 6 個對，及 26 種 6 根桿和 8 個接對之可行的感震機構；亦以繩索滑輪機構為例，合成出 1 種具 5 根桿和 6 個對，及 6 種具 6 根桿和 8 個對之可行的感震機構；此外，亦研製出一具實體復原品，雖可解釋該設計作動的原理，但難以驗證可測得地震震源方向的功能。

　　上述有關木牛流馬、木車馬、水輪秤漏擒縱器、指南車、及候風地動儀等失傳古機械的復原研究，除發表系列學術論文外，亦將相關成果撰寫成 *Reconstruction Designs of Lost Ancient Chinese Machinery* 一書，於 2007 年 09 月由 Springer (Netherlands) 發行，是機械科技領域中第一本系統化復原古機械的專書。另，簡體中文版《古中國失傳機械之復原設計》一書，於 2016 年 12 月由大象出版社 (鄭州) 發行。[14]

機構不確定－插圖繪製不清者 (2008-2014 年)

　　古中國有些記載工藝技術發展及器械使用情形的專著，不僅有各種機件的製造與組裝方法，有些並藉由插圖說明傳動機械的作動過程。這些具傳動機械的插圖中，有些圖畫模糊不清或不合理，其機件與接頭數量及種類不明確者，亦可依據"古機械復原設計法"，進行復原設計。

　　陳羽薰於 2008 年 08 月至 2010 年 06 月期間，完成碩士學位論文"三本古中國農業類專書中具圖畫機構之復原設計"[27]；並於 2008 年 08 月至 2011 年 07 月期間，執行國科會專題研究計畫"古中國圖畫典籍中機構之構造分析與復原設計"。本研究以 1313 年元代王禎《農書》、

1639 年明代徐光啟《農政全書》、及 1742 年清代鄂爾泰等人的《欽定授時通考》等三本古中國農業類專書中的 63 項器械，針對其中 16 項具有不確定類型的接頭、以及 8 項機件與接頭的數量及類型皆不確定者，基於"古機械復原設計法"，在不違背當代科技水準的前提下，進行復原設計，釐清可達到文獻敘述功能的傳動機械，可能的機件數目與接頭類型，並繪製機構簡圖，或列出可行的復原設計圖譜。

蕭國鴻獲得博士學位後，基於對古機械復原設計之研究的熱愛，於 2007 年 08 月留在研究團隊擔任博士後研究員，加入有關古籍插圖中之傳動機械的構造不明確者，進行復原設計，尤其是 1621 年明代茅元儀的《武備志》及 1637 年明代宋應星的《天工開物》中的器械，如榨油機、腳踏紡車、斜織機、提花機、諸葛連弩等傳動機械的復原設計。

上述有關古籍中機構圖畫模糊不清或不合理者的復原研究，除發表一系列的學術論文外，亦將相關成果撰寫成 *Mechanisms in Ancient Chinese Books with Illustrations* 一書，於 2014 年由 Springer (Netherlands) 發行；本書的繁體中文版《古中國書籍具插圖之機構》一書，於 2015 年 12 月由東華書局 (臺北) 發行；另，簡體中文版《古中国书籍插图之机构》一書，則於 2016 年 12 月由大象出版社 (鄭州) 發行。[15]

此外，陳羽薰於 2013 年 09 月至 2018 年 07 月期間，完成博士學位論文"具代表性演奏裝置自動機之復原研究"[18]，如荷花缸鐘 (圖 01.06) [17]、五輪沙漏 (圖 01.09) [22] 等。

上述"古機械復原設計法"，亦可用來復原無憑有據、部分構造不完整、不清楚的出土古機械，如存在於公元前 100 年間的古希臘安提基瑟拉機構 (Antikythera mechanism) [19-20]。

結語

我於 1980 年開始在成功大學機械系任教，教學專長為傳統的機構學與機械原理，當時基於機構設計的學術專業，與臺灣相關業界進行 1990 年才全面推廣的產學合作計畫，亦結合此學術專業與 2000 年後才廣受重視的工程創意設計，提出"機構創新設計法"為專業科研課題。1990 年開始思考由現代機構設計跨界古代機械工藝的研究，其後發展出"古機械復原設計法"，成為興趣研究課題。

多年來每次被問到教授職涯的目標為何時，都回答道："教學，學生喜歡；研究，自己喜歡；服務，他人喜歡。"古機械復原設計，即是我喜歡的研究課題之一。此外，只要有人問到："你的教研專長是機械原理，尤其是機構創新設計，早年怎麼會投入古機械的研究？"時，都會回答道："是念舊的個性、興趣的自發性、學者的本性使然。這些年來有些具創新、創意的點子，是從研究古機械的過程中，鑑古證今、溫故知新、觸類旁通的發想出來的。況且，相關著作的內涵，其價值是永續的。"其實，這也是我撰寫此書的用意。

[改寫自：顏鴻森，"古機械復原設計研究的思路歷程"，機械設計及機械技術史國際會議 (ICMDHMT-2017)，北京航空航太大學，北京市，70-76 頁，2017 年 08 月 27-29 日] [91]

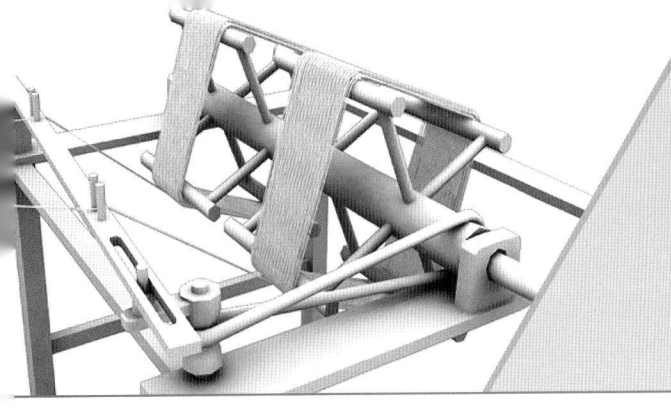

中文索引
Chinese Index

章-節/頁

一劃

一般化 Generalization　　02-6/038
一般化接頭 Generalized joint　　02-6/038
一般化連桿 Generalized link　　02-6/038
一般化鏈 Generalized chain　　02-6/038

二劃

人力翻車 Man-operated paddle blade machine　　04-5.01/068
人物 Figure　　03-4/048
人排 Man-driven wind box　　07/135
十字弓 Crossbow　　08-2/150

三劃

大章車 Ancient odometer　　10-1/181
工匠 Craftsman　　01-1.01/002
工作母機 Machine tool　　02-1/015
工作機 Working machine　　02-1/016
工具機 Machine tool　　02-1/015
工程 Engineering　　01-1.03/003
工程技術 Engineering technology　　01-1.03/003
工藝 Craft　　01-1.01/001
工藝技術 Craft-based technology　　01-1.01/002
弓 Bow　　08-1/149
弓箭 Bow and arrow　　08-1/149

四劃

中國絞車 Chinese windlass　　04-2/059

253

元戎連弩　Zhuge repeating crossbow	08-4/158
手動翻車　Hand-operated paddle blade machine	04-5.01/068
手搖風扇車　Hand-driven winnowing device	05-1.01/080
手搖紡車　Hand-operated spinning wheel	06-3.01/113
木棉軒床　Cotton drawing device	06-3.03/115
木棉攪車　Cottonseed removing device	06-2.01/104
止推軸承　Trust bearing	02-2.03/024
水力鼓風機　Water-driven wind box	07-1.03/139
水車　Paddle blade machine	04-5/066
水車　Water wheel	04-4/063
水排　Water-driven wind box	07-1.03/139
水碓　Water-driven pestle	05-2.03/085
水蜈蚣　Paddle blade machine	04-5/066
水運儀象台　Su Song's clock tower, Water-powered armillary sphere celestial globe	11-1/198
水碾　Water-driven roller	05-3.02/088
水輪　Cylinder wheel	04-4/063
水輪秤漏擒縱器　Waterwheel steelyard-clepsydra escapement regulator	11-2/201
水輪槓桿擒縱機構　Waterwheel lever escapement	11-2/201
水磨　Water-driven grinder	05-5.03/092
水龍　Paddle blade machine	04-5/066
水擊麵羅　Water-driven flour bolter	05-6/096
水轉大紡車　Water-driven spinning device	06-3.05/116
水轉高車　Water-driven chain conveyor water lifting device	04-4.04/065
水轉連磨　Water-driven multiple grinder	05-5.05/094
水轉筒車　Water-driven cylinder wheel	04-4/063, 04-4.01/063
水轉翻車　Water-driven paddle blade machine	04-5.03/071
水礱　Water-driven mill	05-4.02/089
牙車　Ancient gear	02-2.01/019
牙輪　Ancient gear	02-2.01/019
牛轉翻車　Cow-driven paddle blade machine	04-5.02/071
王振鐸型記里鼓車　Wang Zhen-Duo hodometer	10-2/185

五劃

凸輪　Cam	02-2.01/018
凸輪接頭　Cam joint	02-3.01/027
古中國　Ancient China	01-6/014
古科技　Ancient technology	01-1.03/003

古科學 Ancient science	01-1.02/002
古機械復原設計法 Methodology for reconstruction designs of ancient machines	02-6/037
古籍 Ancient book	01-6/014
司南車 South pointing chariot	09-2/167
布機 Foot-operated slanting loom	06-4.01/121
平面機構 Planar mechanism	02-5.01/033
平織機 Foot-operated slanting loom	06-1/101, 06-4.01/121
皮帶 Belt	02-2.01/020
皮囊 Leather blower	07-1.01/135
石碾 Stone roller	05-3.01/086
石磨 Grider	05-5/090
立軸式風轉翻車 Verticle wind-driven paddle blade machine	04-5.04/074
立輪式水排 Vertical-wheel water-driven wind box	07-3/143

六劃

匠 Carpenter	01-1.01/001
吊桿 Ancient shadoof	04-1/055
曲柄 Crank	02-2.01/018
有憑有據 Documented and proven	01-5.01/010
有憑無據 Documented and unproven	01-5.01/011
竹車 Cylinder wheel	04-4/063
竹接頭 Bamboo joint	02-3.02/029
肌力大紡車 Muscle-driven spinning device	06-3.05/116
自由度 (數目) Degree of freedom	02-5/033
自然科學 Natural science	01-1.02/002
自然哲學 Natural philosophy	01-1.02/002

七劃

吳德仁型指南車 Wu De-Ren south pointing chariot	09-2/166
吳德仁型記里鼓車 Wu De-Ren hodometer	10-2/184
希羅型里程計 Heron odometer	10-4/192
技術 Technology	01-1.01/002
汲水器械 Water lifting device	04/055
車 Wagon	02-2.03/024, 09-1/163
車畧 Ancient trust bearing	02-2.03/024
車輪 Wheel	02-2.03/024
里程計 Odometer	10-4/190

八劃

刮車 Scrape wheel	04-3/062
定時秤漏裝置 Time steelyard-clepsydra device	11-2/201
定軸輪系指南車 Fixed-axis-type south pointing chariot	09-4/170
弩 Crossbow	08/149, 08-2/150
弩機 Trigger mechanism	08-2/150
拔子／拔牙／拔版 Ancient cam	02-2.01/018
拔車 Hand-operated paddle blade machine	04-5.01/068
拔桿 Ancient shadoof	04-1/055
拘束度 Degrees of constraint	02-5.01/033, 02-5.02/036
拘束運動 Constrained motion	02-5/033
泗水取鼎	04-2/061
波利奧型里程計 Pollio odometer	10-4/193
空間機構 Spatial mechanism	02-5.02/036
臥軸式風轉翻車 Horozontal wind-driven paddle blade machine	04-5.04/074
臥輪式水排 Horizontal-wheel water-driven wind box	07-2/140
臥機 Foot-operated slanting loom	06-4.01/121
花機(子) Drawloom for pattern-weaving	06-4.02/128
花轆轤 Dual-way pulley block	04-2/059
軋車 Hard rolling texile device	06-1/100

九劃

思利維斯克型里程計 Sleeswyk odometer	10-4/194
指南車 South pointing chariot	09/163
架斗 Ancient shadoof	04-1/055
活塞 Piston	02-2.01/018
科技 Science-based technology	01-1.03/003
科學 Science	01-1.02/002
科學技術 Science-based technology	01-1.03/003
風扇車 Winnowing device	05-1/079
風箱 Wind box	07-1.02/136
風轉翻車 Wind-driven paddle blade machine	04-5.04/074

十劃

候風地動儀 Zhang Heng's seismoscope	12-1.01/212
原動機 Prime mover	02-1/016
哲學 Philosophy	01-1.02/002

哲學家 Philosopher	01-1.02/002
差動輪系指南車 Differential-type south pointing chariot	09-4/170
振盪器 Oscillator	11-2/201
桔槔 Shadoof	04-1/055
特殊化 Specialization	02-6/039
特殊化鏈 Specialized chain	02-6/039
畜力翻車 Animal-driven paddle blade machine	04-5.02/071
紡車 Spinning wheel	06-3/112
紡紗 Spinning	06/099
紡紗珍妮 Spinning Jennie	06-1/103
紡紗機 Spinning machine	06-3/112
紡織 Texile	06/099
紡織機械 Texitile machine	06/099
記里鼓車 Hodometer, odometer	10-1/181
記道車 Ancient odometer	10-1/181
迴繞接頭 Wrapping joint	02-3.01/027
馬排 Horse-driven wind box	07/135
高轉筒車 Chain conveyor cylinder wheel	04-4.03/064

十一劃

帶輪 Pulley	02-2.01/020
從動件 Follower	02-2.01/018
掉拐 Ancient crank	02-2.01/018
排橐/排囊 Bellow	07-1.01/136
接頭 Joint	02-3/025
斜面引重車	04-2/061
斜桿式風轉翻車 Horozontal wind-driven paddle blade machine	04-5.04/074
斜織機 Foot-operated slanting loom	06-4.01/121
旋轉接頭 Revolute joint	02-3.01/026
球面接頭 Spherical joint	02-3.01/027
細線 Thread	02-2.01/020
緶車 Linen spinning device	06-2.02/104
被中香爐 Bedsheet censer	03-4/050
連(接)桿 Link	02-2.01/017
連(發)弩 Repeating crossbow	08-4/154
連二水磨 Water-driven two-grinder	05-5.04/094
連機水碓 Water-driven pestle	05-2.03/085

連機碓 Water-driven pestle	05-2.03/085
連磨 Multiple grinder	05-5.02/091
都柱 Pillar	12-1.02/213
鹵簿 Imperial cortege	09-1/164

十二劃

單轆轤 Single pulley block	04-2/059
復原設計 Reconstruction design	02-6/039
提花機 Drawloom for pattern-weaving	06-4.02/128
揚扇 Winnowing device	05-1/079
無憑有據 Undocumented and proven	01-5.01/010
筒車 Cylinder wheel	04-4/063
絞車 Winch cart	04-2/059
絮車 Cocoon boiling device	06-2.04/106

十三劃

傳動裝置 Transmission device	02-1/016
傳動機械 Transmission machine	02/015
圓柱接頭 Cylindrical joint	02-3.01/027
圓軸 Ancient roller bearing	02-2.03/024
楚國弩 Chu State repeating crossbow	08-4/155
滑件 Slider	02-2.01/018
滑行接頭 Prismatic joint	02-3.01/026
滑輪 / 滑車 Pulley	02-2.01/020, 04-2/059
碓 Pestel	05-2/081
碓舂 Pestle	05-2.01/083
經架 Silk drawing device	06-3.02/114
腰機 Ancient loom	06-1/099, 06-4.01/121
腳踏式風扇車 Foot-driven winnowing device	05-1.02/081
腳踏紡車 Foot-operated spinning device	06-3.04/115
腳踏翻車 Foot-operated paddle blade machine	04-5.01/070
腹弩 Gastraphetes	08-6/162
較差滑車 Differential pulley	04-2/059
輇 Wooden wheel without spoke	02-2.03/024
農業器械 Agriculture machine	05/079
運動機件 Kinematic member	02-2.01/017
運動鏈 Kinematic chain	02-4.02/033

十四劃

(機構) 構造 Structure of mechanism	02-4/029
構造特性 Structural characteristics	02-6/038
構造簡圖 Structural sketch	02-4.01/030
槓桿 Lever	02-2.02/023
槓桿原理 Principle of lever	02-2.02/023
滾子 Roller	02-2.01/018
滾柱軸承 Rolling bearing	02-2.03/024
滾動接頭 Rolling joint	02-3.01/026
滾槍 Ancient cam	02-2.01/018
窩弓 Ancient crossbow	08-2/150
綜	06-1/101
膏 Grease	02-2.03/024
趕棉車 Cottonseed removing device	06-2.05/106
輔車 Ancient gear	02-2.01/019

十五劃

彈棉裝置 Cotton loosening device	06-2.06/108
彈簧 Spring	02-2.01/021
撥車 Linen spinning device	06-2.03/105
數目合成 Number synthesis	02-6/038
槽碓 Gouge pestle	05-2.02/083
標準弩 Original crossbow	08-3/151
碾 Roller	05-3/086
磑 Grider	05-5/091
箭 Arrow	08-1/149
線接頭 Thread joint	02-3.02/029
緯車 Hand-operated spinning wheel	06-3.01/113
複式轆轤 Dual-way pulley block	04-2/059
諸葛弩 Zhuge repeating crossbow	08-4/158
踏車 Foot-operated paddle blade machine	04-5.01/070
踏車 Paddle blade machine	04-5/066
踏碓 Foot-driven pestle	05-2.01/083
踞織機 Ancient loom	06-1/099
輪 / 輪子 Wheel	02-2.03/024
銷槽接頭 Pin joint	02-3.01/027
麵羅 Flour bolter	05-6/095

齒 Gear	02-2.01/019
齒輪 Gear	02-2.01/018
齒輪接頭 Gear joint	02-3.01/027

十六劃

戰車 Chariot	09-1/164
擒縱調速器 Escapement regulator	11-2/200
擒縱機構 Escapement	11-2/201
橋 Ancient linkage	07-1.02/136
橋 Ancient shadoof	04-1/055
橐 Ancient leather bag	07-1.01/135
橐籥 Bellow	07-1.01/136
機 jī	03-1/041
機件 Mechanical member	02-202-1/016
機汲	04-2/062
機架 Frame	02-102-1/016
機械 Machine	03-1/042, 043
機械 Machinery	02/015
機械式自行車里程計 Mechanical bicycle odometer	10-5.01/194
機械式汽車里程計 Mechanical automobile odometer	10-5.02/196
機械構造 Structure of machine	01-5.02/013
機碓 Water-driven pestle	05-2.03/085
機構 Mechanism	02-1/016
機構構造 Structure of mechanism	02-4/029
機輪 Ancient gear / Gear	02-2.01/019
機器 Machine	02-1/016
燕肅型指南車 Yan Su south pointing chariot	09-3/168
盧道隆型記里鼓車 Lu Dao-Long hodometer	10-2/184
磨 Grinder	05-5/090
龍骨水車 Paddle blade machine	04-5/066

十七劃

繅車 Foot-operated silk-reeling mechanism	06-2.07/108
螺旋接頭 Screw joint	02-3.01/027
螺桿 Screw	02-2.01/019
錨狀擒縱機構 Anchor escapement	11-5/209

十八劃

擺桿機軸擒縱調速器　Verge foliot escapement regulator　11-5/210
簧片掛鎖　Splitted spring padlock　02-2.01/022
織布　Weaving　06/099
織布機　Weaving machine　06-4/121
翻車　Paddle blade machine　04-5/066
蟠車　Linen spinning device　06-2.03/105
轆轤　Pulley block　04-2/058
雙轆轤　Dual-way pulley block　04-2/059
颺扇　Winnowing device　05-1/079

十九劃

繩制　Ancient pulley　04-2/059
繩索　Rope　02-2.01/020
繩帶　Thread / rope / belt　02-2.01/020
繰車　Foot-operated silk-reeling mechanism　06-2.07/108
鏈條　Chain　02-2.01/021
鏈輪　Sprocket　02-2.01/021
關捩拔子　Ancient cam　02-2.01/018
鐧　Iron protection for wheel　02-2.03/024

二十一劃以上

礱　Mill　05-4/089
磑　Animal-driven grinder　05-5.01/091
鶴膝　Key member of paddle blade machine　04-5/067
籥　Wind-blow tube　07-1.01/136
蹋　　06-1/101
驢轉筒車　Donkey-driven cylinder wheel　04-4.02/063
驢礱　Donkey-driven mill　05-4.01/089

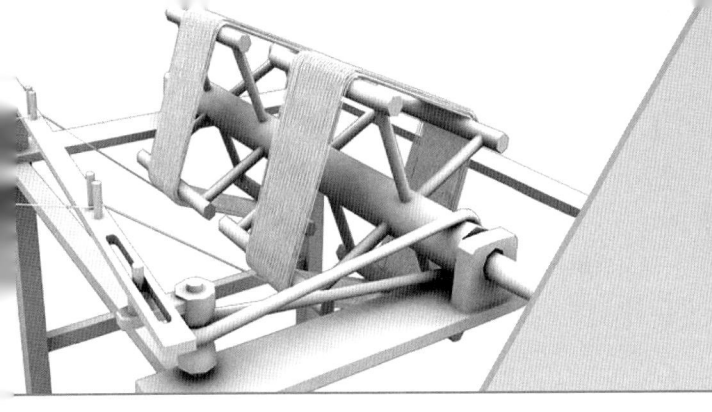

英文索引
English Index

章-節/頁

A

Agriculture machine 農業器械	05/079
Anchor escapement 錨狀擒縱機構	11-5/209
Ancient book 古籍	01-6/014
Ancient cam 拔子 / 拔牙 / 拔版 / 滾槍 / 關捩拔子	02-2.01/018
Ancient China 古中國	01-6/014
Ancient crank 掉拐	02-2.01/018
Ancient crossbow 窩弓	08-2/150
Ancient gear 牙車 / 牙輪 / 輔車 / 機輪	02-2.01/019
Ancient leather bag 橐	07-1.01/135
Ancient linkage 橋	07-1.02/136
Ancient loom 踞織機 / 腰機	06-1/099
Ancient odometer 大章車 / 記道車	10-1/181
Ancient pulley 繩制	04-2/059
Ancient roller bearing 圓軸	02-2.03/024
Ancient science 古科學	01-1.02/002
Ancient shadoof 桔橰 / 吊桿 / 拔桿 / 架斗 / 橋	04-1/055
Ancient technology 古科技	01-1.03/003
Ancient trust bearing 車耑	02-2.03/024
Animal-driven grinder 碾	05-5.01/091
Animal-driven paddle blade machine 畜力翻車	04-5.02/071
Arrow 箭	08-1/149

B

Bamboo joint 竹接頭	02-3.02/029
Bedsheet censer 被中香爐	03-4/050

263

Bellow 橐籥 / 排橐 / 排囊	07-1.01/136
Belt 皮帶 / 繩帶	02-2.01/020
Bow 弓	08-1/149
Bow and arrow 弓箭	08-1/149

C

Cam 凸輪	02-2.01/018
Cam joint 凸輪接頭	02-3.01/027
Carpenter 匠	01-1.01/001
Chain 鏈條	02-2.01/021
Chain conveyor cylinder wheel 高轉筒車	04-4.03/064
Chariot 戰車	09-1/164
Chinese windlass 中國絞車	04-2/059
Chu State repeating crossbow 楚國弩	08-4/155
Cocoon boiling device 絮車	06-2.04/106
Constrained motion 拘束運動	02-5/033
Cotton drawing device 木棉軒床	06-3.03/115
Cotton loosening device 彈棉裝置	06-2.06/108
Cottonseed removing device 木棉攪車	06-2.01/104
Cottonseed removing device 趕棉車	06-2.05/106
Cow-driven paddle blade machine 牛轉翻車	04-5.02/071
Craft 工藝	01-1.01/001
Craft-based technology 工藝技術	01-1.01/002
Craftsman 工匠	01-1.01/002
Crank 曲柄	02-2.01/018
Crossbow 弩 / 十字弓	08/149, 08-2/150
Cylinder wheel 水輪 / 水轉筒車 / 竹車 / 筒車	04-4/063
Cylindrical joint 圓柱接頭	02-3.01/027

D

Degree of freedom 自由度 (數目)	02-5/033
Degrees of constraint 拘束度	02-5.01/033, 02-5.02/036
Differential pulley 較差滑車	04-2/059
Differential-type south pointing chariot 差動輪系指南車	09-4/170
Documented and proven 有憑有據	01-5.01/010
Documented and unproven 有憑無據	01-5.01/011
Donkey-driven cylinder wheel 驢轉筒車	04-4.02/063

Donkey-driven mill 驢磨	05-4.01/089
Drawloom for pattern-weaving 花機 (子) / 提花機	06-4.02/128
Dual-way pulley block 雙轆轤 / 花轆轤 / 複式轆轤	04-2/059

E

Engineering 工程	01-1.03/003
Engineering technology 工程技術	01-1.03/003
Escapement 擒縱機構	11-2/201
Escapement regulator 擒縱調速器	11-2/200

F

Figure 人物	03-4/048
Fixed-axis-type south pointing chariot 定軸輪系指南車	09-4/170
Flour bolter 麵羅	05-6/095
Follower 從動件	02-2.01/018
Foot-driven pestle 踏碓	05-2.01/083
Foot-driven winnowing device 腳踏式風扇車	05-1.02/081
Foot-operated paddle blade machine 腳踏翻車 / 踏車	04-5.01/070
Foot-operated silk-reeling mechanism 繅車 / 繰車	06-2.07/108
Foot-operated slanting loom 平織機	06-1/101
Foot-operated slanting loom 斜織機 / 平織機 / 腰機 / 布機 / 臥機	06-4.01/121
Foot-operated spinning device 腳踏紡車	06-3.04/115
Frame 機架	02-1/016

G

Gastraphetes 腹弩	08-6/162
Gear 齒輪 / 牙車 / 牙輪 / 齒 / 輔車 / 機輪	02-2.01/018, 019
Gear joint 齒輪接頭	02-3.01/027
Generalization 一般化	02-6/038
Generalized chain 一般化鏈	02-6/038
Generalized joint 一般化接頭	02-6/038
Generalized link 一般化連桿	02-6/038
Gouge pestle 槽碓	05-2.02/083
Grease 膏	02-2.03/024
Grinder 磨 / 磿 / 䃺	05-5/090, 091

H

Hand-driven winnowing device 手搖風扇車	05-1.01/080

Hand-operated paddle blade machine 手動翻車 / 拔車	04-5.01/068
Hand-operated spinning wheel 手搖紡車 / 緯車	06-3.01/113
Hard rolling texile device 軋車	06-1/100
Heron odometer 希羅型里程計	10-4/192
Hodometer 記里鼓車	10-1/181
Horizontal-wheel water-driven wind box 臥輪式水排	07-2/140
Horozontal wind-driven paddle blade machine 臥軸式風轉翻車 / 斜桿式風轉翻車	04-5.04/074
Horse-driven wind box 馬排	07/135
Hydraulic spinning device 水轉大紡車	06-3.05/116

I

Imperial cortege 鹵簿	09-1/164

J

Joint 接頭	02-3/025

K

Kinematic chain 運動鏈	02-4.02/033
Kinematic member 運動機件	02-2.01/017
Kinematic pair 接頭	02-3/025

L

Leather bag 風袋皮囊	07-1.01/135
Leather blower 皮囊	07-1.01/135
Lever 槓桿	02-2.02/023
Linen spinning device 緶車	06-2.02/104
Linen spinning device 蟠車 / 撥車	06-2.03/105
Link 連(接)桿	02-2.01/017
Lu Dao-Long hodometer 盧道隆型記里鼓車	10-2/184

M

Machine 機械	03-1/042, 043
Machine 機器	02-1/016
Machine tool 工作母機 / 工具機	02-1/015
Machinery 機械	02/015
Man-driven wind box 人排	07/135
Man-operated paddle blade machine 人力翻車	04-5.01/068
Mechanical automobile odometer 機械式汽車里程計	10-5.02/196

Mechanical bicycle odometer 機械式自行車里程計	10-5.01/194
Mechanical member 機件	02-1/016
Mechanism 機構	02-1/016
Methodology for reconstruction designs of ancient machines 古機械復原設計法	02-6/037
Mill 磨	05-4/089
Multiple grinder 連磨	05-5.02/091
Muscle-driven spinning device 肌力大紡車	06-3.05/116

N

Natural philosophy 自然哲學	01-1.02/002
Natural science 自然科學	01-1.02/002
Number synthesis 數目合成	02-6/038

O

Odometer 記里鼓車 / 里程計	10-1/181, 10-4/190
Original crossbow 標準弩	08-3/151
Oscillator 振盪器	11-2/201

P

Paddle blade machine 翻車 / 水車 / 龍骨水車 / 水龍 / 踏車 / 水蜈蚣	04-5/066
Pestel 碓 / 碓舂	05-2/081, 05-2.01/083
Philosopher 哲學家	01-1.02/002
Philosophy 哲學	01-1.02/002
Pillar 都柱	12-1.02/213
Pin joint 銷槽接頭	02-3.01/027
Piston 活塞	02-2.01/018
Planar mechanism 平面機構	02-5.01/033
Pollio odometer 波利奧型里程計	10-4/193
Prime mover 原動機	02-1/016
Principle of lever 槓桿原理	02-2.02/023
Prismatic joint 滑行接頭	02-3.01/026
Pulley 帶輪 / 滑輪 / 滑車	02-2.01/020, 04-2/059
Pulley block 轆轤	04-2/058

R

Reconstruction design 復原設計	02-6/039
Repeating crossbow 連 (發) 弩	08-4/154
Revolute joint 旋轉接頭	02-3.01/026

Roller 滾子	02-2.01/018
Roller 碾	05-3/086
Rolling bearing 滾柱軸承	02-2.03/024
Rolling joint 滾動接頭	02-3.01/026
Rope 繩索 / 繩帶	02-2.01/020

S

Science 科學	01-1.02/002
Science-based technology 科技 / 科學技術	01-1.03/003
Scrape wheel 刮車	04-3/062
Screw 螺桿	02-2.01/019
Screw joint 螺旋接頭	02-3.01/027
Silk drawing device 經架	06-3.02/114
Single pulley block 單轆轤	04-2/059
Sleeswyk odometer 思利維斯克型里程計	10-4/194
Slider 滑件	02-2.01/018
South pointing chariot 指南車 / 司南車	09/163, 09-2/167
Spatial mechanism 空間機構	02-5.02/036
Specialization 特殊化	02-6/039
Specialized chain 特殊化鏈	02-6/039
Spherical joint 球面接頭	02-3.01/027
Spinning 紡紗	06/099
Spinning Jennie 紡紗珍妮	06-1/103
Spinning machine 紡紗機	06-3/112
Spinning wheel 紡車	06-3/112
Splitted spring padlock 簧片掛鎖	02-2.01/022
Spring 彈簧	02-2.01/021
Sprocket 鏈輪	02-2.01/021
Shadoof 拔桿 / 吊桿 / 桔橰 / 架斗 / 橋	04-1/055
Stone roller 石碾	05-3.01/086
Structural characteristics 構造特性	02-6/038
Structural sketch 構造簡圖	02-4.01/030
Structure of mechanism 機構構造 / 構造	02-4/029
Su Song's clock tower 水運儀象台	11-1/198

T

Technology 技術	01-1.01/002

Texile 紡織	06/099
Texitile machine 紡織機械	06/099
Thread 細線 / 繩帶	02-2.01/020
Thread joint 線接頭	02-3.02/029
Time steelyard-clepsydra device 定時秤漏裝置	11-2/201
Transmission device 傳動裝置	02-1/016
Transmission machine 傳動機械	02/015
Trigger mechanism 弩機	08-2/150
Trust bearing 止推軸承	02-2.03/024

U

Undocumented and proven 無憑有據	01-5.01/010
Upper stopping joint 天關接頭	11-3/204

V

Verge foliot escapement regulator 擺桿機軸擒縱調速器	11-5/210
Vertical-wheel water-driven wind box 立輪式水排	07-3/143
Verticle wind-driven paddle blade machine 立軸式風轉翻車	04-5.04/074

W

Wagon 車	02-2.03/024, 09-1/163
Wang Zhen-Duo hodometer 王振鐸型記里鼓車	10-2/185
Water lifting device 汲水器械	04/055
Water wheel 水車	04-4/063, 04-5/066
Water-driven chain conveyor water lifting device 水轉高車	04-4.04/065
Water-driven cylinder wheel 水轉筒車	04-4.01/063
Water-driven flour bolter 水擊麵羅	05-6/096
Water-driven grinder 水磨	05-5.03/092
Water-driven mill 水礱	05-4.02/089
Water-driven multiple grinder 水轉連磨	05-5.05/094
Water-driven paddle blade machine 水轉翻車	04-5.03/071
Water-driven pestle 水碓 / 機碓 / 連機碓 / 連機水碓	05-2.03/085
Water-driven roller 水輾	05-3.02/088
Water-driven spinning device 水轉大紡車	06-3.05/116
Water-driven two-grinder 連二水磨	05-5.04/094
Water-driven wind box 水排 / 水力鼓風機	07-1.03/139
Water-powered armillary sphere and celestial globe 水運儀象台	11-1/198

Waterwheel lever escapement 水輪槓桿擒縱機構	11-2/201
Waterwheel steelyard-clepsydra escapement regulator 水輪秤漏擒縱器	11-2/201
Weaving machine 織布機	06-4/121
Weaving 織布	06/099
Wheel 輪子 / 車輪 / 輪	02-2.03/024
Winch cart 絞車	04-2/059
Wind box 風箱	07-1.02/136
Wind-driven paddle blade machine 風轉翻車	04-5.04/074
Winnowing device 風扇車 / 揚扇 / 颺扇	05-1/079
Wooden wheel without spoke 輇	02-2.03/024
Working machine 工作機	02-1/016
Wrapping joint 迴繞接頭	02-3.01/027
Wu De-Ren hodometer 吳德仁型記里鼓車	10-2/184
Wu De-Ren south pointing chariot 吳德仁型指南車	09-2/166

Y

Yan Su south pointing chariot 燕肅型指南車	09-3/168

Z

Zhang Heng's seismoscope 候風地動儀	12-1.01/212
Zhuge repeating crossbow 元戎連弩 / 諸葛弩	08-4/158